COLLECTION

DES

SUITES À BUFFON

FORMANT

AVEC LES ŒUVRES DE CET AUTEUR

UN

COURS COMPLET D'HISTOIRE NATURELLE

PUBLIÉES AVEC LA COLLABORATION

de Membres de l'Institut de France,
de Professeurs du Muséum d'Histoire naturelle de Paris,
et de diverses Facultés,
de Membres de la Société Entomologique de France, etc.

ANNELÉS

PARIS

RORET, LIBRAIRE-ÉDITEUR

RUE HAUTEFEUILLE, 12.

HISTOIRE NATURELLE

DES

ANNELÉS

MARINS ET D'EAU DOUCE

HISTOIRE NATURELLE

DES

ANNELÉS

MARINS ET D'EAU DOUCE

LOMBRICINIENS, HIRUDINIENS, BDELLOMORPHES, TÉRÉTULARIENS ET PLANARIENS

PAR

M. LÉON VAILLANT

PROFESSEUR AU MUSÉUM D'HISTOIRE NATURELLE DE PARIS

TOME TROISIÈME
PREMIÈRE PARTIE

PARIS

LIBRAIRIE ENCYCLOPÉDIQUE DE RORET

RUE HAUTEFEUILLE, 12

1889

INTRODUCTION

Les êtres, qui composent le Sous-Embranchement des Vers, ont été, depuis la fin du siècle dernier, l'objet de travaux nombreux et considérables, dus aux plus illustres naturalistes, sans que les limites de ce groupe puissent encore être regardées comme définies d'une manière absolue. Le sujet présente à vrai dire une difficulté extrême, car ces animaux, intermédiaires d'une part aux Rayonnés et à la fois d'autre part aux Mollusques et aux Articulés, comme Blainville depuis longtemps l'a fait voir, présenteraient suivant les auteurs modernes, des liens non moins intimes avec les Vertébrés eux-mêmes. C'est en résumé un groupe de passage dans la plus large acception, il n'est donc pas étonnant d'y rencontrer des formes très diverses, dont les affinités soit entre elles, soit avec les groupes voisins, peuvent souvent être des plus délicates à saisir.

Ce dernier volume de l'*Histoire des Annelés*, complément de travaux antérieurs exécutés à des époques où les idées qu'on pouvait se faire de ces animaux, étaient fort différentes de celles ayant aujourd'hui cours dans la science, car la tendance serait d'y voir un Embranchement particulier, ne forme sans doute pas avec ceux-ci un tout aussi homogène qu'il serait désirable, mais, puisqu'il s'agit de travaux surtout descriptifs, on pourrait comprendre l'ensemble comme composé de monographies distinctes et il suffira, je pense, pour indiquer leur filiation et fixer sur ce point les idées, de rappeler ici dans une vue générale les divisions primaires en indiquant leurs rapports réciproques. Pour la connaissance des plus importantes de ces divisions, on peut d'ailleurs se reporter au tableau donné en tête de cet ouvrage (1), car si les relations entre les groupes

(1) Tome I, p. 6.

peuvent être comprises de façons diverses, ceux-ci restent essentiellement les mêmes.

On s'accorde à réunir en une division des ANNÉLIDES, à laquelle peut être donné le rang de Classe les POLYCHÆTA ou ANNÉLIDES PROPREMENT DITS, les LUMBRICINI ou ERYTHRÈMES, et les HIRUDINES ou BDELLES. Ce sont sans aucun doute les Vers présentant l'organisation la plus élevée, que l'on ait égard soit à la perfection de l'appareil nerveux, soit à leur système d'annélation, plus complet que dans aucune autre Classe du Sous-Embranchement, ou à la complication habituelle de l'appareil des vaisseaux à liquide coloré. Les liens qui relient la Classe des Annélides au Sous-Embranchement des Articulés sont des plus évidents et ont été indiqués par Cuvier dès ses premiers travaux.

Malgré l'existence de certaines espèces de passage et la difficulté de classer quelques types ambigus, ces trois Ordres : POLYCHÆTA, LUMBRICINI et HIRUDINES, peuvent être regardés comme nettement caractérisés. Les premiers (1), sauf de rares exceptions, sont dioïques, leurs organes de la locomotion, relativement moins imparfaits, consistent en soies de formes variées, supportées généralement par des tubercules, sortes de membres rudimentaires, qui manquent dans les deux autres Ordres. Ceux-ci, composés d'animaux toujours monoïques, présentent entre eux de plus notables différences, les LUMBRICINI, avec leurs soies simples, plongées dans le tégument, rappellent les Polychætes dans leurs types dégradés, tandis que les HIRUDINES privés de ces organes ont en revanche des ventouses terminales, qui rapprochent beaucoup ces animaux des Vers plus inférieurs, tels que les TRÉMATODES, dont il n'est pas toujours facile de les distinguer.

Les caractères des GEPHYREI ont été exposés en détail dans le second tome du présent ouvrage (2). Quoique leur appareil nerveux soit en général beaucoup plus imparfait que dans les groupes précédents, on trouve toujours la portion ventrale développée, soit en une chaîne ganglionnaire, soit en un cordon à

(1) Tome I, p. 7.
(2) Tome II, p. 563.

ramifications latérales, c'est sur la portion sus-œsophagienne que porte la dégradation, caractère qui nous conduit à l'imperfection encore plus prononcée dans la plupart des Classes suivantes où se trouvent les Vers, désignés d'une manière générale par M. Blanchard, sous le nom d'*Anévormes*, nom tiré de l'imperfection du collier œsophagien (1). Par l'ensemble de leur organisation les Géphyriens forment d'ailleurs un type très particulier, les organes de la locomotion sont rudimentaires, l'annélation nulle ou incomplète, aussi n'offrent-ils pas de soies régulièrement disposées autour du corps en séries successives, le système des vaisseaux clos est le plus souvent peu développé, les sexes sont portés par des individus différents. L'aspect général n'est pas sans rappeler celui de certains Echinodermes et les zoologistes les ont pendant longtemps réunis à ces derniers.

Les Rotatoria, au contraire, malgré l'imperfection de leur système nerveux, qui paraît réduit à une masse ganglionnaire sus-œsophagienne, montrent cependant dans l'annélation régulière de leurs téguments, la complication relative de leur tube digestif, des analogies avec les Articulés, aussi quelques auteurs ont-ils voulu, à une certaine époque, les rapprocher des Crustacés.

Le groupe des Némathelmintha offre une coupe si naturelle, qu'elle s'est, on peut dire, toujours imposée aux naturalistes. Le système nerveux consiste en un collier œsophagien d'où partent des filets antérieurs et postérieurs, la forme du corps est toujours cylindrique, deux lignes plus pâles, *champs latéraux*, permettent, avec la position de l'anus considéré comme ventrale, d'orienter ces animaux. L'annélation, quoique distincte, est superficielle, on ne trouve ni soies proprement dites, ni cuticule à cils vibratiles. Les sexes sont le plus ordinairement séparés. La plupart sont parasites.

Quoique les Nématodes forment un type encore très parfait dans le Sous-Embranchement, leur symétrie jusqu'à un certain point indifférente par rapport à l'axe longitudinal, a pu autrefois les faire confondre avec les Rayonnés.

(1) Ἄνευ, sans; ὅρμος, collier.

La dernière Classe, celle des PLATHELMINTHA, paraît la moins aisée à bien définir, car pour la différencier ce sont les caractères négatifs, résultant de l'état d'infériorité organique des animaux, qui la composent, qu'on peut invoquer plutôt que tous autres.

La forme aplatie constitue un caractère évidemment trop superficiel et qui vise surtout la distinction à établir entre ces animaux et les Nématoïdes, on doit ajouter que l'appareil nerveux se présente toujours avec un caractère d'infériorité telle que sur certains animaux de ce groupe son existence est encore problématique, très habituellement le collier œsophagien manque. L'annélation des téguments devient nulle, à moins de regarder comme s'y rapportant la division du corps des CESTODES, mais l'hypothèse, qui consiste à voir dans chacun des proglottis un être indépendant, est évidemment plus rationnelle lorsqu'on les compare aux TRÉMATODES. L'appareil digestif présente une dégradation correspondante pouvant aller jusqu'à sa suppression complète. En ayant égard à ces particularités, les PLATHELMINTHA forment encore un groupe assez naturel pour que sa division en Ordres ne soit pas sans présenter de réelles difficultés.

Les BDELLOMORPHÆ en sont un exemple. Sans entrer dans un examen, qui trouvera mieux sa place lors de l'étude spéciale qui sera faite de ce groupe, il suffit de rappeler que, placé d'abord parmi les HIRUDINES, d'après certaines ressemblances extérieures, une vue plus juste le fit élever au rang d'Ordre parmi les Anévormes, tandis que plusieurs auteurs modernes ont proposé de réunir, les uns aux TERETULARIA, d'autres aux NÉMATODES, les animaux qui le composent. Je crois devoir conserver ce groupe comme un Ordre distinct suffisamment caractérisé par son système nerveux moins imparfait que chez aucun autre Plathelminthe et même que chez les Nématoïdes, par la présence d'une ventouse postérieure, par son tube digestif à deux ouvertures, enfin par la distinction des sexes portés sur des individus différents. Les Malacobdelles relient les PLATHELMINTHA à la fois aux NÉMATHELMINTHA et, par les HIRUDINES, aux ANNÉLIDES.

Les Teretularia ou Miocœlés, dans leurs formes typiques, se distinguent des précédents, par leur système nerveux beaucoup plus rudimentaire, l'absence de ventouse, leur corps rubané.

Les Planariæa et les Trématodes ont souvent été réunis en un seul groupe, mais, malgré des rapports très évidents dans l'organisation générale, la présence chez les premiers, comme dans les deux Ordres précédents d'une cuticule munie de cils vibratiles offre un caractère d'une importance réelle. On pourrait, il est vrai, ne regarder cette différence que comme un caractère d'adaptation, les Planariens vivant presque toujours librement à l'extérieur, tandis que les Trématodes sont plus ordinairement parasites. Toutefois, ce fait n'est pas général et si on a égard à la perfection évidemment plus grande de l'appareil nerveux et des organes des sens chez les Planariæa, à leur évolution moins compliquée et ne présentant jamais cette génération alternante si habituelle dans l'autre groupe, on trouve des motifs suffisants pour justifier la séparation.

Quant aux Cestodes, quoique voisins des Trématodes, au moins pour quelques-uns de leurs types, on s'est toujours accordé depuis Rudolphi à les regarder comme un groupe à part. Les plus imparfaits du Sous-Embranchement, ces êtres souvent ne présentent pas d'appareil nerveux bien distinct, le tube digestif manque également, parasites de différents animaux leur locomotion à l'état adulte ou de sexualité est des plus rudimentaire, pendant leur développement ils effectuent des migrations singulières et la génération alternante la plus compliquée y est habituelle. La présence de ventouses symétriquement disposées par rapport à l'axe longitudinal sur le scolex de la plupart d'entre eux, peut être considérée comme conduisant à la symétrie rayonnée.

Le tableau synoptique ci-joint résume cette classification générale, une dernière colonne indique la concordance avec les divisions auxquelles il a été fait allusion plus haut comme établies au début de cet ouvrage.

Classification générale des VERS.

CLASSES.   ORDRES.

Chaîne nerveuse ventrale

Corps distincte.

- nettement annelé . . . . . . ANNELIDES. Extrémités du corps,
  - Animaux très ordinairement sans ventouses.
    - dioïques . . POLYCHÆTA. — Annelides, s. str.
    - monoïques. LUMBRICINI. — Erythrèmes.
  - munies de ventouses . . . . . . HIRUDINES. — Bdelles.
- peu ou point annelé . . . . . . GEPHYREI . . . . GEPHYREI. — Géphyriens.

Corps nulle.

- cylindrique ou globuleux ; sa partie antérieure
  - munie d'un appareil cilié. ROTATORIA . . . . ROTATORES. — Rotateurs.
  - sans appareil cilié . . . . NEMATHELMINTHA . . . . NEMATODES. — Nématoïdes.
- déprimé . . . . PLATHELMINTHA. Animaux très ordinairement
  - Extrémité postérieure du corps dioïques.
    - munie d'une ventouse . . . . . BDELLOMORPHÆ. — Malacobdelles.
    - sans ventouse . . TERETULARIA. — Miocœlés.
  - monoïques. Tube digestif.
    - distinct. Tégument
      - cilié . . . . PLANARIÆA. — Turbellariés.
      - sans cils vibratiles . . TREMATODES. — Turbellariés.
    - non distinct . . . . CESTODES. — Cestoïdes.

Les Polychæta et les Gephyrei ont été traités dans les deux premiers volumes de cette partie des Suites à Buffon, par M. de Quatrefages. Dans cette même publication, Dujardin a fait connaître les Rotatoria (*Infusoires*, livre III et IV, 1841), puis les Nématodes, les Trématodes et les Cestodes (*Histoire naturelle des Helminthes* ou *Vers intestinaux*, 1845). Pour terminer cet ensemble, il resterait à traiter des Lumbricini et des Hirudines parmi les Annélides, des Bdellomorphæ, des Teretularia et des Planariæa, de la Classe des Plathelminthes.

Les nécessités matérielles nous obligent de ne pas donner à ces quatre groupes un égal développement, sous peine de dépasser les bornes que s'est imposées l'Editeur, qui déjà n'a pas reculé devant de lourds sacrifices, car l'ouvrage entier ne devait primitivement comprendre que deux volumes et en réalité se trouvera porté à cinq.

Pour les Lumbricini, il n'existe en France, et je dirais même à l'étranger, aucun ouvrage général donnant un résumé complet des nombreuses observations faites sur ce groupe, je chercherai à combler cette lacune en le traitant in extenso. Il en sera de même des Bdellomorphæ, lesquels, il est vrai, ne renferment qu'un nombre excessivement restreint de types spécifiques.

Les trois autres groupes ne sont pas dans le même cas, la monographie de Moquin Tandon, en ce qui concerne les Hirudiniens peut, à bien des égards, être encore regardée comme suffisante, les travaux de mon honoré maître M. de Quatrefages sur les Térétulariens et les Planariens, si l'on y ajoute au point de vue bibliographique les renseignements contenus dans le *Systema helmintum* de Diesing et dans les divers suppléments donnés par ce dernier auteur, peuvent fournir de précieux éléments d'étude ; j'ajouterai que MM. Hubrecht, Graff, Lang, qu'on trouvera cités en de nombreux endroits dans le cours de cet ouvrage, ont publié sur la matière des travaux étendus, qu'il sera suffisant de résumer.

Dans un chapitre supplémentaire, sous le titre de Vermes dubii, j'ai cru devoir donner quelques détails sur certains êtres, dont la place dans la série animale peut être considérée comme encore très douteuse, mais qui toutefois ne peuvent guère actuellement être éloignés des Vers, les ORTHONECTIDA et les Balanoglosses, ces derniers formant le groupe des ENTEROPNEUSTI.

Les savants que j'ai nommés plus haut, MM. Hubrecht, Graff, auxquels je dois joindre MM. Vejdovsky, Eisen et Levinsen, m'ont à différentes reprises obligeamment prêté leur concours, soit en me communiquant leurs travaux, soit pour m'éclairer sur des points douteux soumis à leur appréciation, c'est pour moi à la fois un devoir et un plaisir de leur en témoigner ici toute ma gratitude, aussi bien qu'à M. H. de Lacaze Duthiers, membre de l'Institut, qui a bien voulu mettre à ma disposition la série des LUMBRICINI appartenant aux collections du Muséum d'histoire naturelle, alors qu'il occupait les fonctions de professeur-administrateur dans cet établissement. Je tiens aussi à remercier d'une manière spéciale Madame d'Udekem, laquelle à la demande de M. de Quatrefages, m'a confié différentes notes et dessins de feu Udekem, l'éminent professeur de zoologie à l'Université de Bruxelles, les seconds surtout m'ont été d'un grand secours, plusieurs d'entre eux sont reproduits dans les planches; c'était, m'a-t-il paru, le plus digne hommage à rendre à la mémoire du regretté savant, que la mort est venue frapper au moment où il songeait à entreprendre cette dernière partie de l'*Histoire des Annelés*.

En terminant, le lecteur doit être prévenu, pour ce qui concerne les renseignements bibliographiques, que le manuscrit du présent ouvrage était entièrement achevé au commencement de l'année 1888 et la partie principale, relative aux LUMBRICINI, environ trois ans plus tôt.

Muséum d'Histoire naturelle. Novembre 1888.

HISTOIRE DES ANNELÉS

ORDRE

LOMBRICINIENS (LUMBRICINI)

ou

ÉRYTHRÈMES

Lumbricus (pars), LINNÉ (1757) et vet. auct.
Abranches sétigères (pars), CUVIER, 1817.
Annélides lombricines (pars), SAVIGNY, 1820.
Lombricinés, BLAINVILLE, 1822.
Annélides terricoles, AUDOUIN et MILNE EDWARDS, 1832.
Scoléides, MILNE EDWARDS (sec. BLANCHARD, 1847).
Lombrinés, QUATREFAGES, 1849.
Erythrèmes, QUATREFAGES, 1852.
Olichæta, GRUBE, 1851.

Vers cylindriques, plus ou moins allongés, tégument
d'ordinaire résistant, distinctement annelé, des soies rétractiles (1) en nombre variable, très souvent limité et constant,
disposées pour la grande majorité des cas en quatre faisceaux
par anneau, formant, dans leur ensemble quatre séries longitudinales. Bouche antérieure toujours privée de mâchoires, jamais de ventouses. Tube digestif sans trompe distincte, anus terminal. Sexes réunis sur le même individu.

Ce groupe peut être regardé comme une extension de l'ancien genre Linnéen *Lumbricus*, auquel sont venus s'adjoindre
une multitude d'espèces que la plus grande perfection de
nos moyens d'investigation et l'infatigable persévérance des

(1) Except.: *Anachæta*.

naturalistes ont successivement fait découvrir. Aujourd'hui
le nombre de celles-ci est considérable, et cependant les observations n'ont porté d'une manière suivie que sur un
espace relativement restreint. Cette division est d'ailleurs des
plus naturelles dans son ensemble, aussi n'éprouve-t-on pour
fixer ses limites dans l'état actuel de nos connaissances que
peu de difficultés. Sauf en ce qui concerne quelques espèces
se rapprochant des *Annelides polychætes*, les êtres, qui composent l'Ordre des Lumbricini, sont réunis comme proches par
tous les zoologistes. Il s'ensuit malheureusement que les coupes
à établir seront peu précises et incertaines, c'est le cas pour les
groupes réellement naturels.

Bien que les Lombrics proprement dits (autrefois réunis
sans distinction sous le nom de *Lumbricus terrestris*) doivent
être regardés comme élevés dans la classe, ils peuvent cependant être choisis pour l'étude des caractères généraux du
groupe, car s'il est d'ordinaire indiqué de prendre dans ce cas
les êtres placés vers la partie moyenne de la série naturelle,
lesquels, par suite, en résument généralement mieux les caractères, ici l'homogénéité est telle que les types inférieurs seuls
présentent des différences réelles à noter. C'est donc à ces animaux, les mieux connus d'ailleurs, que je crois devoir rapporter ces généralités pour en déduire comparativement la connaissance de l'ensemble. Ce choix est d'autant plus justifié que
de tous les Lombriciniens, les *Lumbricus* étant les plus répandus, les plus ordinairement offerts à notre examen, c'est sur eux
qu'ont été faits les travaux les plus importants ; les noms de
Bonnet, Dugès, Morren, Hoffmeister, Udekem, Claparède, de
MM. de Quatrefages, Perrier, Eisen et tant d'autres en font
preuve.

Les Lombrics peuvent être considérés comme vermiformes
par excellence. Ce sont toujours des animaux allongés chez
lesquels une dimension l'emporte notablement sur les deux
autres d'ordinaire peu différentes entre elles, de sorte que la
section transversale tend, au repos, à donner une coupe parfaitement circulaire (1) ; cependant dans certains mouvements et
surtout pendant la contraction exagérée, la forme peut se modifier et devenir aplatie (2) (*L. complanatus* Dug.), ou qua-

(1) Pl. XXI, fig. 5.
(2) Pl. XXI, fig. 3.

drangulaire (**L**. *tetraedrus* Sav.). Ces dernières modifications ne portent en général que sur les parties postérieures et parfois moyennes, elles sont en rapport avec la position des soies, ce qui est surtout très évident pour cette déformation quadrangulaire. Dans le **L**. *octaedrus* Sav., où les soies sont régulièrement espacées, le corps de l'animal, contracté par l'alcool, offre souvent l'aspect d'un solide à huit pans ; à l'état qu'on peut appeler normal, ces formes sont beaucoup moins arrêtées et souvent indiscernables. Chez les autres Lombriciniens, on observe quelquefois un aplatissement dorso-ventral plus marqué et général, c'est ce qu'on voit surtout chez quelques *Nais*, et O. F. Muller avait cru pouvoir se servir de cette particularité pour distinguer ce genre du genre *Lumbricus*, mais le fait, par lui-même d'une constatation difficile, est loin d'être absolu.

Ces animaux, outre la segmentation proprement dite, présentent sur leur tégument la trace d'annélations en nombre plus ou moins considérable. La distinction entre les anneaux véritables et ce qu'on pourrait appeler ces *faux anneaux* ou *annulicules*, séparés par ce que je désignerai sous le nom de *plis annulaires* ou *rides*, est facile dans ce groupe comparativement à ce que l'on observe chez les Hirudinées. Les *sillons* ou *intersegments* (*incisions*, Perrier), qui séparent les anneaux proprement dits, c'est-à-dire les véritables zoonites, sont plus accusés et répondent aux *cloisons internes* ou *dissépiments*. Cependant chez les Lombrics pourvus d'un clitellum, les anneaux sont souvent indistincts en ce point par suite de la fusion plus intime des zoonites, rassemblés en vue des fonctions génitales spécialement dévolues à cet organe. Quelquefois les plis annulaires sont assez accusés pour devenir nettement visibles, et l'anneau paraît divisé en deux parties (**L**. *gigas* Dug.) ou en trois (**L**. *triannularis* Grube), par un ou deux sillons transversaux, mais en général ils ne constituent que de simples rides. La similitude absolue des anneaux rend d'ordinaire impossible la division du corps en régions ; excepté le cas où l'existence d'un clitellum vient interrompre cette régularité, le plus souvent le premier et le dernier anneau seuls diffèrent.

Un point sur lequel les auteurs sont loin de s'entendre, c'est la manière dont les anneaux doivent être comptés. Cette question est sans doute secondaire et nous voyons des zoologistes éminents avoir varié sur ce point dans leurs divers travaux, je me contenterai de renvoyer comme exemple aux Mémoires de Dugès, de Claparède; cependant il y aurait un intérêt réel à ce qu'on pût se mettre d'accord pour rendre les descriptions plus facilement comparables.

La méthode qui me paraît la plus simple et que j'adopterai ici est la suivante. A la partie antérieure se trouve un segment dans lequel est perforée la bouche, et qu'on peut désigner sous le nom d'*anneau buccal*; il est ordinairement précédé d'un prolongement plus ou moins distinct, dans certains cas très effilé (*Stylaria lacustris* Lin.), d'autres fois obtus, la plupart des vrais Lombrics par exemple, mais toujours éminemment mobile et contractile; cette partie, qu'on doit regarder comme un anneau modifié, sera désignée sous le nom de *lobe céphalique* (*Lobus cephalicus*, Eisen, etc. ; *Lèvre*, Dugès; *Prostomial lobe*, Lankester; *Lippe*, des auteurs allemands). Ces deux anneaux peuvent être considérés comme représentant la portion céphalique du Ver. L'anneau placé immédiatement en arrière de l'anneau buccal sera considéré comme le 1er anneau, dans la très grande majorité des cas il porte des soies; les suivants, tous également armés, à moins d'exception comme ceux qui peuvent former la ceinture, seront indiqués, suivant leur ordre numérique, sous le nom de 2e, 3e, 4e, etc. anneau jusqu'au dernier, lequel portant l'orifice anal peut être désigné sous le nom d'*anneau pygidien*. Comme il n'est pas facile de compter ainsi les anneaux jusqu'à la partie postérieure du corps, et qu'il serait même souvent inutile de chercher à établir par ce moyen des points réellement comparables, par suite des variations que peut présenter le nombre total des anneaux sur une même espèce (on pourrait dire sur un individu donné, suivant qu'il est ou non à l'état de réparation, ou même de bourgeonnement normal), lorsqu'on veut faire connaître quelques particularités relatives aux anneaux postérieurs, il est plus commode de les compter en sens inverses à partir de l'anneau pygidien et de les désigner sous le nom d'*anneau pénultième* ou avant-dernier, antépénultième, 2e antépénultième ou 3e avant-dernier, etc.

Quant aux limites des anneaux, *espaces intersegmentaires* ou *intersegments*, on les désigne souvent en énonçant les deux anneaux qui le comprennent : intersegment 2-3, 6-7. Il serait aussi simple de les désigner numériquement comme les an-

neaux en comptant comme Ier intersegment celui qui sépare
la portion céphalique du 1er anneau, et ainsi de suite, IIe, IIIe,
IVe, etc. intersegments, le chiffre adopté pour chacun de ceux-
ci concordant, on le voit, avec celui de l'anneau qui suit (1).

Cette méthode a l'avantage de substituer, dans une certaine
limite, aux désignations numériques toujours vagues, des
termes en quelque sorte plus objectifs. C'est dans le même but
que pour l'étude de types déterminés, les expressions d'anneaux clitellins, anneaux génitaux mâles ou femelles, etc., peuvent être utilement employées. La désignation du 1er anneau
et du Ier intersegment telle qu'elle est ainsi entendue est aussi
plus facile et plus pratique, non seulement parce que cet anneau
porte en général les premières soies, mais, en outre, lorsque
celles-ci manquent, la position de la bouche est toujours aisément déterminée. On évite aussi le double emploi des termes
1er anneau et anneau buccal désignant une seule et même
partie.

Un petit nombre d'auteurs cependant ont admis cette manière de voir, tels sont MM. Eisen, Örley, Leidy. La plupart
des zoologistes comptent comme premier anneau le segment
buccal, à l'exemple de Savigny (Hoffmeister, Grube, Udekem,
Claparède (2), Lankester, Beddard, Leydig, Hering, Perrier,
Vejdovsky, etc.). Enfin, on a aussi voulu compter le lobe
céphalique comme premier anneau (Dugès).

Le dénombrement des anneaux, bien qu'il puisse paraître
fort simple au premier abord, présente cependant, dans la pratique, d'assez réelles difficultés pour qu'un même auteur puisse
ne pas toujours être concordant avec sa propre méthode et, tout
le premier, je ne puis répondre qu'il ne se glissera pas d'er-
reurs à ce sujet dans les pages qui vont suivre, d'autant que
bon nombre de descriptions, empruntées aux auteurs, ne pouvant être contrôlées, on a dû modifier les chiffres suivant les
données de la méthode (probable dans certains cas) qu'ils ont
pu suivre.

L'étude histologique du tégument a été poussée très loin

(1) Pour plus de clarté, on emploiera les chiffres arabes pour désigner
les anneaux, les chiffres romains pour les intersegments.

(2) Dans ses travaux antérieurs à 1862, Claparède ne comptait pas l'anneau buccal, de même que Dugès n'a pris le lobe céphalique pour premier
anneau que dans ses derniers mémoires.

dans ces dernières années en ce qui concerne les Lombriciniens ; elle comprend, avec la connaissance des différentes couches qui entrent dans la composition de l'enveloppe somatique, celle des accidents qu'elle présente, c'est-à-dire les perforations et les soies.

On peut distinguer les couches tégumentaires en couches cutanées proprement dites et couches musculaires, l'étude de ces dernières ne pouvant être séparée de l'étude de l'enveloppe générale, puisque les muscles peauciers seuls se rencontrent chez ces animaux inférieurs.

Dans les couches cutanées, on distingue la *cuticule* et une couche de cellules, qui lui est sous-jacente, à laquelle M. Leydig a donné le nom de *matrice de la cuticule*. On a parfois désigné ces deux couches sous le nom d'*épiderme* et de *derme*, parce qu'elles paraissent remplir les fonctions de ces parties, en comparant ces êtres aux animaux supérieurs, mais au point de vue de l'origine et des rapports réciproques, on les assimilerait avec plus de raison, comme l'a fait depuis longtemps remarquer M. Leydig (1), à la couche cornée et à la couche de Malpighi, c'est-à-dire à l'épiderme. La cuticule est, en effet, constituée par les parties superficielles de chacune des cellules de la matrice, qui s'isolent des portions profondes et se soudent intimement sur leur pourtour avec les parties homologues. Il résulte de ce phénomène la formation à la surface externe du corps d'une couche continue par suite de la disparution des limites des éléments primitifs, couche amorphe étendue comme un vernis sur les cellules de la matrice. La cuticule est très facile à reconnaître et à isoler sur les Lombrics en les laissant macérer dans l'eau pendant un certain temps ; déjà Morren (2) avait parfaitement indiqué sa présence et reconnu qu'elle produit les reflets irisés offerts ordinairement par le corps de ces animaux, mais que la teinte propre dépend des parties sous-jacentes, la cuticule isolée étant parfaitement incolore. Chez les Lombriciniens de petite taille, et particulièrement dans les espèces aquatiques, il est facile d'observer cette couche superficielle en place sur

(1) *Lehrbuch der Histologie des Menschen und der Thiere*, Hamm, 1857, p. 119.

(2) *De Lumbrici terrestris historia naturali nec non anatomia tractatus*, Bruxelles, 1829, p. 123.

les parties latérales de l'animal ; elle paraît hyaline, tout à fait homogène. En l'examinant lorsqu'elle a été détachée par l'action de la macération et vue de face, on reconnaît à un fort grossissement et en faisant varier l'éclairage, qu'elle est parcourue par une multitude de lignes excessivement fines, parallèles entre elles suivant deux directions perpendiculaires l'une à l'autre ; ces lignes sont écartées dans le *L. gigas* Dug. de $0^{mm},005$. Il est rare qu'on aperçoive en même temps les deux systèmes de stries, les incidences de lumière qui favorisent la vue nette de l'un, atténuant celle de l'autre. Il n'est pas douteux que ce ne soit la cause des reflets irisés. On voit en outre, de distance en distance, des points obscurs, ils répondent à des perforations destinées au passage des conduits excréteurs de certaines glandes sous-cutanées. Ces ouvertures, excessivement petites, paraissent enlevées comme à l'emporte-pièce entre les systèmes de lignes ; elles sont quadrilatères ou arrondies, mesurant, comme la distance de ces mêmes lignes, environ $0^{mm},005$. L'aspect de la cuticule est le même chez le *Phreoryctes Menkeanus* Hoffm., et a été fort bien représentée pour cet animal par M. Fr. Leydig.

La matrice de la cuticule est plus difficile à étudier, car on ne peut l'isoler et même apercevoir bon nombre de détails de structure, qu'après l'action des réactifs et sur les coupes, ce qui laisse de grands doutes sur la valeur des conclusions élémentologiques qu'on peut tirer d'un semblable examen. Claparède, dans un travail étendu sur l'histologie du Lombric (1869), préfère donner à cette couche le nom d'*Hypoderme*, dénomination empruntée à Weismann, mais qui me paraît fâcheuse à tous égards, car, outre qu'elle n'indique pas aussi bien que l'autre les rapports physiologiques des deux parties constituantes de la peau, elle donne par sa composition étymologique une idée fausse de sa situation, puisque bien loin d'être au-dessous du derme, mot qui en langage anatomique s'applique traditionnellement à la partie profonde de la peau, elle est au-dessus quand le derme existe bien visible comme chez les Hirudinées. La matrice de la cuticule, sur les animaux que leur transparence permet d'examiner directement à l'état de vie, apparaît sur les côtés de l'animal comme une couche formée d'éléments peu distincts, réfringents en leur milieu ; l'apparence est celle que donneraient des corps olivaires, transparents, placés les uns

à côté des autres, le grand axe étant perpendiculaire à la surface du corps. Dans les petites espèces, telles que les *Chætogaster*, si cette couche existe, elle est évidemment très peu développée, en tous cas difficile à saisir. Mais sur les véritables Lombrics, lorsqu'on enlève un lambeau cutané, que l'on peut dé-
barrasser des couches musculaires sous-jacentes, ce qu'on obtient facilement sur les individus mis à macérer, sans attendre
toutefois que la cuticule soit complètement détachée, on reconnaît que la matrice est alors formée de cellules irrégulièrement
polyédriques par compression réciproque, renfermant un
noyau transparent entouré d'une masse granuleuse ; cette
masse à l'état frais est au contraire tout à fait homogène et
incolore, ce n'est que par l'altération produite après l'action
de l'eau ou différents réactifs, qu'elle devient visible. Chez les
Lombriciniens de petite taille, le tégument semble être réduit à
la cuticule, qui prend souvent un développement très notable,
comme Claparède l'a fait remarquer pour le *Clitellio Udeke-
mianus* Clap. La structure se complique dans ce cas particulier par la présence de vaisseaux répandus dans l'épaisseur
du tégument.

On peut rattacher à l'étude de la matrice cuticulaire l'étude
des *glandes cutanées proprement dites* comprises au milieu des
éléments qui la composent. C'est M. Leydig qui les a le mieux
fait connaître chez différentes espèces. Dans les Lombrics (1),
ce sont des cellules que l'on distingue facilement au premier
coup d'œil de celles de la matrice par leurs dimensions un
peu plus grandes, par leur contenu homogène et réfringent
même après l'action de l'acide acétique. Les perforations,
mentionnées plus haut dans la cuticule, correspondent à ces
glandes cutanées et donnent passage à leur canal excréteur.
Il n'est pas, à la vérité, très facile de vérifier directement le
fait, bien que la situation des perforations d'une part, celle
des cellules glandulaires d'autre part, puissent préjuger en
faveur de cette idée, mais les recherches de l'auteur que je
citais plus haut ne laissent aucun doute sur la disposition
réelle, qu'il a décrite et figurée avec beaucoup de soin chez le
Phreoryctes Menkeanus Hoffm. Après avoir traité successivement l'animal par l'alcool, l'acide acétique et la glycérine, on

(1) Leydig, *Ueber Phreoryctes Menkeanus*, Arch. f. Microsk. Anatomie,
t. I. 1865.

peut par arrachement ou au moyen de coupes variées, reconnaître ce rapport. M. Leydig (1) émet avec doute la supposition que quelques-unes de ces glandes reçoivent des filets nerveux, ce qui pourrait porter à conclure qu'il faut y voir plutôt des organes des sens.

Chez la plupart des Lombriciniens, la peau n'a point de couleur propre ; chez ceux de petite taille le corps est presque toujours complètement transparent et si parfois la teinte, sur toute la longueur ou sur certains points seulement, paraît rouge, ceci est dû au liquide coloré qui remplit l'appareil des vaisseaux clos. Cependant, dans les grosses espèces, le corps est en général d'une teinte spéciale variant du rouge-brun plus ou moins foncé, au rose, teinte due à une matière pigmentaire située dans la matrice de la cuticule ou plutôt dans les couches musculaires dont j'aurai à parler plus bas. La coloration est moins intense à la partie ventrale. Chez les Lombrics et quelques genres voisins où l'on observe une ceinture, celle-ci offre également une teinte différente du reste du corps, souvent plus pâle. Sur un *Megascolex* que j'ai eu l'occasion d'observer à l'état vivant (2) dans quelques serres des environs de Montpellier, le corps est d'un rouge-brun foncé, la ceinture d'une teinte ocre clair (3).

Chez une espèce, cependant de petite dimension, commune sur nos côtes maritimes, le *Clitellio Benedii* Udek., la peau présente une particularité singulière. Vue par transparence, elle se montre parsemée de points obscurs disposés en quinconce et forme ainsi un dessin très élégant. A un fort grossissement, on reconnaît que ces points ne sont autre chose que des élevures de la peau, hautes de $0^{mm},011$, coniques ou hémisphériques ; ces organes paraissent de nature glandulaire, opinion émise par Udekem (4), auquel on doit la première description bien complète de cette espèce ; toutefois il n'est pas encore possible d'avoir à cet égard une certitude absolue en l'absence d'études ayant démontré la structure réelle de ces parties.

(1) Loc. cit. p. 258, pl. XVII, fig. 12 B : *d.*
(2) Pl. XXI, fig. 6.
(3) *Sur l'acclimatation d'une Annélide Lombricine dans le midi de la France*, Soc. Philom. 1870.
(4) *Nouvelle classification des Annélides sétigères abranches*, p. 11. Mém. de l'Acad. roy. de Belgique, t. XXXI.

Ces points noirs donnent à cette petite espèce la teinte sombre qui lui avait fait attribuer par Claparède l'épithète de *ater* (1). La présence de papilles ou de saillies analogues à la surface de la peau chez les Lombriciniens, est un fait rare.

Les couches musculaires très simples qui doublent les parties précitées, comprennent des fibres annulaires externes et des fibres longitudinales formant une couche intérieure. C'est à peu près tout le système des organes actifs de la locomotion, en y joignant les fibres répandues dans les dissépiments ou cloisons interannulaires et les muscles des soies.

Au point de vue histologique, les muscles des Lombrics se rapportent à une variété de fibres aplaties, très allongées, homogènes à l'état frais, mais très altérables, le simple contact de l'eau les fait apparaître comme composées d'une partie centrale médullaire, enveloppée d'une substance corticale hyaline. La longueur de ces fibres est très considérable, leur largeur n'atteint que $0^m,02$; elles se terminent par deux extrémités effilées et ressemblent assez, sauf les dimensions et la présence de cette partie médullaire, aux fibres lisses des animaux supérieurs. Comme ces dernières, elles présentent un noyau que l'action de l'acide acétique rend bien visible, sa position dans la cellule est très variable ; tantôt, en effet, il se rapproche d'une des extrémités, tantôt il se tient plus ou moins près de la partie moyenne. Claparède (2) a, l'un des premiers, étudié avec soin la disposition de ces fibres chez le Lombric ; toutefois, ses procédés de recherches paraissent l'avoir induit en erreur, et, suivant M. Rohde, la disposition pinnée décrite par le zoologiste génevois ne se retrouve pas sur les coupes convenablement faites. M. Rohde a, d'ailleurs, repris la question d'une manière plus générale (1885) sur l'ensemble du groupe, depuis les *Lumbricus* jusqu'aux *Chætogaster*.

Intérieurement à ces couches se voit une membrane, le *péritoine*, qui revêt toute la cavité viscérale et, sur les *Enchytræus* par exemple, serait, suivant M. Vejdovski, composée d'une substance transparente renfermant des noyaux. M. Viallanes (1885) a fait voir que sur le Lombric, le nitrate

(1) *Recherches anatomiques sur les Oligochètes.* Mém. Soc. Phys. et Hist. nat. de Genève, t. XVI, p. 253, 1862.
(2) Claparède, 1869, p. 574, pl. XLV, fig. 6 à 9.

d'argent démontre en ce point la présence de véritables cellules endothéliales.

L'enveloppe cutanée ainsi constituée forme à l'animal un revêtement complet, mais perforé en plusieurs points, non seulement pour les ouvertures antérieure et postérieure du tube digestif, les orifices des organes génitaux, des glandes cutanées et le passage des soies, ces dernières pouvant être assimilées à ces cryptes cutanés, qui existent sur le tégument de tous les animaux, mais encore sur des points qui mettent la cavité générale du corps en relation directe avec l'extérieur. Ces derniers orifices sont au nombre de trois par anneau au moins pour les *Lumbricus*, sauf sur le clitellum : deux sont latéro-inférieurs et correspondent aux organes segmentaires, sur lesquels j'aurai plus bas à revenir en m'occupant des organes de sécrétion, le troisième médio-dorsal communique directement avec la cavité splanchnique. Ces derniers forment sur le dos une série de ponctuations souvent très faciles à reconnaître, mais qui, dans certains cas, sont moins visibles ou même manquent; ils ont été parfaitement décrits et figurés par Morren (1829, pl. III, fig. 1). Quant à leur usage physiologique, on n'est pas fixé à cet égard ; il n'est pas douteux qu'ils ne servent à la sortie du liquide viscéral, et lorsque celui-ci est coloré, comme chez le *Lumbricus fœtidus* Sav., le fait est d'une vérification facile ; sur les animaux mis en macération depuis quelque temps dans l'eau, on peut, par la pression, faire sortir en jet le liquide intérieur, comme les auteurs l'ont fait depuis longtemps remarquer. Quoique, chez les animaux inférieurs, nous ayons aujourd'hui de nombreux exemples de communication directe entre la cavité viscérale, qui cependant contient le sang réel, et l'extérieur, cette disposition singulière, si l'on se reporte à nos connaissances physiologiques tirées des êtres supérieurs, reste encore maintenant inexpliquée au point de vue biologique. Autrefois, certains naturalistes ont voulu y voir des orifices respiratoires, opinion complètement abandonnée aujourd'hui. De ces perforations dorsales des Lombrics, il faut rapprocher, sans doute, celles qui ont été signalées chez quelques Lombriciniens inférieurs, tels que les *Enchytræus*, le *Lumbriculus variegatus* Müll.; pour ces derniers animaux il n'y a qu'une ouverture située sur le segment céphalique.

Les soies sont avec ces perforations les seuls accidents de

l'enveloppe cutanée ; elles existent, on peut dire, dans tout le groupe (sauf les *Anachæta*) et présentent dans leur forme aussi bien que dans leur disposition des caractères importants au point de vue de la répartition méthodique de ces êtres. Jamais on ne rencontre chez les Lombriciniens des appendices rappelant la complication des soies composées des Annélides proprement dites.

Les soies ordinaires se rapportent à trois types importants à distinguer : ou bien leur extrémité libre est conique, plus ou moins aiguë, et elles sont plus ou moins courbées en S sur leur longueur, *soies simples (Setæ)* (1) ; ou bien, avec une forme analogue, elles sont bifurquées, et chaque pointe recourbée en hameçon, *soies fourchues (Uncini)* (2), les *Lumbricus* sont dans le premier cas, les soies des *Nais* se rapportent au second type ; enfin, chez un bon nombre de Naïdiens, on rencontre, en outre, des soies filiformes grêles et allongées, *soies piliformes (Setæ capillares)* (3), par exemple, chez les *Tubifex*. Cette dernière variété paraît avoir moins d'importance que les deux autres et coexiste souvent avec les soies bifurquées, parfois elle existe seule comme chez les *Æolosoma*.

Dans quelques animaux, cependant, elles s'écartent du type simple, par exemple, chez plusieurs NAIDIDÆ, ainsi chez le *Ctenodrilus* l'une des soies se termine par une sorte de peigne soit terminal, soit latéral, chez les *Heterochæta* la soie supérieure présente une extrémité en gobelet. Claparède, le premier (1863), a fait connaître ces exceptions remarquables ; il faut y joindre les soies du *Psammoryctes*, celles décrites par M. Perrier, chez le *Rhinodrilus*.

Les soies proprement dites, simples ou fourchues, sont généralement, surtout les premières, en nombre déterminé dans chaque espèce, aussi donnent-elles d'excellents caractères pour le groupement de celles-ci. Elles existent dans quelques cas en grand nombre, quarante et au-delà, formant autour de chaque anneau une véritable ceinture (*Megascolex*). Dans le genre *Lumbricus*, on en trouve huit sur chaque anneau, soit régulièrement espacées, *L. octaedrus* (4) Sav., le plus souvent réunies

(1) Pl. XXI, fig. 13; XXII, fig. 5, 6; XXIII, fig. 2.
(2) Pl. XXII, fig. 9, 15, 17, 22, 23, etc.; pl. XXIII, fig. 14.
(3) Pl. XXII, fig. 8, 13.
(4) Pl. XXI, fig. 5.

deux à deux en quatre faisceaux (1) ; enfin, dans quelques cas, on ne trouve qu'une soie représentant chaque faisceau comme dans le genre *Phreoryctes*. La disposition est la même chez les Naïdiens, c'est-à-dire qu'on trouve ordinairement quatre faisceaux seulement, le nombre des soies dans chacun d'eux est en général plus élevé et en même temps moins constant. On doit aussi remarquer que sur la ceinture, lorsqu'elle existe, aux extrémités antérieure et postérieure du corps, dans le voisinage des orifices génitaux, les soies peuvent présenter certaines modifications. Les soies sont disposées en séries longitudinales continues, sauf chez les *Pontoscolex*, où elles alternent d'anneau en anneau, donnant ainsi une disposition en quinconce. Ce genre et celui des *Hypogæon*, si toutefois celui-ci doit être conservé, nous offrent aussi cette particularité d'avoir des soies impaires sur la ligne médiane. Suivant la plupart des observateurs, on ne trouverait chez les *Chætogaster* que deux rangées de soies, une de chaque côté; M. Fr. Leydig (1865, p. 252, note 2) a émis l'opinion que c'était une illusion produite par le moyen ordinaire d'examen, le poids d'une mince plaque de verre suffisant pour rapprocher, au point de les confondre à l'œil, les faisceaux qui, de chaque côté, seraient au nombre de deux. Pour les espèces de ce genre que j'ai eu l'occasion d'examiner, j'avoue que l'opinion généralement admise me paraît plus exacte que celle du savant histologiste, et l'on peut invoquer à l'appui de cette manière de voir l'autorité de M. Ray Lankester, qui, dans un travail consacré spécialement à l'étude du *Chætogaster Limnææ* Baër, décrit les faisceaux chez cet animal comme unisériés (1870, p. 634); c'est aussi la conclusion de M. Vejdovski dans ses derniers travaux.

Cette disposition des soies rapproche assez les Lombriciniens des Annélides proprement dits, chez lesquels ces appendices, disposés sur les rames supérieure et inférieure, présentent le même arrangement. Si l'on voulait pousser plus loin l'analogie, on pourrait voir dans les soies simples des animaux qui nous occupent ici, les *acicules*, suivant la nomenclature établie par Savigny, tandis que les soies subulées des Naïdiens représenteraient les derniers vestiges

____

(1) Pl. **XXI**, fig. 3.

des *festucæ* (1), qui évidemment tendent à disparaître dans le type des Lombriciniens.

Le développement des soies a été étudié avec beaucoup de soin par M. Leydig (1865, p. 256) qui, l'un des premiers, en a donné une description très complète ; les faits sont d'ailleurs aisés à vérifier, sur un même individu, car il est habituel d'y rencontrer ces organes à différents états d'évolution. « Elles se forment dans des dépressions cutanées en « culs-de-sac, véritables cryptes glandulaires. Les moins « avancés ont une forme arrondie, ovalaire, et sont transpa-« rents avec un épaississement conique à l'un des pôles. Plus « tard, ils ont une extrémité étirée en pointe, enveloppée d'un « capuchon très visiblement semblable à une soie. Ce capu-« chon et les productions ultérieures, jusqu'à la production « d'une soie parfaite, sont certainement de nature chitineuse « et dérivent d'une cellule spéciale, qui les sécrète par une « sorte de stratification.» L'auteur voit dans cet organe forma-teur de la soie, l'analogue d'une glande et regarde ce fait comme très démonstratif en faveur de cette idée, formulée déjà par Blainville, qu'entre les sécrétions glandulaires et les productions cutanées rigides, telles que les poils, il n'existe aucune différence fondamentale. Cependant ce mode de développement des soies a donné lieu à des observations contradictoires, et un zoologiste des plus autorisés, Clapa-rède (1869, p. 583), a exposé les choses d'une manière dif-férente. Suivant lui, un premier fait à établir, est que les soies ne se forment pas dans des enfoncements préexistants de la peau, mais dans des follicules sous-cutanés primitivement isolés et clos ; c'est seulement plus tard et par le progrès du développement, que, leur cavité se mettant en communication avec l'extérieur, la continuité des parois du follicule et des couches cutanées peut faire croire à l'existence de cryptes. Cette manière de voir est fondée ; il faut même dire que, si M. Leydig n'indique pas dans sa description avec une précision peut-être suffisante quelle est son idée exacte à cet égard, dans l'une des figures, où il représente une soie en voie de dévelop-pement, on reconnaît fort bien la cavité du follicule placée sous le tégument et ne l'ayant pas encore percé (pl. XVII, fig. 10

(1) T. I, p. 24.

B : b). Il se passerait là, comme on le voit, quelque chose de très comparable à ce qui a eu lieu chez les animaux supérieurs pour le développement des poils; ainsi que l'ont établi les recherches faites depuis Valentin, ceux-ci se développent d'abord sous forme de sorte de glandes sous-cutanées et n'émergent que plus tard au dehors. Claparède décrit et figure avec une grande exactitude le mode de croissance des soies dès leur première apparition, et indique soigneusement les rapports de la gaîne, qui enveloppe la partie cachée de la soie avec les tissus sous-jacents en faisant voir que son fond n'est pas fermé, mais se continue sans ligne de démarcation avec le tissu péritonéal. Toutefois cet auteur, par rapport à l'origine primitive de ces soies ou plutôt des follicules sétifères, signale des faits qui ne peuvent être admis qu'avec grande réserve. « Pour ce qui est de l'origine de ces follicules « sétifères, dit-il, je suis arrivé à un résultat tout à fait inat- « tendu. Les plus petits d'entre eux contiennent les premiers « linéaments de la pointe de la soie sous la forme d'un très « petit dôme conique. D'autres follicules, à cela près absolu- « ment semblables aux précédents, ne montrent pas même « trace de cette partie. Il faut évidemment voir dans ces der- « niers un état moins avancé dans lequel la sécrétion de la « soie à l'intérieur du follicule ne se fait pas encore. Des fol- « licules jeunes de cette espèce sont d'ordinaire tout près « d'anses de vaisseaux capillaires ou adhèrent aux parois de « ceux-ci Il est alors impossible de les distinguer des dilata- « tions vasculaires qui, sur ces points, sont ordinairement nom- « breuses. Ces dilatations constituent sur les vaisseaux des amas « de cellules dans lesquels les nucleus de la paroi subissent une « hypergénèse notable (sans doute par fractionnement). Les « follicules sétifères paraissent n'être que des diverticules « vasculaires de cette espèce détachés ; en tout cas, on ne « peut les en distinguer. Les nucleus, si multipliés, se chan- « gent en noyaux de cellules glandulaires. » (1869, p. 581, pl. XLV, fig. 5). Ainsi, les follicules, dans lesquels vont se développer les soies, seraient constitués d'abord par des amas de noyaux dérivant d'une hypergénèse sur certains points des vaisseaux clos ; ces amas, se détachant plus tard, deviendraient des sortes de glandes dans lesquelles les soies subiraient leur évolution. Claparède accompagne la description d'une figure où les différents stades de cette évolution hypothétique sont représentés. Cette théorie, que l'auteur ne présente, il est vrai, qu'avec une certaine réserve, n'est pas admissible. Comme l'a fait remarquer M. Perrier (1874, p. 398), les soies apparaissent chez les jeunes Lombrics alors que le système vasculaire est fort incomplètement développé en ce qui concerne son réseau capillaire des vaisseaux clos. On peut ajouter que chez ceux de ces vers appartenant aux types les plus dégradés, les soies se rencontrent toujours, alors que ce système de vaisseaux manque au moins pour la plus grande part.

L'appareil nerveux des Lombriciniens a été très soigneusement étudié. Sans parler de Morren qui, pour les Lombrics proprement dits, en donna une description et des figures très satisfaisantes pour l'époque, on peut citer les excellentes planches de M. de Quatrefages ; l'histologie en a été faite par Faivre, M. Leydig, etc., ce dernier auteur a étendu ses recherches à d'autres types de ce groupe, qu'on peut considérer comme l'un des mieux étudiés sous ce rapport.

D'une manière générale, cet appareil se compose d'un ganglion sus-œsophagien, relié, au moyen de deux connectifs, à une chaîne ventrale constituée habituellement par une succession très nombreuse de ganglions. Ceux-ci et les connectifs qui les réunissent, simples en apparence, montrent, vus à un grossissement suffisant et dans des conditions convenables, la symétrie bilatérale ordinaire. En un mot, c'est un appareil nerveux typique d'Articulé. Toutefois, chez les Lombriciniens très inférieurs, tels que les *Æolosoma*, le système nerveux devient fort difficile à reconnaître et M. Vejdovsky a fait voir qu'il reste incomplet, rudimentaire.

Pour les Lombrics (1), M. de Quatrefages a montré que le ganglion sus-œsophagien, peu volumineux, émet deux branches, lesquelles se rendent à la portion supéro-antérieure de la tête. Les connectifs périœsophagiens, sur leur parcours, fournissent un certain nombre de rameaux externes et inférieurement cinq ou six ramuscules, ceux-ci, après un court trajet, se renflent en des ganglions d'où part un système d'anastomoses formant le *plexus pharyngien* ou *stomatogastrique*, suivant l'expression

____

(1) Pl. IV, fig. 5.

employée par ce zoologiste. Cette disposition est facile à constater après l'action de l'acide azotique étendu, suivant la méthode indiquée par Baudelot pour les Sangsues (1864). La chaîne ventrale, outre les nerfs dépendant des renflements, émet des branches qui partent des connectifs dans le trajet interganglionnaire.

Le ganglion sus-œsophagien ou cérébroïde montre souvent la trace de deux portions latérales soudées, c'est-à-dire affecte plus ou moins la forme en sablier, par exemple chez les *Lumbricus* ; le *Phreoryctes Menkeanus* Hoffm. l'a presque quadrilatéral ; il est légèrement renflé en arrière chez le *Megascolex*, et présente un véritable prolongement, un lobe postérieur, chez le *Clitellio arenarius* Müll. et divers autres Naïdiens ; ceci a pu être mis à profit pour des distinctions spécifiques.

Sur ce même *Clitellio*, j'ai observé un nerf partant d'un connectif pour aller au connectif du côté opposé, formant au-dessous de l'œsophage une sorte d'anse, l'analogue sans doute du plexus stomatogastrique des Lombrics.

Quant aux organes des sens, autant qu'on en peut juger, ces animaux paraissent mal partagés.

Le toucher est délicat et quel que soit le point qu'on irrite à la surface du corps, l'animal perçoit manifestement une sensation plus ou moins vive. En outre, la portion antérieure offre d'ordinaire ce *lobe céphalique* déjà indiqué, lequel semble particulièrement destiné au tact, il est facile de s'assurer que les vers de terre s'en servent pour reconnaître les objets qui les environnent ; le *Stylaria proboscidea*, Müll. l'a prolongé en un long filament mobile. Leydig a montré que des filets nerveux nombreux se rendaient dans ce lobe céphalique pour aboutir à des cellules épithéliales de forme particulière, comparables à celles dans lesquelles se terminent les fibres nerveuses des sens spéciaux.

On ne connaît jusqu'ici aucun appareil qui paraisse spécialement destiné aux sensations gustatives (1), olfactives ou auditives. Quant aux organes visuels, la grande majorité des espèces et en particulier les Lombrics n'en présentent aucune trace ; chez un certain nombre de Naïdiens, il existe des

---

(1) **M. V. Mojsisovics** (1878) pense avoir démontré dans le prostomium du Lombric la présence d'organes se rapportant à la gustation.

amas de pigment à la région céphalique; on doit les regarder comme représentant des yeux rudimentaires.

Le mode de locomotion varie suivant le milieu qu'habitent les animaux; un certain nombre d'espèces sont terrestres (TERRICOLÆ des auteurs) et, bien que recherchant toujours les lieux humides, ne peuvent vivre longtemps immergées; d'autres, au contraire, sont aquatiques (LIMICOLÆ), s'enfonçant dans la vase ou se trouvant en parasites sur certains Mollusques tels que les Limnées.

Les Lombrics proprement dits ou Vers de terre se meuvent avec rapidité au moyen de leurs soies robustes, dans les longues galeries tubuleuses, qu'ils se creusent dans le sol. Rarement ils en sortent pendant les nuits chaudes et humides soit au moment de la reproduction, soit lorsque des infiltrations inondent leurs demeures, ou que, par suite de pression du terrain voisin, ils se trouvent menacés d'y être écrasés, enfermés; on peut les forcer de sortir, c'est un procédé vulgaire, en enfonçant un bâton solide dans la terre et l'agitant en différents sens, ou même en frappant violemment le sol. Les *Megascolex* ont des mœurs analogues, mais, par suite sans doute du nombre de leurs soies, leur agilité est beaucoup plus grande; ces mêmes animaux peuvent faire saillir leur bouche, l'étendre en l'appliquant sur les objets environnants et s'en servent dans certains cas comme d'une sorte de ventouse (1). Les *Nais* et les *Tubifex* paraissent peu se déplacer et, enfonçant leur partie antérieure dans la vase, laissent sortir la portion caudale, qu'ils agitent continuellement. Aucun de ces animaux ne paraît réellement nager, malgré leurs mœurs aquatiques.

L'appareil digestif est généralement très simple. Ouvert aux deux extrémités du corps, il comprend une *cavité buccale* à laquelle fait suite un *pharynx* plus ou moins protractile, un *œsophage* de longueur variable, souvent rétréci, précédant un renflement musculeux, *gésier*, simple chez les *Lumbricus*, parfois double, *Digaster*, Perr. Ces organes n'occupent jamais qu'une longueur assez faible de la cavité viscérale; dans le reste se trouve ce qu'on peut appeler l'*intestin*, suite de dilatations membraneuses, une dans chacun des anneaux; des rétrécissements correspondent à chaque cloison dissépimentale et

____

(1) Pl. XXI, fig. 7 et 8.

donnent à l'ensemble un aspect moniliforme. La terminaison de l'intestin, *anus*, est placée à l'extrémité d'une portion à peine différente de celles qui précèdent.

Les appareils glandulaires consistent premièrement en un lacis serré, qui entoure la portion buccale, puis dans les *glandes chloragéniques*, acini simples, brunâtres ou jaunâtres, qui suivent le trajet des vaisseaux, appliqués sur l'intestin. La plupart des auteurs regardent aujourd'hui ces dernières comme plutôt en relation avec l'appareil vasculaire clos, contrairement à l'opinion des anciens anatomistes, qui y voyaient l'analogue du foie ou d'un organe de sécrétion mixte plus ou moins comparable aux tubes de Malpighi.

L'organe le plus singulier en rapport avec le tube digestif est une sorte de saillie intérieure de la cavité de l'intestin désignée par Morren sous le nom de *Typhlosolis* et qu'on peut se représenter (1) comme une lame horizontale reliée à la paroi supérieure par une lame verticale, la coupe de cet ensemble donnant la forme d'un T renversé. Ce typhlosolis est constitué par une invagination des parois intestinales; il présente même à son intérieur les cellules brunâtres chloragéniques. C'est peut-être un appareil de sécrétion mais bien plutôt d'absorption. On peut le rapprocher des replis intérieurs de l'intestin connus chez les Mollusques acéphales, certaines Ascidies, même de la valvule spirale des Sélaciens. M. Perrier le regarde comme une dépendance de l'appareil des vaisseaux clos.

Ces animaux étant toujours dépourvus de mâchoires, leur nourriture semble ne pouvoir consister qu'en substances en décomposition et on a longtemps admis que les vers de terre se nourrissaient exclusivement d'humus, qu'ils faisaient pénétrer en nature dans leur tube digestif et rejetaient après avoir absorbé les parties alibiles. Il est certain que leur tube digestif est habituellement rempli de parties terreuses et que les amas de même nature accumulés à l'entrée de leurs galeries sont composés de leurs déjections. Toutefois, suivant la remarque de Darwin, (1882) qui, le premier, a fait sur ce sujet des observations positives, ces animaux attirent dans leurs tubes des feuilles et autres parties végétales, dont ils se nourriraient. Il

(1) M. de Quatrefages l'a figuré en situation, *Règne animal illustré*, Annélides, pl. 11 *bis*, fig. 1 *h*.

est très facile de voir la façon dont les choses se passent en conservant, pendant un certain temps, des vers de terre dans de la terre humide sans leur donner de nourriture. Si on leur offre alors des portions de feuilles de chou, ou mieux de gros fragments de pain humecté, qu'ils ne peuvent facilement déplacer, en les observant avec précaution à la tombée de la nuit, on les trouvera attaquant ces aliments et appliquant sur eux la partie antérieure extroversée de leur pharynx. Le régime pourrait dans certains cas être animal : les *Chætogaster*, qu'on trouve habituellement sur les Limnées, ne vivent-ils pas aux dépens de ces Mollusques?

L'appareil circulatoire est double, il se compose premièrement de lacunes, constituant la cavité viscérale, remplies d'un liquide incolore où nagent des corpuscules figurés; c'est l'analogue du système lacunaire des Articulés ou des Mollusques; secondement d'un système de vaisseaux clos diversement anastomosés, ils contiennent un liquide plasmatique habituellement coloré en rouge, on y trouve, d'après les auteurs modernes, des globules, mais j'avoue, avec M. Huxley, n'avoir jamais pu en constater la présence sur le vivant. Cet ensemble est comparable à ce que l'on connaît chez les Annélides proprement dits; nous le retrouverons avec un développement supérieur chez les Sangsues, au moins en ce qui concerne les vaisseaux clos.

Pour ces derniers, il existe chez les Lombrics un vaisseau dorsal (1) appliqué sur le tube digestif, un vaisseau ventral sous l'intestin et au-dessus de la chaîne nerveuse ganglionnaire (2), enfin un vaisseau sous-nervien (3), placé contre le tégument, ce qui fait en somme trois troncs longitudinaux impairs superposés. Ils sont reliés par des anastomoses transversales au nombre de deux ou trois par anneau, lesquelles se rendent du vaisseau dorsal tantôt au tronc ventral, elles comprennent des branches périgastriques ou pariétales, des branches gastriques ou viscérales, tantôt au tronc sous-nervien. Ce dernier et le tronc ventral ne communiquent pas directement l'un avec l'autre, sauf peut-être par les ramifications capillaires, qui, partant de ces vaisseaux, se rendent dans les téguments

(1) Pl. I, fig. 3 *g*.
(2) Pl. I, fig. 3 *h*.
(3) Pl. I, fig. 3 *i*.

et aux différents viscères. Cette disposition, fort bien étudiée par les auteurs, et en particulier par M. de Quatrefages (*Règne animal illustré*, pl. XXI bis et XXIV), se constate très aisément sur les jeunes Lombrics, qu'on peut étudier par transparence ; elle se retrouve dans ce qu'elle a de fondamental chez la plupart des LUMBRICINI. Dans un grand nombre de cas cependant un seul des troncs inférieurs subsiste, le tronc ventral proprement dit ou sous-nervien, c'est ce qu'on observe chez les NAIDINEÆ d'une manière générale.

Le mode suivant lequel les vaisseaux clos se terminent en arrière, était resté jusque dans ces derniers temps un point fort obscur pour l'anatomie de ces vers. M. Vejdovsky a montré chez les *Enchytræus*, qu'ils partent d'un sinus situé dans la paroi même de l'intestin et l'observation a été étendue à bon nombre d'autres espèces.

L'appareil des vaisseaux clos est sur certains points contractile, des valvules régularisent la circulation du liquide contenu. La difficulté d'observer ces êtres à l'état de repos fait qu'il peut exister quelque doute sur les points précis de cette contractilité, d'autant que, le liquide étant privé de globules, on ne peut juger du sens dans lequel celui-ci est chassé que par le changement de forme et de couleur des vaisseaux. Le tronc dorsal paraît être toujours contractile et chasse le liquide coloré d'arrière en avant ; deux branches antérieures le ramènent dans le vaisseau ventral ; sur tout le trajet les anastomoses latérales lui permettent de passer dans ce dernier et le tronc sous-nervien. Chez les *Lumbricus*, les *Megascolex*, les *Tubifex*, etc., ces anastomoses, dans quelques-uns des anneaux antérieurs, présentent des renflements, *anastomoses moniliformes* (1), également contractiles ; il est particulièrement facile d'observer sur elles le sens d'impulsion dorso-ventral, par la manière dont ces poches se remplissent, puis se vident les unes après les autres. Sur le *Lumbriculus* (2), ces anastomes, à leur point origine dorsal, présentent des diverticulums ramifiés contractiles.

On ne connaît pas d'ordinaire chez les LUMBRICINI d'organes spéciaux pour la respiration, qui est exclusivement cutanée.

(1) Pl. I, fig. 3 *k*.
(2) Pl. XXIII, fig. 6.

Parfois cependant, certaines portions du corps paraissent plus particulièrement dévolues à cette fonction. Ainsi les *Tubifex*, les *Nais*, à demi-enfoncés dans la vase, agitent continuellement l'extrémité postérieure de leur corps pour favoriser sans doute les phénomènes d'hématose. Chez les *Dero* (1), le dernier article présente des digitations qu'on peut considérer comme des branchies rudimentaires.

Les organes sécréteurs connus sont des glandes cutanées et des tubes spéciaux, dont les fonctions, encore assez problématiques, doivent cependant, avec le plus de vraisemblance, avoir pour objet des sécrétions spéciales.

Les premières forment cette multitude de glandes unicellulaires situées au milieu des éléments composant la matrice de la cuticule, il en a été déjà question. Elles débouchent à l'extérieur par les fines perforations, qui criblent la cuticule. Hoffmeister les a particulièrement bien fait connaître sur le *Lumbricus terrestris* Lin. (*L. agricola* Hoffm.) et pense que ce pourraient bien être des cellules de terminaison d'un sens spécial. On admet généralement, sans d'ailleurs en avoir la preuve directe, qu'elles servent plutôt à la sécrétion de l'humeur visqueuse dont ces animaux sont continuellement couverts et qui lubréfie les parois de leurs galeries.

Est-ce aux organes de sécrétion qu'il faut rapporter cette série plus ou moins nombreuse de perforations cutanées dorsales, établissant, comme on l'a vu plus haut, une communication directe entre la cavité viscérale et l'extérieur? On sait combien nous sommes peu éclairés jusqu'ici quant à l'usage physiologique de ces sortes de communications, aujourd'hui signalées chez un très grand nombre d'animaux inférieurs.

Les tubes constituant les organes segmentaires offrent un intérêt particulier au point de vue de la morphologie générale des êtres. Etudiés d'abord chez les Lombrics dès le travail de Morren, leur présence fut reconnue chez bon nombre d'autres vers, aussi les regarda-t-on comme un des caractères particuliers de cette sous-classe. Dans ces dernières années M. Semper a trouvé un système analogue chez certains vertébrés d'une organisation élevée, les Poissons Elasmobranches et en a conclu que les Vers faisaient passage non seulement aux Mol-

____

(1) Pl. XXII, fig. 21.

lusques et aux Articulés, comme déjà l'avait montré Blainville, mais encore également aux animaux du type le plus élevé.

Chez le Ver de terre, chacun des organes segmentaires se compose en premier lieu d'un *entonnoir vibratile*, appelé aussi *pavillon cilié*, c'est la partie la plus profonde, il s'ouvre librement dans la cavité abdominale ; un tube y fait suite, qui s'enroule sur lui-même formant un glomérule, l'extrémité qui s'en échappe, comparable pour les dimensions, l'aspect, la structure à la portion afférente, se renfle après un court trajet en une ampoule, qui s'ouvre directement à l'extérieur par un pertuis punctiforme. Suivant les groupes et les espèces, on observe des variations dont il sera fait mention en son lieu. Ces tubes ciliés se trouvent normalement au nombre d'une paire, rarement de deux par segment, les rapports qu'ils affectent avec celui-ci étant d'ailleurs singuliers. L'entonnoir vibratile est placé au côté antérieur d'un des dissépiments intersegmentaires, le tube, qui y fait suite traverse immédiatement ce dernier et c'est en arrière qu'il s'entortille et débouche à l'extérieur. L'organe appartient donc en réalité à deux cavités segmentaires, le pavillon cilié ou *portion antéseptale*, se trouvant dans l'antérieure, où il puise, sans doute, les matériaux de sécrétion, la postérieure n'étant en quelque sorte que traversée par la *portion postseptale*, sorte de canal vecteur, en ne prenant pas toutefois ces expressions dans leur sens absolu, les fonctions de ces tubes nous étant, je le répète, très imparfaitement connues ; cependant l'assimilation avec les organes homologues des Sélaciens, qui eux sont, d'après M. C. Semper, en rapport avec l'uretère primordial chez l'embryon, indiquerait qu'on se trouve bien en face d'organes sécréteurs.

La situation et le nombre des organes segmentaires varie suivant les Lombricins qu'on considère. M. Perrier a insisté sur ce point en ce qui concerne les Lombrics proprement dits et genres voisins. Typiquement on devrait admettre que dans chaque anneau se trouvent deux paires de tubes entortillés, deux supérieurs, deux inférieurs débouchant les premiers près des soies dorsales, les seconds près des soies ventrales dans le cas où ces organes sont disposés comme on le voit chez les Lombrics proprement dits. Mais en premier lieu, dans les anneaux antérieurs, dans ceux où se développent les appareils de la génération, les organes segmentaires peuvent manquer complètement. D'un autre côté, il n'existe normalement qu'une paire de tubes, par anneau, l'autre avortant ; celle qui subsiste est le plus souvent l'inférieure (*Lumbricus, Megascolex*, etc.), parfois la supérieure (*Moniligaster, Eudrilus*). Chez les Naidineæ, les appareils segmentaires diminuent en nombre et en importance, souvent il n'en existe plus que deux paires ou même une seule ; dans les types les plus dégradés, on peut n'en pas trouver trace.

Toutes ces variations permettent sans aucun doute de trouver d'excellents caractères pour la classification du groupe au moins dans les coupes secondaires, pour l'établissement des genres par exemple, d'autant que chez les Lumbricidæ d'une certaine taille il est possible de reconnaître sur l'animal, sans dissection préalable, la position des pores efférents. Jusqu'ici toutefois, les renseignements manquant pour un assez bon nombre de genres et d'espèces, il n'est pas possible d'en tirer tout le parti qu'on en tirera certainement plus tard.

Enfin dans certains cas, le fait se rattache sans doute aux sécrétions, les Lombrics deviennent phosphorescents dans l'obscurité. Bien que ce phénomène n'ait pas été étudié d'une manière approfondie chez ces animaux, il paraît être purement accidentel et on ne peut guère le considérer aujourd'hui comme caractère spécifique (*Lumbricus phosphoreus* Dug.).

Les organes reproducteurs offrent une remarquable complication, et quoique étudiés depuis longtemps, n'ont cependant été bien connus qu'à une époque relativement récente, car les anciens auteurs regardaient comme représentant les organes femelles une partie des organes mâles et désignaient sous le nom de testicules des poches, que l'on a reconnu être de simples réservoirs de la semence. Il est important d'être prévenu de cette confusion pour comprendre les descriptions de Savigny et des zoologistes jusqu'à Hering et Udekem, qui, les premiers, ont découvert presque simultanément les organes femelles réels.

Chez les Vers de terre proprement dits, l'appareil mâle comprend d'une part les testicules avec leurs canaux efférents, d'autre part les vésicules copulatrices.

Les testicules (*Ovaires*, Savigny) sont chez le *Lumbricus fœtidus* Sav., par exemple, au nombre de trois paires (1), gros-

____

(1) Pl. XXI, fig. 1 *a*, *a'*, *a"*.

sissant de la première à la dernière et présentant d'ailleurs, sous le rapport du volume, des variations considérables suivant la saison. Leur couleur est tantôt blanchâtre, parfois d'un jaune assez vif. La paire antérieure occupe le 6e anneau, la seconde le 7e, la dernière le 8e; mais pour ces deux-ci, surtout à l'époque de la maturité, les glandes se gonflent et, refoulant les dissépiments, s'étendent dans les anneaux qui suivent chacune d'elles. Ces testicules sont tous enveloppés d'une membrane commune, sorte de sac présentant des diverticules pour loger chacun d'eux et des rétrécissements constituant les tubes vecteurs; les produits sécrétés tombent dans le sac, sont recueillis par des entonnoirs couverts de cils vibratiles (1), logés dans cette même cavité, et conduits à l'extérieur par deux *canaux déférents* (2). Les entonnoirs, au nombre de deux paires, sont situés dans les intervalles qui séparent les testicules de chaque côté, par conséquent dans les 7e et 8e anneaux à peu près, car le développement variable des glandes spermagènes peut les faire plus ou moins reculer. Peu après sa sortie du sac, le tube vecteur s'enroule sur lui-même en hélice plus ou moins régulière, puis le canal antérieur, après avoir cheminé quelque temps à côté du postérieur, se joint à celui-ci et le tube unique ainsi formé (3) traverse les 10e, 11e, 12e, 13e anneaux et vient s'ouvrir à l'extérieur sur la face ventrale du 14e en dedans des deux séries de soies inférieures. Les orifices, bien visibles au moment de la reproduction sous forme de petites fentes transversales à bords légèrement gonflés, portent le nom d'*orifices mâles* (*vulves*, Savigny, Hoffmeister ; *tubercula ventralia*, Kinberg, Eisen). La position variable de ces orifices donne d'excellents caractères, suivant qu'ils se trouvent sur tel ou tel anneau, en avant, en arrière du clitellum ou sur celui-ci.

Cette description de l'appareil mâle chez le *Lumbricus fœtidus* Sav., pris pour type, est applicable à peu de chose près à toutes les espèces du genre, sauf quelques différences secondaires. On peut en trouver de plus sensibles dans des genres voisins; chez les *Megascolex*, par exemple, il n'y a que deux paires de testicules, le canal déférent à sa terminaison présente un diver-

(1) Pl. XXI, fig. 1 *b*, *b'*.
(2) Pl. XXI, fig. 1 *c c*.
(3) Pl. XXI, fig. 1 *c'*.

ticulum latéral ramifié (*prostate* ou *vésicule séminale* (1), et l'orifice lui-même est en quelque sorte renforcé par une masse ovalaire, évidemment de nature glanduleuse, qui l'entoure (2). Des variations plus considérables se rencontrent chez les *Nais*, *Tubifex*, et autres genres; elles peuvent fournir, comme on le verra, de bons caractères taxinomiques.

Les *poches copulatrices* ou *spermathèques* (*testicules*, Savigny; *receptaculum seminis*, Eisen), sont des vésicules d'un blanc brillant en nombre variable, suivant les espèces, deux paires (3) placées dans les 6ᵉ et 7ᵉ anneaux chez le *Lumbricus fœtidus* Sav., c'est-à-dire avec les quatre premiers testicules. Le *Megascolex cingulatus*, Schmar., en présente quatre paires (4), du 3ᵉ au 6ᵉ anneau, en avant des glandes génitales mâles. Le *Megascolex Houlleti* en aurait trois, d'après M. Perrier. Chez les *Lumbricus*, ce sont de simples ampoules munies d'un canal vecteur s'ouvrant sur la limite postérieure de l'anneau dans lequel l'organe est contenu, c'est-à-dire dans les intersegments VIᵉ et VIIᵉ pour l'espèce citée plus haut. Les poches copulatrices des *Megascolex* ont sur leur canal un ou plusieurs diverticulums, plus ou moins allongés et parfois sinueux; la complication peut devenir encore plus grande chez certains *Enchytræus*, l'*E. hegemon* Vejd. par exemple.

L'appareil femelle est construit sur un type beaucoup plus simple.

Chez les *Lumbricus*, il comprend en premier lieu les ovaires (5). Ces organes d'une étude très difficile non seulement à cause de leur petitesse, mais encore de leur transparence, sont placés dans le 11ᵉ anneau. Pour les étudier, le moyen habituellement employé consiste à enlever la cuticule et sa matrice à la face ventrale des 10ᵉ, 11ᵉ et 12ᵉ segments sur une largeur d'un millimètre environ de chaque côté de la ligne médiane, que la présence de la chaîne nerveuse permet de reconnaître avec facilité. Cette dissection doit être conduite de manière à respecter le plus possible les couches musculaires sous-jacentes; ceci

(1) Pl. XXI, fig. 10 et 11 *c*.
(2) Pl. XXI, fig. 10 et 11 *d*.
(3) Pl. XXI, fig. 1 *d, d'*.
(4) Pl. XXI, fig. 9 *e, e', e'', e'''*.
(5) Pl. XXI, fig. 1 *e*.

fait, on retourne l'animal qu'on fend sur le dos et on enlève, également avec beaucoup de précautions, le tube digestif. On obtient ainsi une sorte de fenêtre, où se trouvent comme tendus les parties sous-cutanées. En portant cette préparation sous le microscope et employant un grossissement de cinquante à cent diamètres, on distinguera, de chaque côté de l'appareil nerveux, les ovaires libres dans les tissus au niveau de l'anneau indiqué.

Ces organes se présentent chacun sous la forme d'une petite masse pyriforme un peu contournée en croissant, d'un millimètre environ de longueur sur un ver de terre de moyenne taille, entièrement remplie par les ovules transparents, d'un diamètre qui varie de $0^{mm}03$ jusqu'à près de $0^{mm}10$, suivant leur degré de maturité, les plus petits se trouvent vers l'extrémité rétrécie, les plus développés à la partie renflée. Les ovaires ne sont au reste visibles qu'à l'époque de la reproduction.

Aucun canal vecteur ne part directement de la glande, les ovules mûrs tombent dans la cavité viscérale et sont repris par l'oviducte. Celui-ci consiste en un tube commençant par un entonnoir vibratile placé dans le 11ᵉ anneau contre la cloison postérieure; le tube traverse ce dissépiment pour, dans l'anneau suivant, se renfler et venir déboucher par un perthuis à peine visible au XIIᵉ intersegment.

Cet appareil femelle n'est connu que chez un petit nombre d'espèces des LUMBRICINEÆ proprement dits, car il ne peut être étudié que sur des individus frais. Outre les *Lumbricus*, il a été décrit et figuré par M. Perrier chez le *Megascolex Houlleti* Perr.; une différence importante se remarquerait dans l'ovaire, affectant ici la forme d'une glande en grappe, et placé dans le 12ᵉ segment; de plus l'oviducte, en continuité directe avec la glande, se réunirait à son congénère sur la ligne médiane, les orifices étant au moins très rapprochés l'un de l'autre.

Les NAIDEÆ, et d'une manière générale les LUMBRICINI inférieurs, étant d'ordinaire de petite taille et plus ou moins transparents, paraîtraient présenter de moindres difficultés pour l'étude de ces appareils, mais, comme on ne peut guère les étudier que par compression, les organes digestifs, l'appareil des vaisseaux clos, surtout les organes segmentaires, etc., s'entremêlant avec l'appareil reproducteur, rendent au contraire cette étude très pénible. Cependant les recherches d'Udekem, de Claparède et surtout de M. Eisen, de M. Vejdovsky, ont jeté un grand jour sur cette question.

On peut dire d'une manière générale que cet appareil est beaucoup moins développé chez ces vers aquatiques que chez les terricoles, quoique construit sur le même type au moins pour les mieux organisés, comme les *Tubifex*, les *Clitellio*, par exemple. On distingue des testicules, des canaux déférents, des poches copulatrices. Les ovaires contiennent des ovules d'un volume considérable à l'époque de la maturité, ceux-ci flottent dans la cavité viscérale avant d'être rejetés à l'extérieur. Les canaux déférents rappellent beaucoup plus comme apparence un organe segmentaire avec son entonnoir vibratile et son canal entortillé. L'oviducte n'est souvent qu'une simple perforation du tégument.

Chez les *Nais*, les *Dero* et autres genres, pour lesquels la reproduction par bourgeonnement devient habituelle, l'appareil génital n'en est pas moins bien développé à certaines époques, et souvent, pour ce qui concerne le volume des œufs, ces derniers sont très disproportionnés eu égard au volume de l'animal lui-même.

Il reste à parler d'un organe dont la description se rattache d'une manière directe à celle des organes de la génération, le *Clitellum* ou ceinture, qu'on rencontre habituellement chez ces vers. C'est une modification du tégument, qui amène en un point du corps, variable suivant les genres et les espèces, une turgescence annulaire formant une sorte de manchon dans lequel l'animal paraît comme engagé. Le clitellum n'est pas toujours visible et son développement coïncide avec l'époque de la reproduction. Les anneaux existent primitivement en ce point comme sur le reste de l'animal, mais par suite du développement de cryptes glandulaires spéciaux (1), le tégument s'épaissit, se gonfle, les intersegments s'effacent et finissent par disparaître au moins à la partie dorsale, en dessous ils restent assez souvent reconnaissables, les soies tombent, et à l'extérieur il n'est d'ordinaire plus possible de constater le nombre des segments, le système nerveux peut au besoin venir en aide et le

(1) La structure du clitellum a été étudiée depuis Claparède (1869) par différents auteurs; et récemment M. Vejdovsky (1884) l'a fait connaître avec grands détails chez les *Lumbricus Boeckii* Eis. (pl. **XV**, fig. 3 à 7 *b*) et *L. purpureus* Eis. (pl. **XV**, fig. 1 et 2).

nombre des renflements ganglionnaires servir à cette détermination. En même temps, sur les parties latéro-inférieures du clitellum se développent, au-dessus de la rangée de soies la plus inférieure, deux *bandelettes* longitudinales résultant de l'union de sortes de ventouses dites *ventouses copulatrices* (*pores de la ceinture*, Savigny, Dugès; *tubercula pubertatis*, Eisen), qu'on distingue plus ou moins nettement au milieu du tissu comme fongueux, qui forme ces bandes ventrales. La présence ou l'absence du clitellum, plus encore sa position par rapport aux orifices mâles, et le nombre des anneaux qui le composent, fournissent d'excellents caractères. Il y a toutefois des différences à établir dans leur importance; ainsi le clitellum manquant en dehors de l'époque de la reproduction, même dans les espèces où il se développe le mieux, des observations multipliées deviennent nécessaires pour affirmer son absence comme distinction spécifique ou générique. Le nombre des anneaux clitellins pouvant offrir certaines variations dans une espèce, on s'attache surtout à connaître avec quel segment l'organe se termine, caractère sur la valeur duquel Dugès le premier a fixé l'attention. MM. Boeck et Eisen, après eux M. Örley (1881, p. 285), ont insisté sur l'emploi qu'on peut faire des ventouses copulatrices comme déterminant avec le plus de sûreté cette limite postérieure, et comme pouvant être des plus utiles par leur situation et leur forme pour déterminer les espèces dans le genre *Lumbricus* en particulier.

Les organes reproducteurs sont aujourd'hui connus sur bon nombre d'espèces, surtout celles d'un certain volume appartenant au groupe des Lumbricineæ, les recherches, par malheur, ont rarement été faites sur des individus frais. Ces études monographiques ne se prêtent guère jusqu'ici à des vues d'ensemble comparatives et les détails, qui s'y rapportent, trouveront mieux leur place dans la partie consacrée à la description des genres et des espèces.

L'accouplement a été étudié avec beaucoup de soin chez les Lombrics. Dès le commencement du siècle, Montègre (1815) avait observé très attentivement le rapprochement des sexes, et Morren (1829, p. 183, pl. XXXI) a décrit de nouveau et figuré les Lombrics accouplés. Toutefois les idées erronées qui avaient cours à cette époque sur la signification des organes de la génération ne permettaient pas de bien comprendre le phénomène. Ces auteurs indiquent cependant avec exactitude la position des deux animaux et admettent la réalité de l'accouplement réciproque. Dans ces dernières années M. Hering (1857) a mieux établi le rôle des différentes parties ; toutefois il règne encore une certaine obscurité sur la manière dont peut s'effectuer la fécondation.

C'est dans la saison chaude, aux mois de Juin et Juillet, surtout dans nos pays, que s'accouplent les Lombrics. Ces animaux sortent ordinairement la partie antérieure de leur corps hors des galeries qu'ils habitent, y laissant l'extrémité caudale, qui leur sert de point d'appui pour rentrer à la première alerte. Deux individus se rapprochent, étant placés en sens inverse, de telle sorte que la tête de l'un se dirige vers la queue de l'autre. La ceinture de chacun d'eux, très développée à cette époque, s'applique vers le niveau des orifices des poches copulatrices sur l'animal conjoint.

On a constaté depuis longtemps qu'il se produit en même temps sur les portions clitelliennes et préclitelliennes de ces vers, c'est-à-dire depuis le niveau des poches copulatrices jusqu'à la partie postérieure de la ceinture, du 7e au 35e anneau pour le *Lumbricus terrestris* Sav. observé par M. Hering, une sécrétion muqueuse abondante, qui enveloppe à la fois les deux animaux et, se concrètant, forme une sorte de membrane amorphe d'aspect comparable à la cuticule, mais d'une origine et d'une composition toute différente (Perrier, 1875), d'où résulte une sorte de manchon dans lequel les Lombrics sont enfermés. A partir de ce moment, la séparation des animaux ne s'opère plus avec la même facilité, comme l'a fort bien remarqué M. Hering, ce que M. Perrier a confirmé pour le *Lumbricus fœtidus* Sav. Le premier de ces auteurs a décrit en détail le reste du phénomène. On verrait se former à la face ventrale de chaque individu, par suite de rétractions musculaires, deux gouttières placées entre les séries sétigères ventrales et externo-inférieures, elles s'étendent, en ne considérant qu'un des vers pour plus de simplicité, de l'orifice mâle à la ceinture, creusée elle-même en bateau, suivant les bandelettes, qui portent les ventouses copulatrices. Une goutte de sperme apparaissant à l'orifice mâle, on la voit, par des contractions péristaltiques, cheminer le long de la gouttière, arriver aux bandelettes clitelliennes, et celles-ci se trouvant répondre pré-

cisément aux orifices des poches copulatrices de l'autre individu, on s'explique comment celui-ci reçoit dans ces réservoirs
le sperme sécrété par son conjoint. Ce fait avait déjà été en-
trevu par Ray. La fécondation réelle ne doit avoir lieu que se-
condairement après la séparation des individus.

Les auteurs n'ont pas insisté sur la disposition réciproque
des organes dans les vers accouplés, et, en s'en remettant aux
figures données ou à l'examen superficiel des animaux, tels qu'ils
se présentent à notre observation, surtout à celui des animaux
conservés dans l'alcool, il semble au premier abord qu'il
doive y avoir mélange des liqueurs spermatiques de l'un et
l'autre individu. En effet, si on considère les positions réciproques des orifices des poches copulatrices, de ceux des orifices mâles, et de la ceinture chez le *Lumbricus terrestris* Lin.,
on trouve six anneaux intermédiaires entre les premiers et les
seconds, onze ou douze entre les seconds et cette dernière.
Dans la position que prennent les deux individus lors de
l'accouplement, la ceinture de l'un correspondant aux orifices des poches copulatrices de l'autre, les orifices mâles
d'un des individus que, seul pour un instant, on regarderait
comme fécondateur ou mâle, devraient être placés par rapport
à l'autre en arrière des orifices mâles de ce dernier; c'est ce
qui est nettement indiqué sur la figure de Montègre. Il s'en-
suivrait que la liqueur spermatique de cet individu fécondateur devrait passer sur les orifices mâles de l'individu à fé-
conder pour gagner les poches copulatrices de celui-ci, et
comme l'acte est réciproque, le mélange des spermes paraît
forcé. Ceci n'a pas lieu, par suite de l'inégal développement
d'extension que peuvent prendre les anneaux. En examinant
un Lombric en marche, il est déjà facile de reconnaître que les
seize ou dix-sept premiers anneaux sont beaucoup plus exten-
sibles que les suivants (1), lorsque les animaux s'accouplent,
les six anneaux séparant les spermathèques des orifices mâles
se dilatent longitudinalement, tandis que les douze anneaux
placés entre ceux-ci et la ceinture se contractent en produisant
la gouttière copulatrice, par suite ces orifices se trouvent sur
chaque individu reportés en arrière et, par rapport au conjoint,
rapprochés des poches copulatrices de celui-ci, en sorte que le

____

(1) Pl. XXII, fig. 4.

trajet est direct des premiers aux secondes sans mélange possible des produits sécrétés par les testicules de l'autre vers.

Sauf pour les *Lumbricus*, les observations manquent sur la manière suivant laquelle s'effectue l'accouplement.

Le mode de ponte est mal connu ; cependant on sait depuis longtemps que les œufs se développent dans une enveloppe, qui en contient un certain nombre, et désignée sous le nom de *cocon*, par analogie avec le produit homologue des Hirudinées, animaux chez lesquels les phénomènes ont été beaucoup mieux étudiés. D'après ce que l'on connaît, une sécrétion abondante se produirait autour de la ceinture et y donnerait naissance à un tissu formant en ce point une sorte de manchon autour de l'animal. Celui-ci se dégagerait d'arrière en avant, et le manchon, en passant devant les orifices génitaux, puis les vésicules copulatrices, recevrait successivement les ovules et le sperme. C'est donc dans le cocon qu'a lieu la fécondation réelle, comme l'ont montré les recherches de MM. Ratzel et Waschawsky (1868, p. 547). Avec les produits mâles et femelles, on trouve un liquide albumineux très abondant dont l'origine n'est pas exactement déterminée et dans lequel les œufs sont comme suspendus.

Une fois devenu libre, le cocon, par l'élasticité de son tissu sans doute, se ferme aux extrémités et prend la forme d'une capsule ovoïde, à surface lisse, terne, ordinairement d'une couleur grisâtre ; l'animal l'abandonne à une profondeur variable, mais toujours assez grande, soixante centimètres à deux mètres. Il est d'ailleurs assez facile de se procurer ces cocons en plaçant dans un vase, avec de la mousse humide, des Lombrics, pris au moment de l'accouplement ; ils ne tardent pas à les y déposer. Le nombre des œufs dans chaque capsule varie de 2 à 6, mais généralement un seul achève son évolution et, selon la remarque déjà ancienne de Léon Dufour (1825, p. 19), chaque cocon ne donne d'ordinaire naissance qu'à un petit, ce naturaliste en avait conclu qu'il fallait y voir l'œuf réel, opinion qu'Ukedem, l'un des premiers, a démontré ne pas être exacte.

Le développement a été étudié avec beaucoup de soin, surtout chez les *Lumbricus*, mais il faut arriver à ces dernières années pour trouver des notions positives à cet égard. Au commencement du siècle, les idées les plus erronées eurent cours dans la science, c'est ainsi que Montègre décrivait comme fœtus des corps observés dans le testicule, pris pour l'ovaire à cette époque, corps qui sont simplement des amas de Psorospermies ; d'autres auteurs regardèrent comme de jeunes lombrics des Nématoïdes parasites, fréquents dans la cavité viscérale des Vers de terre, et pensèrent que ces animaux étaient vivipares. Udekem, dans son travail sur le développement du Lombric terrestre, a donné de cette question un résumé historique qu'on pourra consulter avec fruit (1856, p. 37). Enfin plus récemment des travaux très complets sur le développement de ces animaux ont été publiés par Kowalevski (1870-1871) et Hatschek (1878) pour les *Lumbricus* et les *Criodrilus* ; le premier de ces auteurs l'a de plus fait connaître chez les *Tubifex* et les *Euaxes*. La segmentation, irrégulière, amène, d'après ces recherches, la formation des trois couches dites : ectoderme, mésoderme et endoderme ; l'orifice du gastrula devient la véritable bouche et, phénomène remarquable, l'être à cet état de développement, faisant entrer par cet orifice dans la cavité, l'Archenteron, une quantité considérable de l'albumen contenu dans le cocon, se constitue une sorte de vitellus secondaire entouré des couches blastodermiques et servant, comme le vitellus proprement dit, à le nourrir. Parmi les cellules résultant de la segmentation, on en distingue un certain nombre, trois, qui se font remarquer par leur développement considérable, ce qui établit une similitude frappante entre le développement de ces animaux et le développement des Hirudinées. D'un autre côté les longs cils vibratiles, qui entourent l'orifice buccal, souvent un cercle également vibratile placés plus bas, rappellent assez la disposition analogue connue chez les Annélides à l'état de larve céphalotroque. D'ailleurs le développement, même pour les Naïs, est direct, se passe dans l'œuf, et l'animal sort de celui-ci ayant revêtu l'apparence de l'adulte.

Un grand nombre de ces vers, parmi les espèces vivant dans les eaux, se propagent de plus par bourgeonnement, et, pour quelques-uns d'entre eux, *Naïs*, *Chætogaster*, c'est même, on peut dire, le mode le plus habituel de reproduction. Le phénomène se produit d'une façon jusqu'à un certain point analogue à ce que l'on connaît chez certains Annélides depuis Othon Frédéric Müller et que **H.** Milne Edwards et **M.** de Quatrefages ont décrit chez les Syllidæ (1). A un certain moment les anneaux de

(1) Voir **T. I,** p. 120 ; Pl. V. fig. 16, 17.

la partie postérieure du corps s'isolent et forment ainsi un premier bourgeon, en avant de celui-ci s'en produit un second et ainsi de suite, en sorte qu'un bourgeon est d'autant plus âgé, qu'il est plus en arrière. L'absence de cirrhes rend en général la distinction des productions nouvelles moins facile que chez les *Syllis*, toutefois la présence des organes oculiformes, les étranglements nets, qui au bout de peu de temps séparent les différents bourgeons, permettent d'ordinaire de les reconnaître ; chez le *Nais proboscidea* Müll., le développement de l'appendice formé par l'élongation du lobe céphalique, est d'autant plus grand qu'il s'agit d'un bourgeon plus reculé. M. Semper, qui a étudié avec grand soin ce phénomène (1877), pense que la gemmation des *Nais* est influencée par les conditions extérieures : saison, localités, etc.; aussi serait-il absolument impossible d'en donner une formule générale.

Depuis les célèbres expériences de Bonnet de Lyon, on sait que les Naïs peuvent reproduire les parties de leur corps accidentellement séparées et que les fragments eux-mêmes, lorsqu'ils ont un certain volume, se complètent, en sorte que chacun d'eux devient un animal à part, ceci rappelant, quoiqu'à un moindre degré, les faits observés sur l'Hydre d'eau douce. Toutefois les notions que nous avons aujourd'hui sur la reproduction par bourgeonnement chez les *Nais* peuvent jeter quelque doute sur l'interprétation donnée par Bonnet, et l'on pourrait se demander s'il ne s'agit pas là d'individus en voie de développement, détachés expérimentalement avant terme. Il serait intéressant de répéter à ce point de vue ces expériences.

En tous cas et malgré l'opinion contraire, qui est vulgairement admise, on ne peut regarder comme démontré qu'il en soit de même chez les Lumbricini supérieurs et en particulier les Vers de terre. On répète journellement qu'un de ces animaux étant coupé en deux, chacune des parties se complète, de telle sorte que le fragment céphalique reproduit la portion caudale et, réciproquement, le fragment caudal la portion céphalique, mais aucune preuve directe n'a jusqu'ici été donnée de cette assertion, et les observations positives parlent plutôt contre elles. M. de Quatrefages a fait dans ce sens un certain nombre d'expériences ; ayant cherché à les répéter, j'ai obtenu des résultats identiques. Lorsqu'on coupe un de ces animaux à une certaine distance en arrière du clitellum, la plaie du fragment antérieur se cicatrise, l'anneau pygidien se reforme et il paraît probable que l'animal se complète par l'adjonction d'anneaux se produisant entre l'avant-dernier anneau et le dernier. Quant au fragment postérieur, après s'être vivement agité en différents sens au moment de la section, il reste inerte, à moins d'excitations extérieures actives, la plaie diminue d'étendue par suite de la rétraction des muscles annulaires, mais je ne l'ai jamais vue se cicatriser réellement; au bout de peu de jours ce fragment meurt et se décompose. Si la section porte sur le Clitellum ou en avant de celui-ci, les deux fragments se comportent comme le fragment postérieur dans le cas précédent (sauf en ce qui concerne la motilité volontaire conservée par la partie où se trouve le ganglion cérébroïde), la cicatrisation ne se fait pas et les fragments meurent après un temps variable. Toutefois lorsqu'on arrive à n'enlever que les trois ou quatre premiers anneaux, le fragment postérieur témoigne d'une plus grande vitalité et la cicatrisation a lieu, il se reforme une sorte de bouche et peut-être la portion manquante se reproduit-elle intégralement. Ce n'est pas qu'on ait pu jusqu'ici suivre expérimentalement des individus jusqu'à rédintégration complète, mais on trouve parfois à l'état de nature des Lombrics dont la portion antérieure est anormalement développée, ce qui paraît pouvoir s'expliquer par une réparation de ce genre. Enfin si on enlève simplement le lobe céphalique, il se reproduit parfaitement, comme l'a démontré M. de Quatrefages.

Il n'est pas inutile d'ajouter que ces expériences négatives peuvent ne pas être regardées comme absolument probantes, par suite de la difficulté qu'on éprouve à maintenir ces animaux dans des conditions d'existence convenables. Les individus intacts ne peuvent être conservés qu'à grand'peine en bon état en captivité, car il n'est pas facile de les maintenir au point d'humidité voulu; si celle-ci est tant soit peu exagérée, elle ne leur est pas moins nuisible que la sécheresse; lorsqu'il s'agit de fragments, la chose devient encore moins aisée. Le mieux paraît être de les placer dans de la mousse humide, je me suis aussi bien trouvé du marc de café, employé souvent pour la conservation de ces vers par les marchands d'objets de pêche.

Les Lumbricini sont des animaux très abondamment répandus à la surface du globe. On connaît, aujourd'hui que l'attention est attirée sur ce point, des espèces terrestres des lieux les plus divers; pour les espèces aquatiques, généralement de plus petite taille et d'une récolte moins facile, nous sommes moins avancés. Cependant, on en a trouvé bon nombre dans l'Amérique du Nord; nul doute que des recherches dirigées dans ce sens ne donnent une abondante moisson. Les Vers de terre ont été signalés des zones tropicales et tempérées, ils existent aussi dans l'extrême-Nord, comme le montrent les travaux de M. Eisen, il en est de même des *Enchytræus*; les espèces franchement aquatiques remontent peut-être un peu moins haut.

Il serait impossible, avec les documents que nous possédons à l'heure actuelle, de chercher quelle est la répartition géographique générale, nos connaissances se bornent en effet aux espèces d'Europe, encore leur détermination laisse-t-elle souvent beaucoup à désirer, ces animaux ayant été étudiés au point de vue anatomique, plutôt qu'au point de vue taxinomique. Pour les autres parties du monde, çà et là quelques espèces terrestres ont été signalées; quant aux Naidineæ, on peut dire qu'ils n'ont jamais été récoltés sérieusement. Les Vers de terre appartenant au genre *Lumbricus* ont été signalés de l'Ancien et du Nouveau-Monde; dans les contrées intertropicales, ils paraissent être remplacés par les *Megascolex*. La question de la répartition géographique des Lombrics peut être d'ailleurs compliquée par l'acclimatation de ces animaux transportés avec les végétaux vivants; on sait que les *Megascolex* ont été signalés en Angleterre, à Paris, à Montpellier, à Nice, en Algérie, soit dans les serres, celles à Orchidées particulièrement, soit même à l'état de liberté.

Les mœurs de toutes les espèces terrestres sont celles de nos Vers de terre, autant qu'on en peut juger, c'est-à-dire qu'elles habitent des galeries creusées en tous sens dans le sol. La profondeur à laquelle ils descendent paraît varier avec la taille des individus et avec l'espèce. Les *Lumbricus terrestris* Lin. de grande taille ne se rencontrent que fort avant dans le sol, ceux de dimensions exceptionnelles, comme j'ai eu l'occasion d'en observer à Montpellier, ne sont pris qu'à la suite de grandes crues, qui, inondant leurs retraites, les forcent de venir à la surface. Si le *Lumbricus terrestris* Lin., le *Lumbricus communis* Hoffm., etc. habitent l'humus et les terrains argileux, le *Lumbricus tetraedrus* Sav. ne se trouve que sur le bord des ruisseaux, presqu'à la surface, d'autres recherchent de préférence la mousse, ou encore l'abri que leur fournit l'écorce soulevée des arbres morts, enfin le *Lumbricus fœtidus* Sav., le *L. puter* Hoffm., se voient surtout dans les fumiers. Toutefois, l'habitat d'une même espèce paraît pouvoir varier : c'est ainsi que le *Lumbricus terrestris* Lin., pour ne citer que celui-là, se rencontre non-seulement dans la terre, mais encore sous la mousse, dans les bouses de vache, etc.

Ces animaux, en avalant la terre et la reportant à la surface, ont été considérés depuis longtemps comme de puissants auxiliaires pour l'aération du sol, et, sauf les dégâts qu'ils peuvent causer dans les semis en soulevant les jeunes plantes, ou dans les cultures horticoles en pot et sur couche par leurs galeries en rendant l'arrosage moins efficace (1), on doit les regarder comme des animaux bien plutôt utiles que nuisibles, quelles que soient les opinions contradictoires qui aient été émises à cet égard (2) (Bronsvick, 1875). Les observations de M. Hensen (1877) l'ont porté à conclure que les Vers de terre jouent dans la nature un rôle important. Suivant cet auteur, ces animaux, en enfouissant les feuilles, règleraient la distribution des matériaux nutritifs des plantes et contribueraient à la conservation de celles-ci, en facilitant les voies et apports des substances nutritives. Leur action sur la végétation, bien loin d'être dommageable comme on l'admet souvent, serait donc au contraire d'une réelle utilité. Darwin, dans un ouvrage bien connu (1881) (3), est revenu très au long sur cette question. Il faut aussi rappeler que, dans ces derniers temps, on a accusé les Vers de terre de pouvoir parfois ramener à la surface du sol les matières imprégnées des virus charbonneux d'animaux enfouis.

La recherche des Lumbricini ne présente que peu de difficultés, à moins qu'il ne s'agisse de ceux vivant à une très grande profondeur, un hasard heureux peut seul souvent mettre ceux-ci

(1) Voir en particulier Thouin, 1810, p. 36.

(2) Linné formule déjà cette opinion : « *perforat Lumbricus humum ne situ corrumpatur* », et cette idée a été développée par un anonyme il y a une quarantaine d'années (*Magasin pittoresque*, 15ᵉ année, p. 351, 1847).

(3) C'est à la traduction française (1882) que les renvois seront faits lorsqu'il y aura lieu.

entre les mains du zoologiste. Les espèces terrestres se trouveront dans les lieux indiqués plus haut comme étant leur demeure habituelle, mousse, écorces des arbres morts, fumiers, etc.; il est également utile de chercher sous les souches, les pierres, les pots à fleurs, et en général tous les objets au-dessous desquels l'humidité se maintient. En suivant une charrue labourant un peu profondément, on pourra se procurer de gros individus du *Lumbricus terrestris* Lin. Si on bat le sol découvert, là où l'on voit des traces de ces animaux, ou encore en enfonçant dans ces mêmes lieux à soixante ou quatre-vingts centimètres, un bâton long d'un mètre cinquante environ et assez solide pour qu'on puisse l'agiter fortement en différents sens par l'extrémité libre, on verra sortir un très grand nombre de vers de terre.

Quant aux espèces aquatiques, on les pêche au moyen du troubleau, dont se servent les entomologistes, en le faisant pénétrer dans la vase; lorsque la profondeur est faible, on se trouvera mieux encore de jeter cette vase sur un tamis de finesse variable suivant les cas; après l'avoir agité dans l'eau pour faire passer les particules les plus ténues, on peut, au moyen d'une pince, d'un cure-dent, facilement récolter les *Tubifex*, les *Clitellio*, les *Nais*, etc. En râclant la surface du corps du *Lymnea stagnalis* et autres mollusques analogues, on trouvera en abondance les *Chætogaster*.

Au fur et à mesure, les vers récoltés seront mis dans des vases ou des tubes suivant la grandeur des individus, en notant avec soin, le lieu, la date, l'habitat, comme on le fait pour les autres animaux. Les espèces terrestres seront placées dans de la mousse humide, les autres dans l'eau des mares mêmes où elles ont été prises. Pour les *Chætogaster*, mieux vaut ramasser un certain nombre de *Lymnées* et faire la recherche au laboratoire même. Nous parlons du cas, bien entendu, où, se trouvant près de ce dernier, on peut étudier ces vers à l'état de vie, ce qui est de beaucoup préférable; il faut même dire que dans le cas contraire, on ne se fera qu'une idée très imparfaite de ces êtres.

Toutefois, le naturaliste voyageur est forcé d'agir autrement et, après avoir pris, si cela lui est possible, un dessin colorié et quelques indications, dont le détail sera donné plus loin, il devra mettre les animaux dans une liqueur conservatrice, mais celle-ci en altère si complètement l'aspect, qu'il devient souvent fort difficile de les y reconnaître. C'est l'alcool que l'on a jusqu'ici employé de préférence ; il convient de le choisir un peu fort et d'y plonger les animaux bien vivants, sous peine de les voir s'altérer ; on préconise aujourd'hui l'acide osmique en solution au centième.

L'étude des LUMBRICINI est loin d'être facile, même si on observe les animaux dans les meilleures conditions. Lorsque leur taille est médiocre ou petite, en les plaçant entre les lames d'un compresseur dont on fait varier l'écartement, on parvient à en avoir une vue exacte, leur transparence permettant d'ordinaire de voir les détails anatomiques et de reconnaître la position des divers organes. Mais pour les espèces d'un certain volume, tels que la plupart des Lombrics proprement dits, la chose devient moins aisée. A l'état de vie leur mobilité extrême, l'impossibilité de les maintenir étendus, sont autant d'obstacles contre lesquels se sont heurtés tous les anatomistes ; cherche-t-on à les immobiliser en les tuant, on ne sait guère à quel moyen avoir recours, attendu que, si on se sert d'agents violents : alcool, vapeurs ammoniacales, acide osmique, etc.; ils se contractent avec une telle énergie que leur forme en est singulièrement changée ; toutefois les secondes ont l'avantage de laisser à l'animal une plus grande souplesse. Si au contraire l'action est lente, immersion prolongée dans l'eau, soit pure soit additionnée d'acide acétique, ou d'une infusion de tabac, les tissus s'altèrent très rapidement et, surtout avec l'eau pure, l'animal souvent se putréfie sur un point tandis que le reste du corps conserve sa contractilité. M. Perrier a recommandé dans ces derniers temps l'action des vapeurs de chloroforme dans l'eau en plaçant un petit vase rempli de ce liquide avec la cuvette où sont immergés les animaux à étudier et couvrant le tout d'une cloche. En somme, comme pour beaucoup d'êtres inférieurs, on en est encore à chercher un moyen pratique et d'une exécution facile pour les immobiliser sans altération.

Jusqu'ici la meilleure méthode pour l'étude zoologique est en premier lieu d'examiner l'animal vivant pour chercher à fixer la coloration par un croquis, puis de noter la longueur, le diamètre et la forme de section sur différents points du corps, particulièrement en arrière, de bien examiner la disposition du lobe céphalique, ses rapports avec l'anneau buccal, et autres carac-

tères, qu'il serait trop long d'indiquer ici. On le plongera ensuite dans l'alcool fort. Sur l'animal ainsi contracté, il sera facile
de compter les anneaux, de reconnaître les orifices génitaux,
les ventouses clitelliennes, qui deviennent plus apparentes, la
position des soies, leur nombre, etc. Les rapports du lobe céphalique et de l'anneau buccal pourront souvent être plus facilement reconnus sur les animaux en cet état. Si on ne possède
qu'un exemplaire d'une espèce rare, importante à conserver,
l'étude ainsi conduite suffira, dans la plupart des cas, pour permettre d'arriver à la détermination spécifique. Il faut y joindre
toutefois l'examen microscopique des soies, ce à quoi on arrive
facilement, sans détériorer par trop l'individu, en enlevant avec
précaution sur deux ou trois points du corps des fragments de
la peau. On les montera dans le baume du Canada, ce qui permet de les observer à un grossissement aussi fort qu'on le ju-
gera nécessaire. Le manuel opératoire se trouvant exposé en
détail dans tous les traités de technique microscopique, il est
inutile d'y insister davantage.

Pour peu qu'on en ait la facilité, on devra procéder au moins
en gros à l'examen anatomique de l'animal, pour déterminer plus
sûrement le nombre des poches copulatrices, reconnaître la position des testicules, des canaux déférents, des divers renflements
du tube digestif, le système des vaisseaux clos, etc. Un grand
nombre de ces détails peuvent être vus sur les exemplaires
conservés dans l'alcool, cependant l'anatomie ne peut sérieusement être faite que sur les animaux frais ; dans le cas contraire, on ne doit accepter qu'avec réserve le résultat d'études
sur des individus contractés et altérés par les liquides conservateurs.

La classification des LUMBRICINI est l'une des parties les moins
avancées de leur histoire, dans l'état actuel de la science,
nous ne possédons pas encore les données permettant d'établir
une division réellement naturelle.

Avant Linné il serait inutile de chercher une vue d'ensemble
sur ces animaux alors mal connus et le nom, déjà usité à ces
époques anciennes, de *Lumbricus* ne s'applique à rien de défini
ou plutôt semble avoir une compréhension analogue à celle du
mot Vers, dans le sens général où nous l'employons aujourd'hui,
servant à désigner aussi bien les Cestoïdes, les Nématodes, les

Annélides même, que les Lombrics proprement dits. Le savant naturaliste suédois, tout en définissant d'une manière un peu plus exacte le genre *Lumbricus*, dans lequel il fait entrer différentes espèces de l'ordre, mais qui doivent former des genres spéciaux, *Enchytræus*, *Tubifex*, etc., y joint en outre des animaux considérés aujourd'hui à juste titre comme appartenant à des groupes tout différents. Pour lui (1) cette coupe générique appartient à ses : *Vermes intestina extra alia animalia habitantia, poro laterali pertusa*. Il la définit : *Corpus teres annulatum sæpius cingulo elevato genitalium receptaculo cinctum, aculeis ut plurimum conditis longitudinaliter exasperatum, poro laterali instructum.* Cette diagnose vise surtout, on le voit, le Lombric proprement dit, le Ver de terre, mais en réalité est loin de s'appliquer à tous les animaux qui sont compris dans le genre et dont voici l'énumération avec leur synonymie actuelle, autant qu'il est possible de l'établir.

Nom Linnéen.	Synonymie.
L. *terrestris.*	*Lumbricus* (sp. plur.).
L. *marinus*, Belon.	*Arenicola piscatorum*, Lamarck.
L. *vermicularis*, Müller.	*Enchytræus vermicularis*, Hoffm.
L. *variegatus*, Müller.	*Lumbriculus variegatus*, Grube.
L. *tubifex*, Müller.	*Tubifex rivulorum*, Lamarck.
L. *lineatus*, Müller.	*Clitellio lineatus*, Müller.
L. *ciliatus*, Müller.	?
L. *tubicola*, Müller.	Arénicolien ?
L. *echiurus*, Pallas.	*Echiurus Pallasii*, Guérin.
L. *thalassema*, Pallas.	*Thalassema Neptuni*, Cuvier.
L. *edulis*, Pallas.	*Sipunculus edulis*, Lamarck.
L. *oxyurus*, Pallas.	*Amphiporus lactifloreus*, Johnst.
L. *fragilis*, Müller.	*Lumbrineris fragilis*, OErsted.
L. *armiger*, Müller.	*Scoloplos armiger*, Blainville.
L. *cirratus*, Müller.	*Cirratulus borealis*, Lamarck.
L. *sabellaris*, Müller.	Arénicolien ?

Cependant dès cette époque Othon Frédéric Müller, l'un des zoologistes les plus éminents dans tout ce qui se rapporte à l'his-

----

(1) Linné, édit. Gmelin t. I, pars VI, p. 3083. Je crois inutile de m'occuper des éditions antérieures, celle-ci est évidemment la plus complète sous ce rapport. Dans l'édition VI, deux espèces seulement sont citées : *Lumbricus terrestris* Lin., *L. marinus* Belon.

toire des vers, avait déjà indiqué, comme devant former une coupe générique spéciale, les *Nais*, dont il décrivait plusieurs types spécifiques dans son *Historia Vermium* (1773-1774).

Après lui, bon nombre d'auteurs ont étudié différentes espèces, plutôt, il est vrai, au point de vue monographique. C'est ainsi qu'Ehrenberg, en formant un groupe distinct des NAIDEA, crée le genre *Æolosoma*, Lamarck celui des *Tubifex*, démembré des *Nais*; Oken fit connaître le genre *Dero*, von Baer le genre *Chætogaster*, Henle le genre *Enchytræus*.

Savigny doit être regardé comme l'un de ceux qui ont le plus fait progresser la connaissance des vers en général et particulièrement des Lombriciens; ses genres sont beaucoup mieux définis et les espèces déterminées avec une précision scientifique qu'on n'a guère depuis surpassée. Il avait déjà, dans le grand ouvrage sur l'Egypte (1820), indiqué ses vues d'ensemble sur le groupe des Annélides Lombricines; plus tard, étudiant en particulier les Vers de terre des environs de Paris, il montra qu'on pouvait y distinguer un grand nombre d'espèces. Nous reviendrons plus loin sur ce travail, l'un des plus remarquables, sans contredit, sur la matière, lorsqu'il sera question du genre *Lumbricus* en particulier.

Blainville (1822), sans ajouter beaucoup à l'histoire de ces animaux, les a cependant le premier considérés comme devant former un groupe spécial distinct des Sangsues. Il les étudie plus en détail dans le grand dictionnaire (1828), toutefois son prédécesseur lui reste supérieur sous ce rapport.

Savigny ouvrait, en effet, une ère nouvelle, les travaux qui suivirent et qu'on peut regarder comme de la même période, se ressentent de cette direction. L'un des plus importants à citer est celui d'Hoffmeister (1845), également borné à l'étude des Lombrics proprement dits, dont il détache toutefois, à titre de genres spéciaux, les *Helodrilus*, les *Criodrilus*, les *Phreoryctes*. Ce mémoire, suite d'études précédentes, quoiqu'inférieur au point de vue de la méthode à celui de Savigny, a rendu le grand service de faire connaître pour la première fois ces animaux iconographiquement; il est accompagné d'une planche en couleur où les espèces sont très convenablement figurées. C'est pour cela, sans doute, que l'ouvrage a souvent été cité de préférence au mémoire peu connu de notre compatriote.

Les progrès de la science rendaient désirable un travail d'ensemble, que s'efforça de réaliser Grube (1851) dans un ouvrage général sur les Annélides comprenant les LUMBRICINI et les HIRUDINES. Ce petit livre, si on se reporte à la date de sa publication, est réellement des plus remarquables : l'auteur formule nettement la division des LUMBRICINI, qu'il appelle OLIGOCHÆTA, en LUMBRICINA et NAIDEA ; les premiers renferment les genres *Lumbricus*, Lin., *Hypogæon*, Sav., *Megascolex*, Templ., *Criodrilus*, Hoffm., *Helodrilus*, Hoffm., *Phreoryctes*, Hoffm., *Lumbriculus*, Gr., *Euaxes*, Gr.; les seconds, les genres : *Enchytræus*, Henle, *Sænuris*, Hoffm., *Clitellio*, Sav., *Mesopachys*, OEst., *Capitella*, Blainv., *Nais*, Müll., *Æolosoma*, Ehr., *Chætogaster*, Baer, *Dero*, Oken. Sauf le genre *Capitella*, qui doit être placé parmi les Annélides tubicoles (1), les autres genres forment un ensemble très naturel, quoique la place de certains d'entre eux dans l'une ou l'autre des divisions primaires puisse donner lieu à discussion ; c'est un point sur lequel on aura l'occasion de revenir. Des tableaux synoptiques permettent d'arriver à la détermination des espèces. C'était là un progrès réel.

Très peu de temps après, deux auteurs que l'on doit citer simultanément, tant leurs travaux ont de ressemblance et se sont succédé en s'entremêlant, si on peut se servir de cette expression, les uns et les autres, Udekem et Claparède, firent paraître une série de mémoires des plus intéressants, soit sur l'anatomie et le développement, travaux dont il a été précédemment question et sur lesquels il sera revenu plus loin à propos des espèces, qui en ont été le sujet, soit sur la classification proprement dite. C'est ainsi que de nouveaux genres : *Trichodrilus*, parmi les LUMBRICINEÆ, *Limnodrilus*, *Stylodrilus*, *Pachydrilus*, *Ctenodrilus*, parmi les NAIDEÆ, furent créés par Claparède. Udekem s'attacha davantage à la classification générale, il reprit pour désigner l'ensemble du groupe le terme d'OLIGOCHÆTA, fréquemment employé par les auteurs, parce qu'en effet il exprime d'une manière élégante l'un des caractères fondamentaux du groupe ; mais l'antériorité d'autres noms ne permet pas de le conserver. Le tableau ci-dessous indique la classification à laquelle s'était arrêté Udekem (1855 et 1859), lequel, après divers essais, avait fini par reprendre les bases qu'il avait proposées en premier lieu.

(1) T. II; p. 254.

OLIGOCHÆTA

 agemmes. Œuf
  petit. . . . . LOMBRICIDÉES.
  volumineux. Capsule
   pluriovée.. . . . . . TURIFÉCIDÉES.
   uniovée. . . . . . . ENCHYTRICIDÉES.
 gemmifères. . . . . NAÏCIDÉES.

Comme on le voit, l'auteur, s'inspirant des idées modernes sur l'importance en zoologie des données physiologiques, a fondé spécialement sa classification sur le mode de reproduction et sur le développement. Plusieurs des rapprochements établis par lui doivent être conservés comme très naturels. On reconnaît également qu'Udekem abandonne l'ancienne division du groupe pour le partager directement en quatre familles.

Claparède (1862) ne paraît pas avoir cherché à établir une classification générale et se borne à limiter, d'une manière d'ailleurs très complète, les genres qu'il a particulièrement étudiés. Toutefois la division primordiale est indiquée, elle ne diffère pas de celle précédemment donnée par Grube, car les deux groupes adoptés correspondent, on peut dire, exactement aux LUMBRICINA et aux NAIDEA de cet auteur sous les noms d'*Oligochètes terricoles* et d'*Oligochètes limicoles*.

Voici comment sont caractérisées ces deux familles :

1re Fam. OLIGOCHÈTES TERRICOLES. — Oligochètes à vaisseau ventral double, munis d'organes segmentaires dans les segments qui renferment les oviductes, les canaux déférents et les réceptacles de la semence. Clitellum placé très en arrière des pores génitaux. Réseau vasculaire entourant les organes segmentaires.

Genres. *Lumbricus* Lin. (et peut-être aussi *Hypogæon* Sav. et *Criodrilus* Hoffm.).

2e Fam. OLIGOCHÈTES LIMICOLES. — Oligochètes à vaisseau ventral unique, dépourvus d'organes segmentaires dans les segments qui renferment les oviductes, les canaux déférents et les réceptacles de la semence. Clitellum ou ceinture comprenant toujours le segment porteur des pores génitaux mâles. Jamais de réseau ni d'anses vasculaires embrassant les organes segmentaires.

Genres. *Tubifex* Lam. ; *Limnodrilus* Clap. ; *Clitellio* Sav. ; *Lumbriculus* Gr. ; *Stylodrilus* Clap. ; *Nemodrilus* Clap. ; *Enchy-*

træus Henle; *Pachydrilus* Clap.; *Nais* Müll.; *Stylaria* Lam.; *Chætogaster* Baër; sans nul doute *Euaxes* Gr.; *Serpentina* OErst.; *OEolosoma* Ehr.; et peut-être *Helodrilus* Hoffm.; *Phreoryctes* Hoffm.; *Mesopachys* OErst.; *Dero* Oken (*Proto* auct.).

C'est principalement le système des vaisseaux rouges et certaines dispositions des organes génitaux qui servent de base à ces divisions. Mais le premier, dont nous ne connaissons peut-être pas encore parfaitement l'usage, mérite-t-il la préférence que lui accorde M. Claparède? Cela est au moins douteux. La présence d'un seul vaisseau ventral ou de deux vaisseaux est-elle réellement liée à une différence typique, ou dépend-elle de causes en relation avec des conditions différentes de nutrition? Nous voyons que c'est en général sur les petites espèces que se rencontre la simplicité, sur les grandes la complication annoncée par le vaisseau double. Que cet appareil soit en rapport avec la circulation d'un fluide de nutrition analogue au sang, ou que son usage soit autre, ce n'est pas ici le lieu de discuter ces hypothèses, mais en tout cas le rapport est assez frappant pour qu'on doive se tenir en garde. Chez quelques animaux, le système vasculaire en question est, sinon nul, du moins tellement rudimentaire, qu'il serait difficile de dire à quelle section ils appartiennent sous ce rapport.

Quant aux organes segmentaires chez les Lombriciniens dégradés, ils disparaissent complètement dans la grande majorité des anneaux. D'ailleurs, les savantes recherches de Leydig sur le *Phreoryctes Menkeanus* Hoffm., nous ont fait connaître un ver chez lequel, avec un vaisseau ventral simple, se voient des organes segmentaires accompagnant les organes génitaux mâles, ce qui le ferait rentrer tout aussi bien parmi les Oligochètes terricoles que parmi les limicoles.

Quant à la position des pores génitaux relativement au Clitellum, mes recherches sur l'anatomie du *Megascolex* ont montré une exception remarquable à la règle habituelle, sur laquelle Claparède avait établi l'un des caractères des Oligochètes terricoles; les recherches ultérieures de M. Perrier et de différents autres helminthologistes ont multiplié les exemples.

Au reste, malgré cette divergence de point de départ, qui semblerait devoir éloigner des idées de Grube, la disposition des genres dans les deux familles est si peu différente qu'on ne comprend pas bien pourquoi Claparède rejette les noms établis par son prédécesseur. En effet, il cite comme type de ses Oligochètes terricoles le genre *Lumbricus* Lin., en y joignant comme douteux les *Hypogæon* Sav., et *Criodrilus* Hoffm. ; les autres genres admis par Grube, abstraction faite du genre *Megascolex*, sur lequel, à cette époque, on n'avait que des renseignements très incomplets et que Claparède pouvait négliger, sont placés, il est vrai, parmi les Oligochètes limicoles, mais deux d'entre eux : *Helodrilus* Hoffm., et *Criodrilus* Hoffm. avec doute, un troisième *Euaxes* avec restriction, puisqu'il est mis hors rang, en sorte qu'il ne reste de réellement déplacé que le genre *Lumbriculus* Gr. ; un changement d'aussi peu d'importance peut-il justifier la création de noms dont le moindre inconvénient est de surcharger inutilement la nomenclature zoologique toujours trop embrouillée ? Dans les Oligochètes limicoles se trouvent absolument les mêmes genres que chez Grube, excepté les *Capitella*, qui sont avec raison tout à fait retranchés ; je ne parle pas naturellement de cinq nouveaux genres, dont Claparède a fait connaître les caractères avec sa précision habituelle.

Dans ce même travail, un tableau indique la disposition de onze genres que l'auteur a particulièrement étudiés. Ce tableau résume d'une manière heureuse les recherches consignées dans le Mémoire et, en particulier, ce qui se rapporte aux organes de la génération et au système des vaisseaux rouges. Il ne semble pas d'ailleurs que l'auteur ait voulu y indiquer une méthode générale de division des genres, souvent les caractères énumérés ne sont pas d'un emploi commode. En ce qui concerne la disposition anatomique des organes génitaux, qui y joue un grand rôle, il faut être sobre dans l'emploi qu'on en peut faire pour donner des caractères d'une grande valeur. En nous reportant aux êtres élevés, nous voyons ces appareils varier dans des limites très étendues chez des animaux cependant très voisins, et autant l'étude du développement nous est utile et nous fournit sur les affinités réelles des êtres d'excellentes données, autant la nature paraît peu soucieuse de se conformer à un plan limité lorsqu'il s'agit des parties, qui semblent cependant le plus immédiatement liées à ce développement ; ceci a surtout pour objet les organes génitaux mâles dans leurs parties accessoires (canaux vecteurs, vésicules séminales, glandes annexes, etc.), et chez les Lumbricini ce sont précisément les parties auxquelles on a souvent eu égard. Ces organes nous donnent un renseignement essentiel : c'est qu'ils nous font savoir quand nous avons sous les yeux un animal arrivé à son parfait développement. Dans l'emploi taxinomique, ils ont l'inconvénient d'être souvent transitoires et de subir dans leur évolution des changements qui les rendent parfois méconnaissables chez un même animal. On a cru, avec Dugès, répondre à cette objection en faisant observer que le même fait existe pour la classification des végétaux phanérogames, mais cette comparaison n'est pas absolument juste : la fleur n'est pas à proprement parler l'organe de la reproduction, mais plutôt l'individu reproducteur, ce qui est bien différent. Je pense donc que, dans le cas particulier qui nous occupe, ces raisons sont plus que suffisantes pour nous engager à n'employer ces caractères qu'avec réserve et seulement pour des distinctions inférieures d'espèce ou au plus de genre. Le système des vaisseaux rouges pourrait peut-être donner des indications plus utiles, si dans la classe voisine des Annélides proprement dites on ne le voyait pour des genres voisins présenter des modifications profondes dans sa composition, ce qui doit nous mettre en défiance : telles sont les Apneumées au milieu du groupe des Térébelliens (1). Avant d'en faire emploi, il serait utile de chercher d'abord à bien savoir ce que signifie cet appareil, et si réellement ce liquide rouge représente le sang tel que nous le comprenons chez les vertébrés.

Presqu'à la même époque, M. Schmarda (1861) publiait un travail fort intéressant pour la connaissance des Lumbricini exotiques. Avant d'étudier les espèces, cet auteur donne une vue d'ensemble sur le groupe sous forme de tableau. En ce qui concerne les vers en question, il admet la classification de Grube, plaçant toutefois dans les Oligochæta, avec les Lumbricinea et les Naidea, les Tomopterida, qui sont, sans aucun doute, des Annélides polychætes (2) ; il définit le premier, les genres *Perichæta* (= *Megascolex*, Templ.), *Pontoscolex* et *Aulophorus*, tous les types sont figurés avec soin.

M. Kinberg fit connaître un peu plus tard (1867) de nom-

_____

(1) Voir t. I ; p. 59 et 60.
(2) Voir t. II ; p. 219.

breuses espèces rapportées également des points du monde les plus divers. Tout en ayant égard aux travaux de ses devanciers, ce zoologiste a proposé l'établissement d'un grand nombre de genres nouveaux, dont le tableau synoptique suivant, emprunté textuellement à son travail, pourra donner idée.

KINBERG (1867).

Setæ, junioribus exceptis, segmenti cujusque

6. . . . . *Tritogenia*, n. g.

8,
- ubique binæ approximatæ; tubercula ventralia utrinque
  - singula. . . . . *Lumbricus*, Lin.
  - bina. . . . . . *Mandane*, n. g.
- in annulis anterioribus alternantes. . . . . *Geogenia*, n. g.
- anteriores binæ approximatæ, posteriores distantes; segmentum buccale
  - non elongatum. *Alyattes*, n. g.
  - elongatum. . . *Eurydame*, n. g.
- ubique geminæ et distantes. . . . . *Hypogæon*, Sav.
- anteriores dorsales distantes, ventrales approximatæ; posteriores distantes. . . . . *Hegesipyle*, n. g.

Plures quam 8,
- posteriores anterioribus plures; plicæ papillæformes oris
  - nullæ; lobus cephalicus
    - terminalis et superus margine postico
      - obsoleto. *Amynthas*, n. g.
      - arcuato.. *Nitocris*, n. g.
    - terminalis. . . . . *Pheretima*, n. g.
  - adsunt. . . . . *Rhodopis*, n. g.
- posteriores et anteriores numero æquales. . . . . *Perichæta*, Schmar.
- anteriores posterioribus plures. . . . . *Lampilo*, n. g.

On peut reprocher à cette classification de multiplier outre
mesure les divisions génériques. C'est ainsi que pour justifier
les divisions *Amynthas, Nitocris, Pheretima, Rhodopis, Lampito*, les caractères donnés ne paraissent pas avoir une valeur
réellement suffisante; lorsque les soies sont multipliées, le nombre en devient moins constant, c'est ce qu'on observe toujours
dans les cas analogues; d'un autre côté, la forme du lobe céphalique, chez les LUMBRICINI, ne doit généralement être regardée que comme un caractère spécifique; ces divisions mérite-
raient donc plutôt d'être considérées comme sections ou sous-
genre des *Perichæta* Schmar. (= *Megascolex*, Templ.). Cette
dernière considération serait aussi applicable aux *Alyattes* et
Eurydame, qui ne diffèrent guère des *Titanus* Perr. Les *Tritogenia, Mandane* (= *Acanthodrilus* Perr.), *Geogenia, Hegesipyle*,
resteraient comme genres à conserver.

A la mort d'Udekem (1864), M. de Quatrefages ayant bien
voulu me confier le soin de terminer cet ouvrage sur l'Histoire
naturelle des Annélides, les exemplaires de la collection du
Muséum appartenant au groupe des LUMBRICINI furent mis à ma
disposition par M. de Lacaze Duthiers. Ne pouvant achever
complètement leur étude, au moment où l'on m'appela à suc-
céder à P. Gervais dans la chaire de zoologie de la Faculté
des sciences de Montpellier, je crus toutefois devoir prendre
date (1868) et publier un travail préparatoire sur ce sujet,
comprenant un essai de classification de ces Annélides. Elles
sont divisées en deux familles, *Lumbricina* et *Naidea*, se composant chacune de deux groupes, désignés sous le nom de tribus, *Lumbricina propria* et *Enchytræina* pour la première,
Naidea propria et *Chætogastrina* pour la seconde. Les différents genres connus sont répartis dans ces divisions en ayant
surtout égard à la nature et à la disposition des soies. Les
exemplaires du Muséum avaient été intentionnellement réser-
vés; le plus grand nombre consistant en individus uniques,
l'examen réclamait un soin et un temps que je ne pouvais alors
y consacrer.

Vers cette époque, M. Perrier, à ce moment aide-naturaliste
attaché à la chaire, se crut autorisé à prendre ces mêmes
exemplaires pour en faire le sujet d'un travail qui parut dans
les Archives du Muséum en 1872. Cet important mémoire
avança beaucoup nos connaissances en ce qui concerne l'ana-

Annelés. Tome III.   4

tomie de ces animaux, bien qu'à l'exception d'une espèce les dissections aient été faites sur les exemplaires dans l'alcool. Un grand nombre de genres nouveaux sont créés; l'auteur, malheureusement, ne donne de diagnose ni de ces divisions, ni des espèces et se contente de décrire minutieusement ces dernières, en sorte qu'il n'est pas très facile de se reconnaître au milieu de cette multitude de caractères pour savoir les raisons déterminantes de l'établissement des coupes génériques. M. Perrier s'élève contre la classification basée principalement sur l'examen des soies et propose de diviser les *Lumbrici terricoles*, les seuls dont il s'occupe, d'après la position des orifices génitaux par rapport au clitellum, en :

PRÉCLITELLIENS. — *Lumbricus* Lin.
INTRACLITELLIENS. — *Antæus* Perr. *Titanus* Perr. *Rhinodrilus* Perr. *Eudrilus* Perr. *Geogenia* Kinb.
POSTCLITELLIENS. — *Mandane* Kinb. *Acanthodrilus* Perr. *Digaster* Perr. *Perionyx* Perr. *Perichæta* Schmar.
ACLITELLIENS. — *Moniligaster* Perr.
Incertæ sedis. — *Urochæta* Perr.

Aujourd'hui même, il est encore assez difficile d'apprécier la valeur de ce caractère, sur lequel, le premier, j'avais appelé l'attention à propos des *Perichæta* et que j'avais pu dès lors observer sur différents exemplaires de la collection du Muséum, en tous cas ne peut-il être accepté qu'avec réserve en ce qui concerne les Aclitelliens, étant donné le développement périodique de la ceinture tel qu'il nous est connu chez le *Lumbricus*. Quoique la plupart de ces genres méritent d'être conservés, quelques-uns paraissent faire double emploi avec des divisions établies précédemment par Schmarda ou Kinberg. Ainsi le genre *Perionyx* peut n'être considéré que comme une division des *Perichæta* Schmar., les *Titanus* ne diffèrent pas sensiblement sans doute des *Alyattes* Kinb., les *Acanthodrilus* des *Mandane* Kinb. A la fin du travail, un tableau synoptique résume les caractères des genres.

Depuis ce mémoire, M. Perrier a fait paraître une série de travaux, mais se rapportant plutôt à des études monographiques qu'à la classification générale; il en a été fait mention plus haut dans l'étude de ces vers, au point de vue anatomique. Il est bon toutefois de signaler les genres nouveaux *Plutellus* et *Pontodrilus*.

Il ne paraît guère depuis y avoir eu d'essai général de classification de ces animaux et les traités de zoologie tels que ceux de M. Claus, de M. Sicard, etc., se sont inspirés des travaux précédents.

Vers 1870, M. Eisen a étudié d'une manière beaucoup plus méthodique que ses prédécesseurs immédiats, le genre *Lumbricus*. Son mémoire est accompagné de planches admirablement faites, qui montrent non-seulement les animaux vus d'ensemble et en couleurs, mais encore donnent des détails grossis pour faciliter les déterminations. En 1874, reprenant ces études, ce zoologiste a cru devoir diviser ce groupe en plusieurs genres sous les noms de : *Lumbricus, Allobophora, Allurus, Tetragonurus, Dendrobæna* ; coupes qui me paraissent devoir être considérées comme de simples divisions sub-génériques. Il sera d'ailleurs question plus en détail de ce mémoire, remarquable à tous égards, à propos du genre Lombric. Depuis cette époque, ce savant a fait connaître différentes espèces exotiques du même groupe et d'autres vers aquatiques à rapprocher des *Nais*, fondant le genre *Ocnerodrilus* (1879), les Eclipidrilidæ (1883). Il ne faudrait pas oublier de citer une intéressante étude sur le groupe des Tubificidæ (1878-1880), dans laquelle sont étudiés avec grand soin les espèces et les genres qui composent cette famille, non plus qu'une publication importante sur les Oligochæta des régions arctiques (1877-1879). On peut regretter, après de si brillants travaux, que M. Eisen paraisse avoir abandonné cette partie de la science.

Nombre d'auteurs ont contribué à augmenter nos connaissances sur le groupe des Lumbricini surtout, en nous faisant connaître soit de nouvelles espèces, soit des faunes particulières. Citons MM. W. Baird (1869 et 1873), Mac Coy (1878), Leidy (1852 à 1885), Örley (1881 à 1885), Beddard (1882 à 1886), etc. Parmi les travaux se rapportant à l'étude de régions particulières, je citerai celui de M. Czerniavsky sur la faune pontique (1880), quoique l'on puisse reprocher à l'auteur d'avoir trop multiplié les coupes génériques (1).

M. Levinsen (1884) a donné un tableau synoptique des Lumbricini (Oligochæta, pour cet auteur) dans un travail général sur

---

(1) Un travail publié en 1881 par M. Bucinsky, en langue russe, ne m'est pas directement connu.

les Annélides du Nord de l'Europe ; il admet huit familles :
Æolosomatidæ, Chætogastridæ, Phreoryctidæ, Lumbriculidæ,
Lumbricidæ, Naidæ, Enchytræidæ, Tubificidæ.

Mais l'un des zoologistes qui dans ces derniers temps a le
plus avancé nos connaissances en ce qui concerne les Lumbricini, est M. le professeur Franz Vejdovsky. Ce savant,
parmi d'autres travaux, publia en 1876 différentes études
monographiques sur plusieurs types de cet ordre : *Psammoryctes umbellifer* Kessl., *Rhynchelmis limosella* Hoffm. *Phreatotrix* ; et en 1879 un travail très étendu sur une famille spéciale,
les Enchytræidæ ; enfin en 1884, une œuvre magistrale, com-
plémentaire des précédentes, *System und Morphologie der Oligochæten*, où il résume les travaux de ses devanciers et expose le
résultat de ses longues études sur ce groupe des vers. Ces deux
derniers ouvrages, de beaucoup les plus importants, sont conçus
dans le même esprit, ils renferment l'étude anatomique des
êtres, et c'est en s'appuyant sur ces notions acquises, que l'auteur établit les divisions taxinomiques. Les détails, soit sur la
disposition et les rapports des organes et des appareils, soit sur
la structure histologique des tissus et des systèmes, sont donnés
par M. Vejdovsky avec un soin et une clarté supérieurs sans
aucun doute, à tout ce qui avait été fait avant lui. Sous ce rapport, il est incontestable qu'il a agrandi dans une large mesure
le champ de nos connaissances, en ce qui concerne ces animaux.
Pour la partie relative à la classification, l'auteur n'a égard
qu'aux groupes dont il a pu par lui-même étudier des représentants, aussi bon nombre sont-ils laissés aux *Incertæ sedis*. Cette
manière de procéder offre sans doute l'avantage de permettre
une beaucoup plus grande précision, mais elle enlève évidemment à son dernier travail ce caractère de généralité, auquel le
titre semblerait prétendre.

Les genres et espèces sont répartis en dix familles dont le
tableau ci-joint pourra donner idée. Il est bon de prévenir
qu'il n'est pas présenté par l'auteur sous cette forme abrégée,
mais tous les caractères dont il est fait emploi ici, lui sont empruntés.

OLIGOCHÆTA.

(Tableau synoptique des familles étudiées par M. F. Vejdovsky).

(1884).

Chaîne nerveuse ventrale

manquant. . . . . **Aphanoneura**, Vejd.

distincte. Reproduction

asexuelle et sexuelle. Lobe céphalique et anneau buccal

distincts entre eux et des anneaux suivants. . . . . **Naidomorpha**, Vejd.
(Des soies piliformes).

réunis entre eux et aux anneaux pharyngiens et œsophagiens. . . **Chætogastridæ**, Vejd.
(Pas de soies piliformes).

exclusivement sexuelle. Organes segmentaires dans les anneaux sexués

manquant. Lobe céphalique, anneau buccal et quelques segments suivants

réunis en un segment céphaloïde. . . . . **Discodrilidæ**, Vejd.

distincts. Tronc vasculaire dorsal

sans cœcums ramifiés. Soies

réunies en faisceaux et à extrémité

simple. . . **Enchytræidæ**. Vejd. (Udek.)

fourchue. . . **Tubificidæ**, Vejd.

isolées. . . . . **Phreoryctidæ**, Vejd. (Claus.)

avec des cœcums ramifiés contractiles. **Lumbriculidæ**, Vejd.

distincts. Gésier

nul. . . . . **Criodrilidæ**, Vejd.

distinct. . . . . **Lumbricidæ**, Vejd.

Comme on le voit, l'ancienne division en deux grands groupes est abandonnée et l'ordre est directement divisé en Familles suivant l'idée d'Udekem, seulement elles sont beaucoup plus multipliées, sans compter, comme l'indique brièvement l'auteur à la fin de la première partie de son travail, que le nombre en devrait être notablement augmenté, dix-sept au lieu de dix, en faisant entrer dans le système les familles des PONTODRILIDÆ, Vejd., EUDRILIDÆ, Claus, ACANTHODRILIDÆ, Claus, PERICHÆTIDÆ, Claus, PLUTELLIDÆ, Vejd., PLEUROCHÆTIDÆ, Vejd., MONILIGASTRIDÆ, Claus, groupes que l'auteur ne définit pas d'une manière absolue, mais à plusieurs desquelles néanmoins, il impose comme on le voit des noms spéciaux.

En s'en tenant aux familles énoncées dans le tableau et dont les caractères sont donnés en détail, il en est une, celle des DISCODRILIDÆ, comprenant le genre *Branchiobdella* Odier, dont la position peut être regardée comme douteuse. Ces animaux forment incontestablement passage aux HIRUDINES, parmi lesquelles jusqu'ici ils avaient été rangés. La présence d'une ventouse postérieure, de mâchoires chitineuses, l'absence de soies, sont autant de caractères qui les éloignent des LUMBRICINI, et, tout en reconnaissant que d'autres détails anatomiques, non sans importance, les rapprochent de ces derniers, il me paraît cependant plus rationnel de conserver l'ancienne manière de voir; c'est d'ailleurs un point sur lequel nous aurons à revenir plus tard.

La famille des APHANONEURA est certainement la plus intéressante de toutes celles établies par M. Vejdovsky et repose sur un caractère de premier ordre, le développement imparfait de l'appareil nerveux; elle mérite d'être conservée. Quant aux autres, la seule remarque critique porterait sur la priorité de nom d'auteur qu'il conviendrait d'attribuer à chacune d'elles. Pour en citer un exemple, le terme NAIDOMORPHA Vejd., ne doit-il pas être remplacé par celui de NAICIDEÆ, Udek.? Sans doute la compréhension des deux groupes n'est pas absolument la même, le savant professeur de l'Université de Prague retire certains genres, réunis par Udekem aux *Nais* et aux *Dero*, pour n'y admettre que ceux-ci et quelques-unes de leurs subdivisions directes ou certains genres nouveaux; toutefois ceci ne pourrait être regardé comme suffisant, dès l'instant que les genres types sont conservés. Les TUBIFI-

CIDÆ doivent être considérés à aussi juste titre comme une création d'Udekem, car si l'on examine la compréhension du groupe tel que l'entend M. Vejdovsky, on voit qu'il est simplement formé par les genres primitifs auxquels sont adjointes un certain nombre de coupes génériques créées depuis cette époque. Il me paraît inutile d'ailleurs d'insister sur ce point très secondaire du travail, qui, vu de plus haut dans son ensemble, est très remarquable.

En résumé la plupart des auteurs, qui se sont occupés de la classification générale des LUMBRICINI, ont admis une division en deux groupes, dont les types sont les *Lumbricus* et les *Nais* auprès desquels sont placés différents genres distraits de ceux-ci ou de nouvelle création. Mais la limite entre ces divisions est loin d'être nette et repose bien plus, il faut le dire, sur l'habitat que sur tout autre caractère : les noms de Terricoles et de Limicoles proposés par Claparède en font foi. Ces habitudes biologiques ne pouvant évidemment servir à différencier les animaux, on a invoqué la présence ou l'absence du vaisseau sus-nervien, la position des orifices génitaux placés en dehors de la série des organes segmentaires ou sur celle-ci, non sur le clitellum ou sur le clitellum, quand il existe, les canaux déférents distincts des organes segmentaires ou ceux-ci en tenant lieu, les vaisseaux rouges entourant ou non d'un riche lacis les organes segmentaires. Ces caractères évidemment ne sont pas sans valeur, mais aucun ne peut être regardé comme absolu, et aucun non plus ne paraît avoir dans l'organisme une importance assez grande pour être considéré comme caractère dominateur. Il n'est pas inutile d'ajouter que leur constatation est le plus souvent difficile et, la plupart du temps, on ne serait pas peu embarrassé dans la pratique de classer par ce moyen dans l'un ou l'autre groupe un ver donné. Aussi voit-on que la plupart des auteurs, qui ont étudié le sujet au point de vue zoologique, ont de préférence eu égard à des caractères plus apparents et en particulier aux soies.

Il est vraisemblable que ces organes, dépendants de l'appareil locomoteur, ne peuvent donner sans doute l'expression des rapports naturels, car, en connexion directe avec le milieu où vit l'animal et d'autres conditions ambiantes, ils sont propres à faire ressortir des caractères d'analogie, plutôt que de réelles affinités. Cependant lorsqu'il s'agit d'êtres inférieurs et en même temps d'un groupe si naturel, qu'il est difficile, dans beaucoup de cas, d'établir les liens de supériorité relative des animaux qui le composent, on est en droit de se demander si cet appareil locomoteur n'a pas dans l'économie une importance au moins égale, sinon supérieure, aux autres appareils, quant à l'influence exercée sur l'organisation générale, et par conséquent si l'on ne peut avec justesse le regarder comme prépondérant et susceptible de fournir de bons caractères taxinomiques.

Les différences tirées de la nature des soies ayant d'ailleurs l'incontestable avantage d'être plus faciles à reconnaître, c'est sur l'examen de ces parties que j'ai cru devoir, comme dans de précédentes recherches, établir la classification. Qu'on considère celle-ci comme une méthode ou, ce qui est plus probable, comme un système, elle pourra en tous cas conduire plus facilement aux déterminations, en attendant que les progrès de la science permettent un arrangement réellement naturel et nous fassent mieux saisir les rapports qui relient l'organisation interne avec les modifications extérieures.

On a vu plus haut quelles étaient les différentes formes des soies; il y en a deux principales : les soies simples et les soies fourchues, qui paraissent généralement en rapport avec le genre de vie. Les premières se rencontrent sur les espèces plutôt terrestres, comme les Lombrics ; les secondes sur les espèces aquatiques, comme les Naïs. Il est donc possible, par la considération de ces organes, d'établir deux divisions, qu'on désignera sous le nom de sous-ordres : les LUMBRICINEÆ et les NAIDINEÆ.

Le premier peut être partagé, suivant la disposition des soies et du système des vaisseaux clos, en trois familles : LUMBRICIDÆ, LUMBRICULIDÆ, ENCHYTRÆIDÆ, dont la perfection organique aussi bien que les rapports avec les familles voisines sont fort différents suivant celle que l'on considère. Les premiers, les plus élevés, renferment les géants de l'ordre, ils sont essentiellement terrestres ; leur appareil vasculaire bien développé, contenant un liquide coloré en rouge plus ou moins foncé, est cependant plus simple, à certains points de vue, que dans la famille suivante. Celle-ci en effet offre sur les parties latérales du vaisseau dorsal ces sortes de touffes vasculaires contractiles dont il a été question plus haut, ou des complications dans le nombre des vaisseaux latéraux ; les Vers qui la composent sont de petite taille, leur liquide vasculaire est coloré, toutefois par leur apparence extérieure et même leur genre de vie, ils font passage direct aux véritables Naididæ, avec lesquels on les a longtemps confondus. Quant aux Enchytræidæ, quoique présentant certains caractères de dégradation très réels, ils sont cependant plus voisins des Lumbricidæ que des Naididæ; de taille très exiguë, leur sang le plus souvent est incolore, ils peuvent être regardés comme habituellement terrestres.

La première famille du second sous-ordre, les Naididæ, est comparable en importance, soit pour le nombre des genres, soit pour la variété des types spécifiques, au groupe des Lumbricidæ, quoique par l'apparence extérieure ces Vers se rapprochent surtout des Lumbriculidæ, dont ils se distinguent à première vue par la forme des soies et la simplicité de l'appareil des vaisseaux clos; ce sont, parmi les Lumbricini, ceux qui se relient le plus directement aux Annélides proprement dits. Les deux dernières familles des Chætogastridæ et les Amedullata sont assez différentes de la précédente pour que, si l'on ne craignait de multiplier les divisions dans un groupe où les bases de la classification ne peuvent encore être regardées comme bien certaines, l'on pût juger convenable de ne pas les placer dans cette même division. Elles nous présentent soit par leur forme, soit par leur organisation et surtout l'imperfection de leur appareil vasculaire, le degré le plus inférieur de l'ordre des Lumbricini. Dans les Chætogastridæ, l'annélation devient moins régulière; ces vers vivent souvent en parasites sur divers animaux aquatiques. Les Amedullata, par la dégradation du système nerveux, des organes locomoteurs, par l'état rudimentaire des organes de la reproduction, se placent encore au-dessous des précédents.

On trouvera résumés dans le tableau synoptique ci-contre les caractères les plus saillants de ces groupes.

ORDRE. LUMBRICINI.

SOUS-ORDRES.			FAMILLES.
simples ou indis-tinctement four-chues (1).	LUMBRICINEÆ. Soies	isolées ou groupées deux par deux (2). Vaisseau dorsal — sans cœcums ramifiés et n'émettant au plus qu'une branche périgastrique par anneau.	I. LUMBRICIDÆ.
		avec des cœcums ramifiés ou émettant dans chaque anneau de nombreuses branches périgastriques.	II. LUMBRICULIDÆ.
		en quatre faisceaux chacun de 3 soies au moins ou nulles.	III. ENCHYTRÆIDÆ
, un certain nombre au moins, distincte-ment fourchues ou toutes piliformes.	NAIDINEÆ. Chaîne ventrale	distincte. Anneau buccal et lobe céphalique — distincts entre eux et des anneaux suivants.	IV. NAIDIDÆ.
		réunis entre eux et aux anneaux pharyngiens et œsophagiens.	V. CHÆTOGASTRIDÆ.
		indistincte.	VI. AMEDULLATA.

Soies

(1) Les *Urochæta*, Perr. (LUMBRICIDÆ), ont les soies fourchues lorsque celles-ci, encore jeunes, n'ont pas été usées par le frottement. Dans les *Anachæta,* Vejd. (ENCHYTRÆIDÆ), les soies sont remplacées par des organes glandulaires sous-cutanés.

(2) L'*Echinodrilus multispinus*, Gr., a les soies réunies cinq par cinq dans chaque faisceau. D'après ce qu'on connaît de cet animal, il ne semble pas cependant pouvoir être placé ailleurs qu'avec les LUMBRICIDÆ.

I. S.-Ord. LUMBRICINEÆ.

I. Fam. LUMBRICIDÆ.

Lombriciniens de forme arrondie, contractiles. Soies locomotrices simples, en nombre varié, disposées annulairement autour des segments, soit en série continue, soit espacées, soit groupées de différentes manières. Système vasculaire avec trois troncs impairs dont un sous-nervien (1); ces troncs eux-mêmes, simples, émettant des branches latérales au nombre de deux paires au plus par anneau. Canaux déférents réunis de chaque côté en un tube simple avant d'aboutir à l'orifice externe.

Les Lumbricidæ ayant été pris comme type pour l'étude anatomique générale, il est inutile de revenir ici sur leur organisation; j'en dirai autant de l'histoire taxinomique de ces êtres, laquelle se confond avec celle du groupe entier, dont ils ont été pendant longtemps les seuls représentants connus et qui a été traitée plus haut (2). Je me bornerai donc ici à exposer les principes qui me paraissent devoir être appliqués à leur classification spéciale.

Après s'en être tenu à l'observation des caractères extérieurs, qui se bornent pour ces êtres au nombre et à la disposition des soies, à la situation du clitellum, des orifices mâles, des orifices des poches copulatrices, à quelques modifications secondaires dans la forme générale ou dans celle du lobe céphalique, les zoologistes n'ont pas tardé à s'apercevoir du parti qu'on pouvait tirer de l'étude anatomique, et Savigny fut l'un des premiers à entrer dans cette voie lorsqu'il se servit du nombre des poches copulatrices pour distinguer les différentes espèces de *Lumbricus,* comme on le verra lorsqu'il sera plus loin question de ce genre en particulier. Aujourd'hui la tendance serait d'exagérer cette méthode et de faire abstraction des caractères extérieurs pour n'avoir égard qu'à la disposition des organes internes.

Tout en reconnaissant l'importance de ceux-ci, comme je crois l'avoir montré dans des études précédentes sur les *Perichæta* (= *Megascolex*), le but du zoologiste doit être de chercher à traduire par des signes d'une constatation aussi facile que possible, ces caractères intimes, et si dans bien des cas la chose est malaisée, il y a certains avantages, ce me semble, à incliner dans la pratique vers les particularités extérieures.

(1) **Except.** *Pontodrilus.*
(2) Voir p. 40 et suivantes.

Le premier essai de grouper les genres est dû à M. Perrier, qui, se servant du caractère de la position du clitellum, que j'avais signalé chez les *Perichæta*, admit, on l'a vu, des *Lombricins préclitelliens*, *postclitelliens* et *intraclitelliens* comme divisions primaires. La plupart des auteurs ont depuis adopté cette manière de voir basée d'ailleurs sur un caractère externe très net et important. Toutefois dans ces derniers temps M. Claus, s'inspirant des travaux ultérieurs de M. Perrier lui-même, a fait intervenir dans l'établissement des coupes d'autres considérations tirées de la disposition des soies, de la présence ou de l'absence du clitellum, ce qui le conduit à admettre cinq divisions, qu'il regarde comme autant de familles distinctes et dont le tableau ci-dessous peut donner idée.

OLIGOCHETÆ TERRICOLÆ.

(Claus, 1884).

Clitellum	distinct. Orifices mâles	en avant du clitellum..		LUMBRICIDÆ.
		compris dans le clitellum. . .		EUDRILIDÆ.
		en arrière du clitellum. Soies.	peu nombreuses, quadrisériées. .	ACANTHODRILIDÆ.
			très nombreuses.	PERICHÆTIDÆ.
	nul.			MONILIGASTRIDÆ.

La division du groupe ne me paraît pas devoir comporter l'établissement de familles, malgré l'opinion contraire de M. Vejdovsky, lequel y ajoute celles des PLEUROCHÆTIDÆ, PLUTELLIDÆ, CRIODILIDÆ, PONTODRILIDÆ, les caractères sur lesquels elles sont établies ne peuvent être regardés comme ayant une valeur suffisante, car ils ne conduisent pas à des rapprochements qu'on puisse réellement regarder comme naturels. Aussi, tout en les employant dans l'énumération synoptique ci-contre, je ne crois pas qu'ils puissent encore servir à autre chose, qu'à établir un système pour arriver à la détermination des genres.

Iʳᵉ FAM. LUMBRICIDÆ.

§ I. Dix-huit à soixante soies et plus par anneau.

Soies	en série annulaire continue ou avec écartement sur la ligne médiane..	I. MEGASCOLEX, Templ.
	disposées en quatre groupes sur chaque anneau.	II. ECHINODRILUS, Vaill.

§ II. Huit soies par anneau (1).

A. Une rangée de soies sur la ligne dorsale.
III. Hypogæon, Sav.

B. Ligne dorsale inerme.

a. Soies différemment disposées en avant et en arrière (2).

Soies — en séries régulières sur toute la longueur du corps. Géminées —
en avant seulement. IV. Titanus, Perr.
sur toute la longueur du corps. . . . . . . V. Hegesipyle, Kinb.
alternes en arrière. . . . . VI. Urochæta, Perr.

b. Soies affectant la même disposition en avant et en arrière.

α. Ceinture en arrière des orifices mâles ou nulle.

Lobe céphalique — distinct. Tête — sans taches oculiformes. . VII. Lumbricus, Lin.
avec des taches oculiformes VIII. Helodrilus, Hoff.
confondu avec le segment buccal. IX. Criodrilus, Hoff.

6. Orifices mâles sous la ceinture ou en arrière de celle-ci.

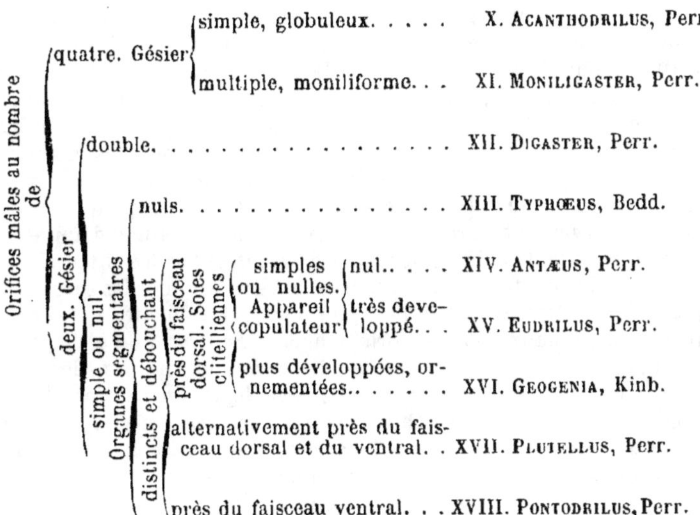

(1) Il peut y en avoir exceptionnellement neuf dans le genre *Hypogæon.*
(2) ? *Titanus Forguesi,* Perr.

§ III. **Moins de huit soies par anneau.**

Soies
{
en séries régulières d'anneau en anneau et au nombre de
{
6 par segment. . . . XIX. TRITOGENIA, Kinb.

4 par segment. . . . XX. PHREORYCTES, Hoff.
}

alternes d'un anneau à l'autre, formant 14 séries longitudinales.. . . . . XXI. PONTOSCOLEX, Schm.
}

I. Genre MEGASCOLEX.

(Μέγας, grand ; σκώληξ, ver).

Megascolex, TEMPLETON.
Perichæta, SCHMARDA.
Amynthas, Nitocris, Pheretima, Rhodopis, Lampito, KINBERG.
Perionyx, PERRIER.
Pleurochæta, BEDDARD.

Soies nombreuses, entourant en forme d'anneau toute la circonférence du segment.

Orifices mâles en arrière de la ceinture.

Le nombre et la disposition des soies sur chaque anneau permettent de distinguer ce genre au premier coup d'œil, mais il est encore actuellement difficile de savoir si le groupe, composé des espèces énumérées ci-après, est réellement naturel. L'anatomie de quelques-unes de celles-ci a été faite dans ces derniers temps, soit sur des exemplaires conservés dans la liqueur, soit sur des animaux frais, mais, quoique ces recherches puissent être regardées comme de nature à justifier l'établissement du genre, elles portent encore sur un trop petit nombre de types. Il est donc impossible d'apprécier la valeur réelle des différentes coupes proposées par les auteurs.

Schmarda, en 1851, fut le premier à bien formuler les caractères génériques. Kinberg, cinq ans plus tard, fit connaître un certain nombre d'animaux qu'il rapporta tant aux *Perichæta* qu'à cinq nouveaux genres fondés sur le nombre des soies comparé dans les différents anneaux, sur la forme du lobe céphalique, etc. Suivant la remarque de M. Perrier (1872, p. 36), ces variations ne sont pas assez importantes pour justifier dans l'état actuel de nos connaissances des coupes de cette valeur. Ce dernier auteur a créé également le genre *Perionyx* qui peut être considéré comme une subdivision du genre *Megascolex.*

Pour fixer les idées sur ce point et se rendre compte des tentatives faites dans cette voie, je présenterai ici le tableau suivant, emprunté en grande partie au travail déjà cité de M. Kinberg.

Subdivisions proposées pour le genre MEGASCOLEX.

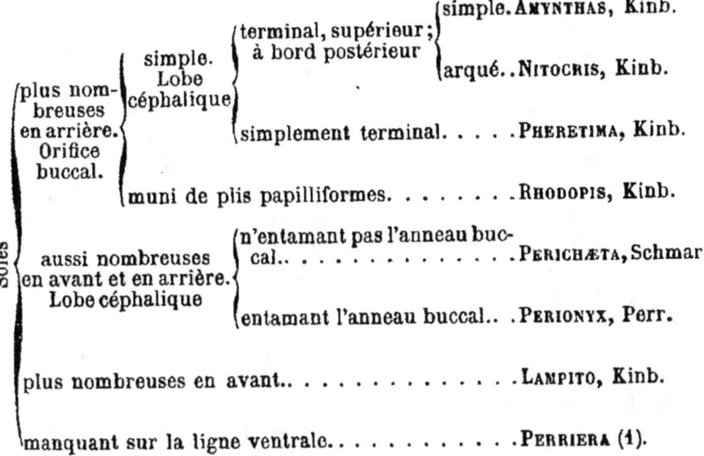

Ces coupes pourraient à la rigueur être admises comme sous-genres, malheureusement les descriptions données par les auteurs, en dehors des animaux spécialement décrits pour établir chacune des divisions, ne permettent pas le plus souvent de reconnaître à laquelle de celles-ci il conviendrait d'attribuer tel ou tel *Megascolex*, ce qui rend cette classification inapplicable. Aussi, pour grouper les espèces, je crois devoir employer un système absolument artificiel basé sur le nombre des anneaux que comprend la ceinture, lequel a généralement été indiqué avec soin par les auteurs, en y joignant le nombre des paires de poches copulatrices. Le premier caractère paraît ici avoir une valeur plus grande que chez les Lombrics proprement dits, le nombre des anneaux clitellins étant en général moins considérable, et l'organe plus nettement limité. Toutefois, on peut présumer que le clitellum est également ici transitoire, et la section pour laquelle on le trouve indiqué comme manquant, renferme des êtres qu'une étude plus complète fera sans doute reporter dans d'autres groupes. Le nombre des paires de poches copulatrices pourrait être regardé comme ayant une valeur prépondérante, malheureusement il est inconnu pour beaucoup de types spécifiques.

Au point de vue de la répartition géographique des espèces, en s'en tenant à la division classique de M. Wallace (1876), nous trouvons :

(1) Cette division s'appliquerait aux *Megascolex biserialis,* Perr. et *M. luzonicus,* Perr.

1° Dans la région éthiopienne 6 espèces.

M. Mauritii, Kinb. ; *M. robustus*, Perr. ; *M. capensis*, Horst ; *M. cingulatus*, Schmar. ; *M. rodericensis*, Gr. ; *M. Sanctæ-Helenæ*, Baird.

2° Dans la région orientale 24 espèces.

M. Moseleyi, Bedd. ; *M. excavatus*, Perr. ; *M. armatus*, Bedd. ; *M. Perrieri*, Vaill. ; *M. luzonicus*, Perr. ; *M. posthumus*, Vaill. ; *M. cingulatus*, Schmar. ; *M. indicus*, Horst ; *M. Juliani*, Perr. ; *M. Houletti*, Perr. ; *M. robustus*, Perr. ; *M. biserialis*, Perr. ; *M. musicus*, Horst ; *M. sumatranus*, Horst ; *M. annulatus*, Horst ; *M. Hasselti*, Horst ; *M. quadragenarius* Perr. ; *M. cæruleus*, Templ. ; *M. bicinctus*, Perr. ; *M. javanicus*, Kinb. ; *M. M'Intoshii*, Bedd. ; *M. viridis*, Schmar. ; *M. leucocycla*, Schmar. ; *M. brachycycla*, Schmar.

3° Dans la région australienne 8 espèces :

M. montanus, Kinb. ; *M. lineatus*, Hutt. ; *M. sylvestris*, Hutt. ; *M. taïtensis*, Gr. ; *M. æruginosus*, Kinb. ; *M. subquadrangulus*, Gr. ; *M. corticis*, Kinb. ; *M. antarcticus*, Baird.

4° Dans la région Paléarctique (Province Mongolienne) 3 espèces :
M. Sieboldi, Horst ; *M. Schmardæ*, Horst ; *M. japonicus*, Horst.

5° Dans la région néotropicale 4 espèces :
M. elongatus, Perr. ; *M. tricystis*, Perr. ; *M. dicystis*, Perr. ; *M. gracilis*, Kinb.

6° Dans la région néarctique (province Californienne) 1 espèce :
M. californicus, Kinb.

Pour le *M. aspergillum*, Perr., la provenance ne peut être déterminée, quant au *M. diffringens*, Baird, c'est une espèce importée dont la patrie réelle est encore inconnue.

En général ces Vers seraient nettement cantonnés dans chacune des régions ou provinces citées, sauf les *M. robustus*, Perr. et *M. cingulatus*, Schmar. qui se rencontrent à la fois dans les régions éthiopienne et orientale. Mais il est important de noter que ces essais de répartition géographique, ici en particulier, ne peuvent être regardés comme satisfaisants, d'une part, les déterminations pour un grand nombre d'espèces, sont incertaines ; d'autre part, des observations positives montrent que les *Megascolex* peuvent s'acclimater avec la plus grande facilité. M. Baird le premier (1869, p. 40), a fait connaître la présence d'une de ces espèces se propageant en Angleterre. J'ai pu constater le même fait dans les environs de Montpellier presqu'à la même époque (1870). Depuis, une autre espèce a été retrouvée dans les serres du Muséum. Enfin, d'après Darwin, des *Megascolex* se sont acclimatés dans les environs de Nice. Cette facilité de transplantation, s'il est permis d'employer ce mot, explique peut-être l'aire relativement étendue qu'occupe ce genre, car il est évident que les conditions de température et d'humidité que nous réalisons dans nos serres, se rencontrant normalement sur un grand nombre de point des zones intertropicales, ces animaux transportés avec les plantes ont pu s'y reproduire à l'état de liberté bien plus facilement encore que dans nos provinces méridionales.

Un point sur lequel il peut rester quelque doute, est de savoir le nom que doit porter ce genre. En 1844, Templeton, dans une lettre adressée à la Société zoologique de Londres et publiée également dans *Annals and Magazine of Natural History*, a fait connaître un ver auquel il donna le nom de *Megascolex cæruleus*; si les caractères extérieurs de cet animal paraissent répondre à ceux des *Perichæta*, certains détails de l'organisation, autant qu'on en peut juger, sont assez différents. Ainsi les organes sexuels, le ventricule stomacal seraient beaucoup plus reculés que chez aucun des animaux de ce genre que nous connaissons aujourd'hui. D'un autre côté ce ver n'a pas depuis été retrouvé, au moins, avec le même facies, ne connaît-on de Ceylan ou de ces parages aucun Lombricinien présentant un aussi grand nombre d'anneaux et de soies. Cependant la plupart des auteurs, en particulier M. Baird, M. Horst, adoptent le nom de *Megascolex*, se basant sur ce que la disposition des soies tout autour du corps sur chaque anneau étant fort nettement indiquée par Templeton et constituant en somme le caractère spécial, le nom de *Megascolex* mérite d'être repris par droit de priorité. Ce qui doit être considéré comme ayant encore plus de poids, c'est l'examen de types authentiques fait par M. Baird. En résumé, bien que Schmarda ait mieux défini le genre, Templeton peut être regardé comme l'ayant fait connaître le premier.

D'après M. Beddard (1884, p. 401), on devrait conserver les deux genres *Megascolex* et *Perichæta* en les caractérisant de la manière suivante :

PERICHÆTA : Soies généralement en série continue sur chaque segment: un clitellum étendu du 13e au 16e anneau inclusivement; les deux orifices mâles en arrière du clitellum sur le 17e segment; orifice femelle unique sur le 13e, sur le clitellum par conséquent. Deux paires de testicules respectivement placées dans les 10e et 11e segments; une glande prostatique sur le côté de la portion terminale du canal déférent. Poches copulatrices deux à quatre paires avec des diverticulums supplémentaires. Intestin muni d'une paire de cœcums au 19e anneau.

MEGASCOLEX. — Soies en série interrompue au côté dorsal et au côté ventral sur la ligne médiane. Clitellum étendu des segments 12e à 19e, manquant sur l'area qui sépare les orifices mâles et les papilles. Ceux-là sur le 17e anneau ; les deux paires de papilles génitales vers les XVIIe et XVIIIe intersegments. Orifice femelle en pore simple ou double sur le 13e segment. Une seule paire de testicules rameux au 11e anneau, une grosse prostate au 17e. Poches copulatrices deux paires dans les 7e et 8e anneaux, sans diverticulums supplémentaires. Intestin sans cœcums, mais avec une série de 15 à 16 paires de glandes commençant vers le 106ᵉ anneau.

Bien que plusieurs de ces caractères aient une valeur incontestable, il n'est pas encore possible d'adopter cette division, dans l'état actuel de nos connaissances elle ne peut s'appliquer à la plupart des espèces encore trop mal connues. D'après ces données, les deux genres, quoique très voisins, de l'aveu de tous, sinon identiques, seraient l'un Postclitellien, l'autre Intraclitellien.

Enumération des espèces appartenant au genre MEGASCOLEX.

I. Ceinture de 7 à 9 anneaux ; 2 paires de poches copulatrices.
    1. *M. Moseleyi,* Bedd.   Ceylan.

II. Ceinture de 5 anneaux; 2 paires de poches copulatrices.
    2. *M. montanus,* Kinb.   Otahiti.
    3. » *excavatus,* Perr.   Saïgon.

III. Ceinture de 4 anneaux.
  a. 3 paires de poches copulatrices.
      4. *M. armatus,* Bedd.   Calcutta.
  b. ? poches copulatrices.
      5. *M. californicus,* Kinb.   Californie.
      6. » *Mauritii,* Kinb.   Maurice.
      7. » *lineatus,* Hutt.   Nouvelle-Zélande.
      8. » *Perrieri,* Vaill.   Philippines.
      9. » *luzonicus,* Perr.   Philippines.

IV. Ceinture de 3 anneaux.
  a. 4 paires de poches copulatrices.
      10. *M. cingulatus,* Schmar. Maurice, Ceylan, Manille.
      11. » *posthumus,* Vaill.   Java, Calcutta, Philippines.
      12. » *diffringens,* Baird.   ?
      13. » *indicus,* Horst.   Iles de la Sonde.
      14. » *Juliani,* Perr.   Saïgon.
  b. 3 paires de poches copulatrices.
      15. *M. Houlleti,* Perr.   Calcutta.
      16. » *Sieboldi,* Horst.   Japon.
  c. 2 paires de poches copulatrices.
      17. *M. aspergillum,* Perr.   ?
      18. » *robustus,* Perr.   Maurice, Manille.
      19. » *biserialis,* Perr.   Philippines.
      20. » *musicus,* Horst.   Java.
      21. » *Schmardæ,* Horst. Japon.
      22. » *capensis,* Horst.   Cap de Bonne-Espérance.
      23. » *sumatranus,* Horst. Sumatra.
      24. » *japonicus,* Horst.   Japon.

	25.	*M. annulatus*, Horst.	Iles de la Sonde.
	26.	» *Hasselti*, Horst.	Sumatra.
d.	1 paire de poches copulatrices.		
	27.	*M. elongatus*, Perr.	Pérou.
	28.	» *quadragenarius*, Perr.	Indes-Orientales.
e.	? poches copulatrices.		
	29.	*M. sylvestris*, Hutt.	Nouvelle-Zélande.
	30.	» *cæruleus*, Templ.	Ceylan.

V. Ceinture de 2 anneaux.

a.	4 paires de poches copulatrices.		
	31.	*M. bicinctus*, Perr.	Philippines.
b.	2 paires de poches copulatrices.		
	32.	*M. taïtensis*, Gr.	Otahiti.
	33.	» *æruginosus*, Kinb.	Guam.
c.	? poches copulatrices.		
	34.	*M. javanicus*, Kinb.	Java.
	35.	» *subquadrangulus*, Gr.	Viti.
	36.	» *rodericensis*, Gr.	Ile Rodriguez.

VI. ? Ceinture.

a.	3 paires de poches copulatrices.		
	37.	*M. tricystis*, Perr.	Brésil.
b.	2 paires de poches copulatrices.		
	38.	*M. dicystis*, Perr.	Brésil.
	39.	» *M'Intoshii*, Bedd.	Birmanie.
c.	? poches copulatrices.		
	40.	*M. gracilis*, Kinb.	Rio-Janeiro.
	41.	» *viridis*, Schmar.	Ceylan.
	42.	» *leucocyclus*, Schmar.	Ceylan.
	43.	» *brachycyclus*, Schmar.	Ceylan ?
	44.	» *corticis*, Kinb.	Iles Hawaï.
	45.	» *antarcticus*, Baird.	Nouvelle-Zélande.
	46.	» *Sanctæ-Helenæ*, Baird.	Sainte-Hélène.

1. MEGASCOLEX MOSELEYI.

Pleurochæta Moseleyi, BEDDARD, 1881-1882, p. 481, pl. XXV à XXVII.

Ceinture de 7 à 9 anneaux, les derniers mal définis. Deux paires de vésicules copulatrices dans les 7° et 8° anneaux, s'ouvrant dans les VII° et VIII° intersegments ; chacune serait composée d'un sac simple (1). Orifices mâles sous

(1) La description et les figures données par M. Beddard ne sont pas absolument précises sur ce point.

le 17ᵉ segment, accompagnés d'une paire de ventouses antérieures et d'une paire de ventouses postérieures respectivement
placées sur les 16ᵉ et 18ᵉ anneaux.

Soies au nombre de 140 environ par anneau, disposées en
deux groupes latéraux de manière à laisser deux espaces inermes, l'un ventral, l'autre dorsal, ce dernier moins distinct attendu que, sur les anneaux successifs, les soies ne cessent pas
en un point nettement déterminé, mais s'avancent plus ou
moins près de la ligne médiane supérieure. Sous les anneaux
de la ceinture, les soies existent comme sur le reste du corps.
La longueur des soies varie de 0ᵐᵐ,035 à 0ᵐᵐ,066, fort petite
par conséquent, chacune est renflée vers son tiers externe.

Longueur 711ᵐᵐ ; plus de 260 segments.

Hᴀʙ. — Environs de Candy (Ceylan).

Ce ver a été étudié avec beaucoup de soin par M. Beddard qui,
dans un mémoire détaillé, a exposé le résultat de ses recherches anatomiques. Ce travail ayant été fait sur deux exemplaires conservés
dans la liqueur, cette condition défavorable n'a pas permis à l'auteur
d'examiner avec toute la rigueur voulue certains détails. Les canaux
déférents, qui doivent porter à l'extérieur le produit des testicules
placés dans le 11ᵉ anneau, n'ont pu être découverts. Il paraît probable qu'ils doivent aboutir à la paire médiane d'orifices clitellins
placés sous le 17ᵉ anneau et les « deux grosses glandes, compactes,
blanches », qui débouchent par ce même orifice sont sans doute des
prostates. M. Beddard semble croire qu'on pourrait regarder comme
canaux déférents deux paires d'organes infundibuliformes placés dans
les 9ᵉ et 10ᵉ anneaux et dont les orifices aboutissent aux IXᵉ et Xᵉ intersegments, ce qui n'est guère admissible.

Dans la portion antérieure dilatée de l'intestin existe une série de
poches glandulaires dorsales du 21ᵉ au 39ᵉ ou 41ᵉ segments. Ces
organes ne paraissent pas avoir d'analogues chez les autres *Megascolex*. Le vaisseau sus-intestinal, sur plusieurs points de son trajet, est
double, fait intéressant au point de vue de la morphologie de ces
organes (1).

Enfin, M. Beddard a pu étudier des cocons trouvés avec chacun des
individus au fond de la galerie souterraine qu'ils habitaient. Leur
volume est considérable, l'un mesurant 39ᵐᵐ de long sur 18ᵐᵐ,5 de
large, l'autre 31ᵐᵐ sur 19ᵐᵐ. Le plus gros contenait deux embryons
longs de 40ᵐᵐ à 50ᵐᵐ.

L'auteur a cru devoir élever au rang de genre cet animal, en consi-

(1) Voir t. I, p. 53.

dération surtout de la disposition des soies et de la situation intracli-
tellienne des orifices mâles, ce genre *Pleurochæta* mériterait même
suivant lui de faire une nouvelle division des INFRACLITELLINS. Je ne
crois pas qu'il y ait lieu d'adopter cette manière de voir, bien des
points restant encore obscurs sur l'anatomie de ce Ver, et dans ces
derniers temps M. Beddard lui-même ne regarde plus ce genre comme
différant des *Megascolex* (1886, p. 70, note).

2. MEGASCOLEX MONTANUS.

Pheretima montana, KINBERG, 1866, p. 102.

Ceinture de 5 anneaux commençant avec le 12ᵉ. Vésicules
copulatrices (?). Orifices mâles, petits, sur le segment qui suit
immédiatement la ceinture. Sur les anneaux antérieurs 38
soies, 50 au milieu et à la partie postérieure du corps.

Longueur 95ᵐᵐ; 103 anneaux.

HAB. — Otahiti, dans la terre végétale des parties montagneuses.

3. MEGASCOLEX EXCAVATUS.

Perionyx excavatus, PERRIER, 1872, p. 126, pl. IV, fig. 73-74.

Ceinture de 5 anneaux commençant avec le 12ᵉ. Deux paires de vésicules copulatrices, leurs canaux débouchant dans les
espaces interannulaires VIᵉ et VIIᵉ. Orifices mâles sur l'anneau
qui suit immédiatement la ceinture. Soies 30 par anneau, équidistantes.

Longueur 120ᵐᵐ.

HAB. — Saïgon.

Cette espèce diffère des *Megascolex* ordinaires par plusieurs caractères, qui ne sont pas sans importance. Ainsi les organes segmentaires
paraissent plus nets, les orifices mâles sont réunis dans une sorte de
cupule ventrale, l'ovaire serait adhérent et non flottant; enfin, il existe
un prolongement du lobe céphalique qui échancre profondément l'anneau buccal. C'est ce qui a engagé M. Perrier à former pour cette
espèce le genre *Perionyx* (περί, autour; ὄνυξ, ongle). Ces caractères,
lorsqu'il s'agit des Lombrics proprement dits, ne paraissant pas devoir
être considérés comme ayant une valeur générique, je crois qu'ici
il doit en être de même; cette coupe n'est d'ailleurs présentée que
conditionnellement par l'auteur.

En annamite il porte le nom de : *Trung Khoan Co.*

4. Megascolex armatus.

Perichæta armata, Beddard, 1883, p. 216, pl. VIII, fig. 5-7.

Ceinture de 4 anneaux du 13ᵉ au 16ᵉ. Vésicules copulatrices dans les 6ᵉ, 7ᵉ et 8ᵉ segments. Orifices mâles sous le 17ᵉ.

Soies au nombre d'environ 40 sur les anneaux préclitellins, de 20 à 30 sur les postclitellins ; il en existe également sur la ceinture. Elles ne sont pas distribuées régulièrement tout autour du corps, on remarque une mince bande inerme sur la ligne ventrale. Ces soies ont la forme habituelle, mais en outre on trouve des soies péniennes, ayant leur extrémité chargée de fines épines, elles sont dans un sac placé entre les lobes principaux de chacune des prostates au 17ᵉ segment.

Hab. — Environs de Calcutta.

M. Beddard indique une paire de testicules au 11ᵉ segment et au 8ᵒ une autre paire d'organes glandulaires, qui pourraient bien avoir la même signification. Les vésicules copulatrices sont fort allongées avec deux petits diverticules en cul-de-sac près de l'orifice efférent. On trouve enfin huit paires de cœur contractiles du 5ᵉ au 12ᵉ segment.

5. Megascolex californicus.

Pheretima californica, Kinberg, 1866, p. 102.

Ceinture de 4 anneaux, commençant avec le 13ᵉ. Sur les segments antérieurs 40 soies, 50 vers le milieu, 56 en arrière.

Hab. — Californie, dans la terre près la baie de Sansolita et sous les pierres sur la plage près San-Francisco.

Les renseignements sur le nombre et la position des vésicules copulatrices manquent, aussi bien que les indications sur la longueur du corps et le nombre des anneaux. En ce qui regarde les orifices mâles, il en existe deux, ce caractère étant donné comme général pour le genre *Pheretima* dans lequel M. Kinberg range ce ver ; sont-ils placés comme chez le 2 *Megascolex (Pheretima) montanus* Kinb. sur le 17ᵉ anneau ?

6. Megascolex Mauritii.

Lampito Mauritii, Kinberg, 1866, p. 103.

Ceinture de 4 segments commençant avec le 14ᵉ. Orifices mâles sur le segment qui suit immédiatement la ceinture. Soies

antérieures au nombre de 44 par anneau, de 30 ou 32 postérieurement.

Longueur 60^{mm}; 95 segments au moins.

Hab. — Ile Maurice, sous les pierres, vers les montagnes.

Le lobe céphalique est beaucoup plus développé dans cette espèce
que sur la plupart des autres *Megascolex*, il égale en longueur le
segment buccal et possède des dilatations latérales. C'est sur cette
particularité qu'est surtout fondé le genre *Lampito*, n'est-ce pas là
plutôt un caractère spécifique ?

7. Megascolex lineatus.

Megascolex lineatus, Hutton, 1876, p. 352, fig. F *a, b, c, d*.
        »   »   Hutton, 1879, p. 317.

Ceinture peu distincte, de 4 anneaux commençant avec le 14°.
Orifices mâles sur le second segment après la ceinture. Soies
très petites formant une rangée simple tout autour du corps.

De couleur rouge-brun, finement strié en plus clair longitudinalement.

Longueur 51^{mm}; 70 à 80 segments.

Hab. — Queenstown, sous des feuilles mortes.

Corps cylindrique atténué vers les deux extrémités. Lobe céphalique petit, arrondi, divisant complètement en deux un segment buccal faiblement échancré en dessous.

Dans sa description, M. Hutton n'indique pas le nombre exact des
soies pour chaque anneau, sur la fig. *d*, représentant une coupe transversale en arrière de la ceinture, on en compte 40.

8. Megascolex Perrieri.

Perichæta cærulea, Perrier, 1875, p. 1044.

Soies équidistantes. Couleur bleuâtre par suite de l'aspect
du pigment de la couche des muscles transverses.

Hab. — Iles Philippines.

Cette espèce, d'après M. Perrier, aurait un orifice distinct pour
chaque oviducte.

L'épithète spécifique faisant double emploi avec le 30 *Megascolex
cærulcus*, Templ., a dû être changée.

Pour cette espèce et plusieurs des suivantes (1), M. Perrier n'a

(1) Voir : 9 *Megascolex luzonicus*, 14 *M. Juliani*, 19 *M. biserialis*,
31 *M. bicinctus*.

pas encore publié de description complète et s'est borné à prendre date.

9. MEGASCOLEX LUZONICUS.

Perichæta luzonica, PERRIER, 1875, p. 1044.

Soies manquant à la face ventrale sur la ligne médiane, la première soie, en dehors de cette bande inerme, plus développée.

HAB. — Iles Philippines.

Ce serait une des espèces qui se sont naturalisées à Nice. (Darwin, 1882, p. 87).

10. MEGASCOLEX CINGULATUS.
(Pl. XXI, fig. 9, 10 et 11.)

Perichæta cingulata, SCHMARDA, 1861, p. 14 (soies figurées), pl. XVIII, fig. 162.
    Id.   VAILLANT, 1867, p. 234.
    Id.   VAILLANT, 1868, p. 225, pl. X.
    Id.   VAILLANT, 1868, p. 143, pl. VI, fig. 1–8.

Ceinture de 3 anneaux commençant avec le 13ᵉ. Quatre paires de vésicules copulatrices, du 3ᵉ au 6ᵉ anneaux. Orifices mâles sur le second anneau postclitellin. Environ 40 soies par anneau, en série continue.

Longueur 130ᵐᵐ à 150ᵐᵐ; environ 100 anneaux.

HAB. — Ceylan, à l'Ouest de Badulla ; Manille, Maurice.

Cette espèce, la première qui ait été bien décrite, pourrait être considérée à la rigueur comme le véritable type du genre.

11. MEGASCOLEX POSTHUMUS.
(Pl. XXI, fig. 12 et 13.)

Perichæta posthuma, VAILLANT, 1868, p. 228.
    Id.   *id.*   id.   1868, p. 146, pl. VI, fig. 9-11.
? *Perichæta affinis,* PERRIER, 1872, p. 106, pl. IV, fig. 66.
?   *Id.*   *id.*   id.   1875, p. 1045.
Megascolex affinis, BEDDARD, 1883, p. 214.

Très voisin du 10 *M. cingulatus,* auquel il ressemble par la disposition de la ceinture, le nombre de vésicules copulatrices, la situation des orifices génitaux, mais le chiffre des soies par anneau est de 65 à 77, c'est-à-dire notablement plus élevé.

Longueur 180ᵐᵐ; 100 à 110 anneaux.

Hab. — Java, Saïgon, Calcutta, îles Philippines. Introduit à Nice (Darwin).

L'espèce décrite par M. Perrier sous le nom de *P. affinis* ne semble pas devoir être regardée comme distincte. La seule différence qu'on pourrait relever est la position des vésicules copulatrices reculées d'un rang. D'après la description donnée par cet auteur, la première se trouverait dans le 5ᵉ anneau ayant par conséquent son orifice dans le Vᵉ intersegment. Pour le *M. posthumus* c'est l'intersegment IIIᵉ; il faut dire que sur la figure accompagnant le travail, ce dernier intervalle est celui qui se trouve indiqué (1). La question reste donc en suspens.

A Saïgon ce ver serait désigné sous le nom de *Trung Hô* (Perrier) (2).

12. MEGASCOLEX DIFFRINGENS.

(Pl. XXI, fig. 6, 7 et 8.)

Megascolex diffringens, BAIRD, 1869, p. 40 (fig. dans le texte) et p. 341.
Perichæta diffringens, VAILLANT, 1871, p. 385.

Ceinture de 3 anneaux commençant avec le 13ᵉ. Quatre paires de vésicules copulatrices, leurs canaux débouchant dans les espaces interannulaires IIIᵉ à VIᵉ. Orifices mâles sur le second segment après la ceinture. Soies 38 à 40 par anneau, équidistantes.

Couleur d'un brun acajou, la ceinture jaunâtre.

Longueur 130ᵐᵐ à 150ᵐᵐ; environ 108 segments.

Hab. — Importé sur plusieurs points de l'Europe, notamment l'Angleterre et la France, avec des plantes tropicales, des Orchidées en particulier.

On peut se demander si cette espèce est réellement différente du 10 *Megascolex cingulatus*, Schmar. Le facies, autant qu'on en peut juger, n'est pas tout à fait le même, et en particulier l'aspect de la ceinture se montre assez différent: elle est gonflée, plus large que le corps dans l'espèce de Schmarda, en retrait, au contraire, comme évidée en son milieu dans l'espèce décrite par M. Baird. Cette différence, qui pourrait tenir à l'âge, à l'époque de l'observation ou à toute autre circonstance, est-elle de nature à justifier une distinction spécifique ?

(1) Je rappelle que l'auteur désignant l'anneau céphalique comme premier anneau, pour établir la concordance avec la manière de compter adoptée ici, les chiffres doivent être abaissés d'une unité.

(2) M. Perrier, dans un autre endroit (p. 130), donne l'appellation de *Trung Com* aux *Perichæta*.

13. Megascolex indicus.

Perichæta sp. Horst, 1877-1878. p. 103, pl. VIII.
Megascolex indicus, Horst, 1883, p. 186.

Ceinture de 3 anneaux du 13° au 15°. Quatre paires de vésicules copulatrices respectivement placées dans les 5°, 6°, 7° et 8° anneaux, leurs orifices efférents ouverts dans les intersegments V° à VIII°. Orifices mâles sous le 17° anneau ; orifice femelle sous le 13°.

Soies équidistantes au nombre de 42 à 48 par anneau, aussi bien en avant qu'en arrière, manquant à la ceinture ; celles du ventre sont souvent doubles en longueur de celles du dos.

Lobe céphalique entamant aux deux tiers le segment buccal.
Longueur maximum 120^{mm} ; 100 segments.

Hab. — Sumatra (Alahan Pandjang, Silago, Soepajang) et Java.

Les vésicules copulatrices sont composées d'une grande poche pyriforme sur le canal efférent de laquelle aboutit un tube allongé dépendant d'une autre petite poche, qui complète l'appareil. Cette disposition est identique à celle que j'ai observée sur le 12 *Megascolex diffringens* provenant des serres d'Orchidées des environs de Montpellier.

M. Horst pense que le *Megascolex indicus* pourrait bien être identique à l'un des *Perichæta cingulata*, Schmar., vus par moi dans les collections du Muséum, plusieurs espèces, ayant été confondues sous ce nom, il propose même de supprimer ce dernier comme ne répondant pas à un objet nettement défini. Cette manière de voir ne me paraît pas admissible ; comme l'a fait remarquer M. Perrier, l'épithète de Schmarda doit être conservée pour l'exemplaire figuré et décrit dans mon travail.

L'excellente description d'un *Perichæta* indéterminé de Java, donnée en 1877 par M. Horst, se rapporte à cette espèce.

14. Megascolex Juliani.

Perichæta Juliani, Perrier, 1875, p. 1045.

Ceinture de 3 anneaux commençant avec le 13°. Quatre paires de vésicules copulatrices, du 4° au 7° anneau ; de trois à sept papilles en arrière des orifices génitaux. Soies en série continue.

Hab. — Saïgon.

Ces caractères donnés par M. Perrier ne permettent pas encore de distinguer ce ver du *Perichæta cingulata* Schmar. et espèces voisines.

15. MEGASCOLEX HOULLETI.

Perichæta Houlleti, PERRIER, 1872, p. 99, pl. II, fig. 31-44, pl. III, fig. 45-63.

Ceinture de 3 anneaux, commençant avec le 13°. Trois paires de vésicules copulatrices dans les 6°, 7° et 8° anneaux. Orifices génitaux mâles sous le second anneau après la ceinture. Soies 45 à 50 par anneau en série continue.

De couleur rouge acajou foncé.

Longueur 100^{mm} à 120^{mm}.

HAB. — Calcutta ; naturalisé à Nice et dans les serres du Muséum.

Cette espèce, que d'heureuses circonstances ont permis d'étudier à l'état de vie dans nos climats, est l'une des mieux connues et M. Perrier en a donné l'anatomie avec grands détails.

Cet auteur avait décrit des glandes salivaires en touffes qu'il a reconnu plus tard (1874) être des organes segmentaires (Voy. Beddard, 1883, p. 216).

16. MEGASCOLEX SIEBOLDI.

Megascolex Sieboldi, HORST, 1883, p. 191.

Ceinture de 3 anneaux du 13° au 15°. Vésicules copulatrices au nombre de trois paires dans les 6°, 7° et 8° anneaux, ouvertures de leurs canaux efférents aux VI°, VII° et VIII° intersegments ; chaque vésicule est composée d'un sac pyriforme et d'un tube un peu plus long que la vésicule, replié comme chez le 15 *M. Houlleti* Perr.

Soies équidistantes au nombre d'environ 80 par anneau.

Lobe céphalique arrondi en arrière, occupant à peu près la moitié du segment buccal.

Longueur 270^{mm}, diamètre 10^{mm} ; 135 segments.

HAB. — Japon.

Les testicules occupent les 10° et 11° anneaux. L'auteur signale, entre autres particularités anatomiques, la présence en avant des V° et VI° dissépiments de touffes de tubes glandulaires, et dans le 24° segment six cœcums stomacaux, dont le supérieur remonte jusque dans le 20°.

Cette espèce a été rapportée au Musée de Leyde par von Siebold.

17. MEGASCOLEX ASPERGILLUM.

Perichæta aspergillum, PERRIER, 1872, p. 118, pl. IV, fig. 71-72.

Ceinture de 3 anneaux commençant avec le 13°. Deux paires de vésicules copulatrices dont les canaux débouchent dans les espaces intersegmentaires VI° et VII°. Orifices mâles sur le second anneau après la ceinture, ils sont, aussi bien que les canaux des vésicules copulatrices, percés au milieu d'une sorte de disque criblé de trous au nombre de neuf à onze et correspondant à des glandes spéciales. Soies 80 par anneau, équidistantes.

Longueur 370^{mm}.

HAB. — ? (Collection du Muséum).

18. MEGASCOLEX ROBUSTUS.

Perichæta robusta, PERRIER, 1872, p. 112, pl. IV, fig. 67 et 68.

Ceinture de 3 anneaux commençant avec le 13°. Deux paires de vésicules copulatrices situées dans les 7° et 8° anneaux. Orifices mâles sur le second anneau après la ceinture. Soies au nombre de 45, équidistantes.

Longueur 150^{mm} à 180^{mm}.

HAB. — Maurice, Manille.

Entre les orifices mâles fort écartés, se trouve une paire de papilles très saillantes.

19. MEGASCOLEX BISERIALIS.

Perichæta biserialis, PERRIER, 1875, p. 1044.

Ceinture de 3 anneaux. Deux paires de vésicules copulatrices. Soies manquant à la partie ventrale, où se voit nettement une bande médiane inerme, les premières soies, à partir de cet espace, plus développées.

HAB. — Iles Philippines.

En arrière des orifices mâles on trouve, « de chaque côté de la ligne médiane ventrale une rangée de trois, quatre, cinq, six ou sept papilles » (Perrier); elles peuvent ne pas être symétriques.

20. MEGASCOLEX MUSICUS.

Megascolex musicus, HORST, 1883, p. 193.

Ceinture de 3 anneaux, du 13ᵉ au 15ᵉ. Vésicules copulatrices au nombre de deux paires dans les 7ᵉ et 8ᵉ segments ; chaque vésicule est composée d'un sac pyriforme assez développé et d'un long tube formant de nombreux replis. Orifices mâles en fentes transversales sous le 17ᵉ anneau.

Soies équidistantes, au nombre d'une centaine par anneau, portées sur un renflement annulaire.

Lobe céphalique coupant sur presque toute sa longueur le segment buccal.

Coloration en dessus d'un bleu grisâtre, plombé, en dessous plus pâle, rougeâtre ; ceinture brunâtre ; pores génitaux, bouche et anus jaunâtres.

Longueur 570ᵐᵐ, diamètre 19ᵐᵐ ; 166 segments.

Hab. — Java.

Les testicules occupent les 10ᵉ et 11ᵉ anneaux, l'ovaire, en grappe, le 13ᵉ, où se trouve également son orifice efférent. L'intestin dans le 25ᵉ segment présente six cœcums, toutefois cette particularité, d'après l'auteur, offre des différences individuelles importantes, car le cœcum supérieur, plus développé que les autres, n'existe que chez un des individus. Les VIIIᵉ et IXᵉ dissépiments manquent, ce qui d'ailleurs n'est pas spécial à cette espèce (1), les XIᵉ, XIIᵉ et XIIIᵉ sont remarquablement épais et musculeux.

Ces vers auraient la très singulière faculté de faire entendre pendant la nuit, dans les forêts qu'ils habitent, un bruit continu assez distinct.

21. MEGASCOLEX SCHMARDÆ.

Megascolex Schmardæ, HORST, 1883, p. 194.

Ceinture de 3 anneaux du 13ᵉ au 15ᵉ. Vésicules copulatrices au nombre de deux paires dans les 7ᵉ et 8ᵉ anneaux ; s'ouvrant dans les VIIᵉ et VIIIᵉ intersegments ; chaque vésicule est composée d'un gros sac globuleux et d'un tube médiocrement allongé formant deux replis ou davantage vers son extrémité. Orifices mâles sous le 17ᵉ anneau.

(1) M. Horst signale cette absence de deux dissépiments chez les 16 *Megascolex Sieboldi*, 24 *M. japonicus*, 25 *M. annulatus*.

Soies équidistantes, au nombre de 62 à 64 par anneau.

Lobe céphalique entamant environ à moitié le segment buccal.

Longueur 90ᵐᵐ ; 90 anneaux.

HAB. — Japon.

Les testicules, situés dans les 10ᵉ et 11ᵉ anneaux, offrent chacun à leur extrémité antérieure un petit lobe dont la couleur blanche tranche sur le reste de l'organe. On voit de chaque côté une glande prostatique en croissant, lobée, grande, dont le conduit recourbé en 3, s'ouvre avec le canal déférent dans un épaississement de la paroi du corps, très-développé, en forme de coussinet.

L'exemplaire a été rapporté au Musée de Leyde par von Siebold.

22. MEGASCOLEX CAPENSIS.

Megascolex capensis, HORST, 1883, p. 195.

Ceinture de 3 anneaux du 13ᵉ au 15ᵉ. Vésicules copulatrices au nombre de deux paires dans les 7ᵉ et 8ᵉ anneaux, s'ouvrant aux VIIᵉ et VIIIᵉ intersegments : chaque vésicule se compose d'un grand sac arrondi et d'un tube cylindrique épais, du double au moins plus long que le sac et ordinairement enroulé autour de lui, ce tube, d'égal diamètre sur la plus grande partie de son étendue, se rétrécit vers l'extrémité et se termine en une petite ampoule ovale.

Soies équidistantes, au nombre de 40 par anneau.

HAB. — Cap de Bonne-Espérance.

Ce ver est imparfaitement connu par un exemplaire en mauvais état, dont on ne possède que la partie antérieure. La glande prostatique, développée, composée de lobes déliés, nombreux, s'ouvre sur un épaississement de la paroi du corps au 17ᵉ segment.

23. MEGASCOLEX SUMATRANUS.

Megascolex sumatranus, HORST, 1883, p. 189.

Ceinture de 3 anneaux du 13ᵉ au 15ᵉ. Vésicules copulatrices au nombre de deux paires dans les 7ᵉ et 8ᵉ anneaux, ouvertes par des pores en fente dans les VIIᵉ et VIIIᵉ intersegments ; chaque vésicule se compose d'un grand sac oblong et d'un petit sac débouchant dans le court canal efférent du premier par un long tube contourné en hélice. Orifices mâles sous le 17° anneau, entourés d'un bord plissé.

Soies équidistantes, au nombre de 38 par anneau.

Longueur 70^{mm} ; 94 segments.

Hab. — Sumatra.

Les testicules sont placés dans les 10° et 11° anneaux ; la glande prostatique très développée s'étend du 16° au 21°. Le gésier musculeux se trouve dans les 8° et 9° segments, l'intestin présente deux diverticulums dans le 25°. Enfin des glandes tubulées, en spirale, se voient à la partie antérieure des VI° et VII° dissépiments.

24. Megascolex japonicus.

Megascolex japonicus, Horst, 1883, p. 192.

Ceinture de 3 anneaux du 13° au 15°. Vésicules copulatrices au nombre de deux paires dans les 6° et 7° anneaux, débouchant dans les VI° et VII° intersegments ; chaque vésicule composée d'un grand sac conique, parfois aplati en arrière en forme de raquette, et d'un tube mince de moitié moins long à peu près. Orifices mâles à l'intersection de deux fentes, l'une longitudinale, l'autre transversale, se coupant en croix et comprises dans une saillie en forme de J majuscule occupant la moitié du 16° et le 17° anneau.

Soies équidistantes au nombre de 66 par anneau.

Lobe céphalique renflé en avant, entamant environ à moitié le segment buccal.

Longueur 220^{mm}.

Hab. — Japon.

Les testicules se trouvent dans les 10° et 11° anneaux ; la prostate lobée s'étend du 16° au 18° et débouche dans le canal déférent par un tube courbé en S. Le côté antérieur des V° et VI° dissépiments, aussi bien que les parois des 6° et 7° segments, sont couverts de tubes glandulaires. Les VIII° et IX° dissépiments font défaut.

Les pores dorsaux commencent sur le XI° intersegment.

Rapporté par von Siebold.

25. Megascolex annulatus.

Megascolex annulatus, Horst, 1883, p. 195.

Ceinture de 3 anneaux du 13° au 15°. Vésicules copulatrices dans les 6° et 7° anneaux, s'ouvrant dans les VI° et VII°

intersegments ; chaque vésicule composée d'un gros sac globuleux et d'un petit tube, qui n'a pas plus du quart de celui-là. Orifices mâles sur le 17ᵉ anneau.

Soies équidistantes au nombre de 65 par anneau.

Lobe céphalique trapézoïde occupant les deux tiers du segment buccal.

Couleur noirâtre avec un anneau blanc sur la partie médiane de chaque segment.

Longueur 195ᵐᵐ ; 130 segments.

Hab. — Archipel Malais.

Les testicules occupent les 10ᵉ et 11ᵉ anneaux ; les prostates situées dans le 17ᵉ sont trilobées, leur canal est contourné en S. Des glandules spiralées à la face antérieure des Vᵉ et VIᵉ dissépiments, les VIIᵉ et VIIIᵉ font défaut.

26. Megascolex Hasselti.

Megascolex Hasselti, Horst, 1883, p. 190.

Ceinture de 3 anneaux du 13ᵉ au 15ᵉ. Vésicules copulatrices au nombre de deux paires dans les 5ᵉ et 6ᵉ, débouchant dans les Vᵉ et VIᵉ intersegments ; chaque vésicule se compose d'un grand sac elliptique et d'un petit tube étroit cylindrique moitié moins long. Orifices mâles sous le 17ᵉ anneau.

Soies au nombre de 70 à 75 par anneau, une quarantaine d'entr'elles forment à la partie ventrale deux groupes, séparés par un léger intervalle sur la ligne médiane, les autres plus espacées, occupent la partie dorsale de l'anneau.

Lobe céphalique entamant sur presque toute la hauteur le segment buccal.

Longueur 70ᵐᵐ ; 100 segments.

Hab. — Sumatra.

Les testicules occupent les 9ᵉ, 10ᵉ et 11ᵉ segments, et le canal déférent offre une dilatation marquée vers sa terminaison. La glande prostatique, très développée, s'étend du 16ᵉ au 21ᵉ anneau, elle est divisée par des sillons en lobes polygonaux, ce qui en fait comparer l'aspect par M. Horst, à celui du rein chez le Phoque.

La disposition des soies est particulièrement caractéristique.

27. MEGASCOLEX ELONGATUS.

Perichæta elongata, PERRIER, 1872, p. 124, pl. IV, fig. 10.

Ceinture de 3 anneaux commençant avec le 13⁰. Une seule paire de vésicules copulatrices, les canaux excréteurs débouchent dans le IV⁰ intersegment. Orifice mâle sur le second anneau après la ceinture. Soies équidistantes.

Longueur 355ᵐᵐ.

HAB. — Pérou.

Les testicules sont situés dans les 10⁰ et 11⁰ anneaux, la prostate, figurée par M. Perrier, a plus que dans toute autre espèce la disposition d'une glande en grappe.

28. MEGASCOLEX QUADRAGENARIUS.

Perichæta quadragenaria, PERRIER, 1872, p. 122, pl. IV, fig. 69.

Ceinture de 3 anneaux commençant avec le 13⁰. Une seule paire de vésicules copulatrices située dans le 6⁰ anneau. Orifice mâle sur le second anneau après la ceinture. Soies 40, équidistantes.

Longueur 210ᵐᵐ ; nombre des anneaux d'environ une centaine (l'état de conservation des individus rend le compte incertain.)

HAB. — Indes orientales.

Cette espèce très analogue comme aspect avec le 10 *Megascolex cingulatus* en diffère par le nombre des poches copulatrices, celles-ci et leur tube glandulaire sont très développées, analogues dans leur composition aux poches copulatrices des 22 *Megascolex capensis*, Horst et 23 *M. sumatranus*, Horst. M. Perrier en a donné une excellente figure.

29. MEGASCOLEX SYLVESTRIS.

Megascolex sylvestris, HUTTON, 1877, p. 352, fig. E *a, b, c, d.*
    Id.   *id.*   HUTTON, 1879, p. 317.

Ceinture peu distincte de 3 anneaux commençant avec le 15⁰. Orifices mâles sur le second anneau après la ceinture, chacun d'eux accompagné en avant d'une paire de soies courbes, allongées. Environ 60 soies sur chaque anneau, géminées, de telle sorte que le corps est parcouru par une trentaine de rangées doubles, longitudinales.

Couleur rouge-brun sombre.

Longueur 18^{mm} à 51^{mm} ; 70 à 80 segments.

HAB. — Dunedin, bois pourri dans des buissons.

Corps cylindrique, atténué en avant et en arrière. Segments biannelés. Lobe céphalique petit, plat, avec un sillon transverse profond supérieurement, divisé en deux portions antérieure et postérieure inférieurement. Bord antérieur du segment buccal profondément échancré en dessus, entier en dessous.

Ce *Megascolex*, d'après cette description, entièrement empruntée à M. Hutton, est surtout remarquable par la disposition géminée des soies, qui n'est signalée dans aucune autre espèce du genre.

D'après M. Beddard, la position de l'orifice mâle sur le 19° anneau devrait faire ranger ce ver dans un genre à part.

30. MEGASCOLEX CÆRULEUS.

Megascolex cæruleus, TEMPLETON, 1845, p. 60.
    Id.   *id.*   GRUBE, 1851, p. 101 et 144.
    Id.   *id.*   BAIRD, 1869, p. 42 (fig. des soies).

Ceinture de 3 segments commençant avec le 16° (1). Soies au nombre de 100 par anneau, portées par de petits mamelons situés eux-mêmes sur une arête annulaire entourant le segment à sa partie médiane.

Couleur d'un beau bleu foncé sur le dos, cette teinte s'atténue sur les côtés pour finir brusquement, laissant les parties inférieures d'un jaune orangé, et le ventre d'un jaune pur.

Longueur 500^{mm} à 1 m ; largeur 25^{mm} à 40^{mm} ; 270 anneaux.

HAB. — Ceylan, dans les parties montagneuses.

Ce Lombricien n'est qu'imparfaitement connu d'après la description primitive, cependant M. Baird nous apprend que le Bristish Museum en possède un certain nombre d'exemplaires. Templeton décrit sommairement le tube digestif sans parler du ventricule et signale les pores dorsaux, qui s'étendraient du XIV° espace interannulaire antérieur au XVIII° avant-dernier ; ce sont pour lui des orifices conduisant dans de petites cavités respiratoires.

Parmi les espèces de Ceylan le 42 *Megascolex leucocyclus*, Schmar.,

(1) C'est au moins ainsi que, avec M. Schmarda, je crois devoir interpréter : « the sexual organs occupying the 16 th, 17 th and 18 th rings ». On ne peut savoir si l'anneau buccal est ou non compris dans le nombre des segments.

paraît être celui qui s'en rapproche le plus, l'assimilation ne peut toutefois être établie avec une certitude suffisante.

31. MEGASCOLEX BICINCTUS.

Perichæta bicincta, PERRIER, 1875, p. 1044.

Ceinture de 2 anneaux. Quatre vésicules copulatrices. Soies équidistantes.

HAB. — Iles Philippines.

32. MEGASCOLEX TAITENSIS.

Perichæta taitensis, GRUBE, 1866, p. 180.
    Id.   *id.*   GRUBE, 1868, p. 36, pl, IV, fig. 2, 2 *a*, 2 *b*.

Ceinture de 2 segments, commençant avec le 14ᵉ, peu développée. Deux paires de vésicules copulatrices, leurs canaux débouchant dans les espaces interannulaires VIIᵉ et VIIIᵉ. Orifice mâle sur le second segment après la ceinture. Soies 30 sur les anneaux pré et post-clitellins, 60 ou plus sur ceux composant la ceinture.

Longueur 91ᵐᵐ ; 104 à 120 anneaux.

HAB. — Otahiti.

Cette espèce a été décrite et figurée par Grube d'après deux exemplaires recueillis dans le voyage de la Novara. La coloration serait d'un brun tirant sur le gris avec des reflets d'un beau vert en avant ; la ceinture est d'un fauve rougeâtre. Les soies, plus développées à la partie antérieure y mesurent environ 0ᵐᵐ,38 de long sur 0ᵐᵐ,04 de large, ces soies sont portées sur un renflement annulaire blanchâtre.

Le *Megascolex taitensis* paraît bien voisin du suivant.

33. MEGASCOLEX ÆRUGINOSUS.

Amyntas æruginosus, KINBERG, 1866, p. 101.

Ceinture courte de 2 anneaux commençant avec le 13ᵉ. Deux paires de vésicules copulatrices, dont les canaux débouchent dans les VIᵉ et VIIᵉ intersegments. Orifices mâles (?). Soies à la partie antérieure et au milieu du corps 40 à 42 par anneau, au nombre de 60 postérieurement.

Lobe céphalique presqu'effacé.

Longueur 90 à 100ᵐᵐ ; 100 anneaux.

Hab. — Guam, sous les pierres près d'un ruisseau.

Cette espèce est pour M. Kinberg le type du genre *Amyntas*, dont on peut trouver les principaux caractères dans les tableaux donnés plus haut (p. 48). La diagnose ci-dessus n'est peut-être pas parfaitement exacte, ce que je nomme *vésicules copulatrices* est en effet désigné par l'auteur comme *tubercula ventralia*, ce qui pour lui serait synonyme des *vulva* de Savigny, *orifices mâles* des auteurs modernes. Toutefois la position et le nombre de ces organes me portent à penser, par analogie avec ce qu'on rencontre chez les autres Lombriciens, que la détermination proposée ici est plus exacte.

34. Megascolex javanicus.

Rhodopis javanica, Kinberg, 1866, p. 102.

Ceinture de 2 segments commençant avec le 12e. Orifices mâles entre les 14e et 15e segments. Soies 40 à 50 sur les anneaux antérieurs et moyens, une soixantaine sur les postérieurs.

Longueur 75^{mm} ; 55 anneaux.

Hab. — Java.

M. Kinberg a créé pour cette espèce le genre *Rhodopis* caractérisé spécialement par la présence de plis papilliformes à l'orifice de la bouche. Il est assez difficile de juger si cela justifie l'établissement de cette coupe, en l'absence de figures et de description un peu détaillée ; on sait en effet que, chez les Lombriciens, la forme de l'orifice buccal peut dans une même espèce présenter de notables différences, suivant le moment où l'animal a été pris et suivant le mode de conservation, par suite de la protractilité du pharynx. C'est ce qui, provisoirement au moins, doit engager à réunir cette espèce aux *Perichæta*.

35. Megascolex subquadrangulus.

Perichæta subquadrangula, Grube, 1877, p. 553.

Ceinture de 2 segments, commençant avec le 14e. Soies au nombre de 36 à 40 par anneau en avant et en arrière, au nombre de 40 à 60 sur le reste du corps.

Couleur fauve à reflets violets et verts, annelation blanche au niveau des soies.

Longueur 110^{mm} ; largeur 5^{mm} : 111 segments.

Hab. — Viti Lebou.

Le corps est arrondi, quadrangulaire dans la première partie de la moitié postérieure, c'est à cette particularité que fait allusion le nom spécifique imposé par Grube. Il n'a pu malheureusement observer la situation des orifices mâles et ne fait pas mention des vésicules copulatrices.

36. MEGASCOLEX RODERICENSIS.

Perichæta rodericensis, GRUBE, 1879, p. 554.

Ceinture vers le cinquième antérieur de la longueur, distincte par la coloration mais non gonflée, composée de 2 anneaux les 13⁰ et 14⁰. Orifices mâles sur le 16⁰, en arrière de la rangée de soies, formant deux éminences orbiculaires aplaties.

Soies au nombre de 30 à 36 sur les anneaux en avant de la ceinture, manquant sur celle-ci, jusqu'à 60 au milieu de la longueur du corps, 40 en arrière, les premières un peu plus grandes.

Lobe céphalique semi-ovalaire, séparé de l'anneau buccal par une ligne à peu près droite. Corps arrondi, plus brusquement et plus fortement atténué en avant qu'en arrière. Les quinze premiers anneaux du double, les postérieurs du triple plus larges que longs ; aux anneaux préclitellins se voit un renflement annulaire, qui supporte les soies.

Couleur d'un jaune rosé, peau iridescente, transparente ; ceinture jaune sale.

Longueur 110^{mm}, largeur maximum 4^{mm},5 ; 110 segments.

HAB. — Ile Rodriguez, dans la terre humide et la mousse.

Grube a pu examiner de nombreux exemplaires de tailles variées, les plus petits mesurant 45^{mm}.

Les testicules sont placés dans les 10⁰ et 11⁰ anneaux, les prostates s'étendent du 15⁰ au 18⁰ et 19⁰ ; le gésier (estomac, Grube) se trouve dans les 8⁰ et 9⁰.

Il est fâcheux que la position et le nombre des poches copulatrices ne soient pas indiqués.

37. MEGASCOLEX TRICYSTIS.

Perichæta tricystis, PERRIER, 1877, p. 243.

« Les poches copulatrices presque sphériques et brièvement pédonculées occupent les anneaux 5⁰, 6⁰ et 7⁰ et s'ouvrent à l'extérieur au bord antérieur de ces anneaux. » (Perrier).

HAB. — Brésil.

38. Megascolex dicystis.

Perichæta dicystis, Perrier, 1877, p. 243.

« Les poches copulatrices atténuées à leurs deux extrémités occupent les anneaux 7° et 8° et leurs orifices externes sont situés au bord antérieur de ces anneaux. » (Perrier).

Hab. — Brésil.

39. Megascolex M'Intoshii.

Perionyx M'Intoshii, Beddard, 1883, p. 217.

Ceinture manquant, quoique l'individu observé, de grande taille, soit vraisemblablement adulte. Deux paires de vésicules copulatrices placées dans les 6° et 7° anneaux, leur canal débouche dans les VI° et VII° intersegments. Orifices mâles sous le 17° anneau, compris dans un aréa non déprimé. Orifice femelle sous le 13°. Soies nombreuses, circulairement disposées en série continue sur chaque anneau. Organes segmentaires distincts, s'ouvrant, d'après la direction des conduits, à la partie antérieure de l'anneau vers le milieu de la face ventrale.

Couleur violette, rougeâtre du 11° au 22° anneau, un cercle plus foncé au point où se trouvent les soies.

Longueur 381^{mm}, largeur 8^{mm}; environ 200 segments.

Hab. — Akhyab (Birmanie).

On trouve deux paires de testicules dans les 10° et 11° anneaux, les prostates sont lobulées, contrairement à ce qui existe chez le 3 *Megascolex (Perionyx) excavatus*, Perrier. Il n'y a point de cœcums latéraux à l'intestin, les pores dorsaux sont bien visibles.

M. Beddard pense que cette espèce pourrait bien être identique au 42 *Megascolex leucocyclus* Schmar.

40. Megascolex gracilis.

Nitocris gracilis, Kinberg, 1866, p. 102.

Ceinture nulle. Soies 18 à 52 par anneau, plus nombreuses à la partie postérieure.

Longueur 42^{mm} à 66^{mm}; 89 à 91 segments.

Hab. — Rio-Janeiro, le jardin botanique.

Les renseignements sur le nombre des vésicules copulatrices et la position des orifices mâles manquent. Le lobe céphalique, arrondi, entier, est nettement distinct (genre *Nitocris* Kinberg) (1) égalant en longueur la moitié du segment buccal. Les anneaux antérieurs et postérieurs plus longs que les autres, carénés en leur milieu.

41. MEGASCOLEX VIRIDIS.

Perichæta viridis, SCHMARDA, 1861, p. 13 (soie figurée), pl. **XVIII**, fig. 13.

Ceinture nulle. Soies 50 au moins par anneau.

Couleur d'un vert terne à reflets rougeâtres, sur le dos comme sous le ventre.

Longueur 100^{mm}, largeur 4^{mm} ; 209 anneaux.

HAB. — Forêts du sud de Ceylan près Belligamme.

Les soies petites (0^{mm},13 d'après la figure) sont assez fortement courbées en S.

Grube (1868) se demande si le 32 *Megascolex taitensis* Gr. ne doit pas être réuni à cette espèce et considéré comme en étant l'état parfait. Cependant, comme il le fait remarquer, son espèce quoique presque de même taille compte beaucoup moins d'anneaux et le nombre des soies n'est pas le même.

42. MEGASCOLEX LEUCOCYCLUS.

Perichæta leucocycla, SCHMARDA, 1861, p. 13 (soie figurée), pl. **XVIII**, fig. 160.

Ceinture nulle ; partie médiane de chaque segment relevée en forme d'anneau, de couleur blanche.

Le dos violet avec des reflets bleu foncé et blanchâtres.

Longueur 300^{mm} à 350^{mm} ; 88 anneaux.

HAB. — Intérieur de Ceylan près de Candy et Newera-Ellia.

L'élévation annulaire des segments donne à cette espèce une physionomie spéciale, car ce caractère est exceptionnel chez les Lombriciens, elle serait due, suivant l'auteur auquel sont empruntés ces détails, à des amas glandulaires, c'est sur cette élévation que sont les soies longues d'environ 0^{mm}.35 (d'après la figure), obtusément pointues à l'extrémité. A l'état d'extension ce ver atteint 300^{mm} à 350^{mm}, contracté il mesure encore 200^{mm}, sa largeur est de 15^{mm}.

Cette remarquable espèce n'est connue que par la description et la figure données par M. Schmarda, cet auteur la regarde comme distincte du 30 *Megascolex cæruleus,* Templ., malgré les rapports qu'on

(1) Voir le tableau, page 48.

peut tirer de la couleur. Il se base sur l'absence de clitellum, le moindre nombre d'anneaux. Ces différences, quoi qu'il en dise, ne dépendent-elles pas de l'âge ou de la saison ?

43. MEGASCOLEX BRACHYCYCLUS.

Perichæla brachycycla, SCHMARDA, 1861, p. 14 (soie figurée).

Ceinture nulle ; soies petites.
Teinte uniformément rouge-brun.
Longueur 80^{mm} ; épaisseur 3^{mm}.

HAB. — Ratnapura, au pied du pic d'Adam.

« Les soies sont plus ténues et plus droites que chez les *Perichæta leucocycla, P. viridis* et *P. cingulata,* en sorte que la courbure est près de chacune des extrémités. Leur longueur est de 0^{mm}.25. Les segments sont petits » (Schmarda.)

Cette diagnose fort incomplète sur certains points, ne permet guère, en l'absence de figure, de se faire une idée exacte de cette espèce.

La localité de Ratnapura se rapporte-t-elle à la ville de ce nom située en Birmanie ou à un point moins connu placé, comme semble l'indiquer la phrase, près du pic d'Adam à Ceylan ?

44. MEGASCOLEX CORTICIS.

Perichæta corticis, KINBERG, 1866, p. 102.

Soies au nombre de 40 sur toute la longueur du corps, d'inégales dimensions.
Longueur 60^{mm} ; 114 anneaux.

HAB. — Ouahou (Iles Hawaï).

Ces caractères étant les seuls donnés par M. Kinberg, il est assez difficile de se faire une idée des rapports de cette espèce. Il insiste sur ce que les soies sont inégales, les unes petites, les autres plus développées.

45. MEGASCOLEX ANTARCTICUS.

Megascolex antarctica, BAIRD, 1873, p. 96.
    Id.   *id.*   HUTTON, 1879, p. 317.

« Soies entourant le corps, courtes, noires, assez écartées. Anneaux non carénés ; plus grands et plus distincts antérieurement, plus étroits à l'extrémité postérieure et tous lisses ».
Longueur 178^{mm} ; 180 anneaux.

HAB. — Nouvelle Zélande.

L'attention spéciale que donne l'auteur à l'étude des anneaux, doit faire présumer que la ceinture manque, la présence de cet organe l'aurait certainement frappé.

46. MEGASCOLEX SANCTÆ-HELENÆ.

Megascolex Sanctæ-Helenæ, BAIRD, 1873, p. 96.

« Les anneaux sont plus distincts aux deux bouts de l'animal et, en ces points, les 11 ou 12 extrêmes ont une crête tranchante ou carène en leur milieu. Soies courtes, brunes à l'extrémité postérieure, assez écartées les unes des autres. Les 7 ou 8 premiers anneaux fortement rugueux ou plissés ».

Longueur 48^{mm} à 76^{mm}; 86 anneaux environ.

HAB. — Sainte-Hélène, parties élevées.

Même remarque, en ce qui concerne l'absence de ceinture, que pour l'espèce précédente.

II. GENRE ECHINODRILUS.

('Εχῖνος, oursin ; δρῖλος, ver de terre).

Lumbricus sp. GRUBE, GERSTFELD.
Echinodrilus, VAILLANT.

Soies au nombre de 20, par groupes transversaux de cinq, deux de chaque côté. Lobe céphalique sans prolongement postérieur.

L'espèce, unique jusqu'ici, de ce genre imparfaitement connu, avait été placée par M. Grube, dans le genre *Lumbricus*. Suivant la remarque de Gerstfeld, il est plus convenable de la regarder comme le type d'un groupe distinct, qui, par ses soies nombreuses et disposées transversalement, se rattache aux *Megascolex,* tandis que, par le groupement de ces mêmes organes en quatre faisceaux isolés, il fait passage aux véritables *Lumbricus.* N'est-il pas plus voisin des *Enchytræus*?

ECHINODRILUS MULTISPINUS.

Lumbricus multispinus, GRUBE, 1851, p. 19, pl. II; fig. 4, 4 a.
    Id.   id.   ? GERSTFELD, 1859, p. 269.

« *Segmentis* 72. *Papillis elatis* 2, *rima transversa instructis, sub segmento* 12mo *sitis.* » (Grube).

HAB. — Boganida, Luncha (Sibérie).

Couleur d'un gris-brun. Longueur environ 20^{mm}, largeur au seizième segment 1^{mm}. Il n'y a pas trace de ceinture.

Les individus trouvés par Gerstfeld sont un peu différents du type de Grube. Leur taille est plus petite, car ils ont à peine 8^{mm}, il n'y a que 55 anneaux, les faisceaux de soies peuvent n'en présenter que 3 ou 4, elles manquent sur le 13° anneau (probablement l'anneau portant les orifices sexuels) en comptant le lobe céphalique, enfin les fentes génitales ne sont pas visibles. Toutes ces différences s'expliquent facilement si l'on admet qu'il s'agit là d'individus encore jeunes.

III. Genre HYPOGÆON.

(Ὑπό, sous; γῆ, terre).

Hypogæon, SAVIGNY, GRUBE, SCHMARDA, KINBERG.

Soies au nombre de 9, plus souvent de 8 par anneau, disposées longitudinalement, une des rangées, au moins en avant, sur la ligne dorsale.

Ce genre est fort incomplètement défini, les caractères extérieurs seuls ayant été donnés, et encore d'une manière peu satisfaisante, pour les différentes espèces. Savigny a décrit assez en détail l'*Hypogæon hirtum*, comme on le verra plus loin ; toutefois la diagnose du genre a dû être modifiée, cet auteur y énumerant un certain nombre de particularités, qui peuvent n'être regardées que comme propres au plus à caractériser l'espèce.

Depuis M. Schmarda a fait connaître les *Hypogæon orthostichon* et *H. heterostichon*, qui ne présentent pas la neuvième rangée de soie donnée comme caractéristique par Savigny, toutefois ils auraient encore la rangée impaire dorsale.

En est-il de même des *Hypogæon havaicus* et *H. atys* de M. Kinberg? Cet auteur donne pour diagnose du genre : « *Setæ segmentorum ubique 8-næ, binæ et separatæ.* » Les descriptions des espèces ne sont pas plus explicites quant au caractère qu'on doit regarder comme fondamental, aussi est-ce avec grand doute, que ces vers sont cités ici, ils paraîtraient pouvoir tout aussi bien être placés parmi les véritables *Lumbricus*.

En admettant dans le genre ces différentes espèces la répartition géographique en serait des plus étendue. L'espèce typique a été signalée comme de l'Amérique du Nord, deux autres sont de l'Amérique du Sud, mais l'une du bord oriental *Hypogæon atys* Kinb., l'autre des régions occidentales, *Hypogæon heterostichon,* Schmar., enfin les deux dernières habitent l'Océanie, mais également en des points très éloignés l'un de l'autre, les Iles Hawaï et la Nouvelle Zélande.

Il serait impossible dans l'état actuel de nos connaissances de donner une description comparative de ces différentes espèces.

1. Hypogæon hirtum.

Hypogæon hirtum, Savigny, 1820, p. 104.

Neuf séries de soies parallèles.
Segments 106.

Hab. — Environs de Philadelphie.

« Bouche petite à deux lèvres : la lèvre supérieure avancée en trompe, un peu lancéolée, fendue en-dessous ; lèvre inférieure très courte. Soies longues, épineuses, très aiguës, brunes, fragiles et caduques, au nombre de 9 à chaque segment, une impaire et quatre de chaque côté, réunies par paires ; formant toutes ensemble, par leur distribution sur le corps, neuf rangs longitudinaux, savoir un supérieur ou dorsal, quatre exactement latéraux et quatre inférieurs. Corps cylindrique, obtus à son bout postérieur, allongé, composé de cent six segments, courts, moins serrés et plus saillants vers la bouche que vers l'anus, conformé exactement comme dans le Lombric terrestre et de la même couleur. Dix des segments compris entre le 26e et le 39e renflés, s'unissant pour former à la partie antérieure du corps une ceinture, souvent encadrée de brun en dessus, et entièrement couverte de soies inégales, disposées confusément, d'ailleurs semblables aux autres et de même hérissées de petites épines. Les quatorze pores sont très visibles. Le dernier segment pourvu d'un anus longitudinal. » (Savigny).

J'ai cru devoir reproduire in extenso la diagnose de Savigny en réunissant les caractères génériques et spécifiques. Les quatorze pores dont il est question sont, comme chez les Lombrics, d'après le même auteur, six pores disposés par paire sous les 10e, 11e et 12e (vésicules copulatrices ?), les deux orifices mâles sous le 15e et trois autres paires sous la ceinture (ventouses copulatrices ?). Cette espèce très remarquable par sa ceinture épineuse et ses soies atteindrait une très grande taille. Il est singulier que dans le pays d'où proviendrait ce ver, alors que les recherches zoologiques y sont poussées avec tant d'ardeur, on ne paraisse pas l'avoir encore retrouvé.

2. Hypogæon orthostichon.

Hypogæon orthostichon, Schmarda, 1861, p. 12 (soie figurée), pl. XVIII, fig. 159.
Lumbricus orthostichon, Hutton, 1879, p. 317 (note).

« *Corps teretiusculum, cingulatum. Segmenta 60. Octo series setarum parallelæ.* » (Schmarda).

Hab. — Nouvelle-Zélande, Mont-Wellington, dans le terreau. (M. Hutton indique ce ver comme exclusivement propre à la Tasmanie).

Le lobe céphalique est appointi, la ceinture commence en arrière du 13ᵉ anneau, elle est assez allongée sans annélations distinctes. Les soies longues de 0ᵐᵐ,33 sont renflées au milieu et légèrement courbées aux deux extrémités. Longueur totale du corps 80ᵐᵐ sur 4ᵐᵐ de largeur.

3. Hypogæon heterostichon.

Hypogæon heterostichon, Schmarda, 1861, p. 12 (soie figurée), pl. XVIII, fig. 158.

« *Series setarum in dorso octo, binæ in antica parte convergentes, in postica divergentes.* (Schmarda).

Hab. — Les hauts plateaux de Quito et Cuença (Equateur).

La disposition et la forme des soies rendent ce ver très singulier. Contrairement a ce qu'on voit habituellement le nombre des séries n'est pas le même dans toutes les parties du corps; il y en a huit en arrière, qui en convergeant se réunissent deux à deux, de telle sorte qu'antérieurement il n'y en a que quatre, une dorsale, une ventrale et deux latérales. Les soies longues de 0ᵐᵐ,31 offrent un rétrécissement vers la partie médiane, se renflent à partir de là des deux côtés pour se terminer en pointe émoussée à l'extrémité libre et par une troncature à l'extrémité opposée.

4. ? Hypogæon atys.

Hypogæon atys, Kinberg, 1867, p. 101.

« *Lobus cephalicus integer, transversus, terminalis, planus, perpendicularis, margine antrorsum viso ovali, superne viso segmento buccali multo brevior; setæ dorsuales et ventrales ubique binæ, distantes, segmenta* 140-160; *longitudo* 30-32ᵐᵐ. *latitudo* 4ᵐᵐ. *Jun.* » (Kinberg).

Hab. — Buenos-Ayres.

5. ? Hypogæon havaicus.

Hypogæon havaicus, Kinberg, 1867, p. 101.

« *Cingulum segmenta corporis* 24-29 *vel* 24-31 *occupans; setæ* 8-*næ : dorsuales et ventrales geminæ sed ubique separatæ; longitudo* 44ᵐᵐ. *segmenta* 100. » (Kinberg).

Hab. — Ouahou (Iles Hawaï), sous l'écorce des arbres.

Les diagnoses reproduites ici pour cette espèce et la précédente sont trop imparfaites pour qu'on puisse se faire idée de ce que peuvent être ces Lombriciniens.

IV. Genre TITANUS.

(*Titanus*, Titan.)

? *Alyattes*, Kinberg.
? *Eurydame*, Kinberg.
Titanus, Perrier.

Huit rangées de soies se continuant sur toute la longueur du corps, géminées antérieurement, écartées à la partie postérieure; ligne dorsale inerme. Orifices mâles placés sous la ceinture même. Pores dorsaux nuls. Orifices des organes segmentaires en avant des soies de la rangée ventrale.

Les espèces comprises dans ce genre offrent toutes le caractère commun de la disposition des soies, mais la situation des orifices mâles, très importante cependant au point de vue de la distinction générique, n'étant pas connue dans les deux vers décrits par M. Kinberg, il est douteux que la réunion ici indiquée soit maintenue, elle ne doit être acceptée qu'à titre provisoire et sous toutes réserves, d'autant qu'on retrouvera une disposition analogue des soies chez quelques *Acanthodrilus*.

Kinberg a formé deux genres spéciaux ne comprenant chacun qu'une espèce, ils diffèrent par la forme du lobe céphalique, cette particularité, d'après ce qu'on admet chez les animaux analogues, ne devrait être regardée que comme ayant simplement une valeur spécifique. L'un d'eux d'ailleurs, *Alyattes*, est assez mal défini, il figure sur le tableau synoptique donné par l'auteur (1), mais dans le texte les caractères n'en sont pas développés comme pour les autres genres et même il n'y a pas là d'espèce citée s'y rapportant. On trouve toutefois parmi les *Lumbricus* un *Lumbricus alyattes* pour lequel la disposition des soies est indiquée et qui répond sans doute à ce genre. Le rapprochement avec les Lombrics proprement dits, la position reculée de la ceinture pourraient faire présumer que les orifices mâles sont placés en avant de cette dernière.

Quant au genre *Eurydame*, quoique caractérisé d'une manière moins imparfaite, il n'est cependant donné aucun détail sur la position de la ceinture ou des orifices mâles. L'espèce, qui s'y trouve comprise,

____

(1) Il a été reproduit page 48.

étant d'assez grande taille, ayant été trouvée dans une région, qui, sans être absolument la même, est toutefois au point de vue de la géographie zoologique assez rapprochée de celle où vit l'espèce typique, il ne serait pas impossible qu'elle fût intra-clitellienne et par conséquent offrît d'une manière complète les caractères des *Titanus*.

Si les recherches ultérieures justifiaient ces prévisions, le genre *Alyattes* devrait être regardé comme distinct et le nom d'*Eurydame* ayant l'antériorité remplacerait celui de *Titanus* seul bien défini à l'heure actuelle.

Les différentes espèces habitent l'Amérique du Sud.

1. TITANUS BRASILIENSIS.

Titanus brasiliensis, PERRIER, 1872, p. 756.
   Id.   id.   PERRIER, 1872, p. 57; pl. I, fig. 15 et 16.
   Id.   id.   PERRIER, 1877, p. 245.

Ceinture de 9 segments commençant avec le 13e. Orifices mâles sous la ceinture dans le XVIIIe intersegment.

Longueur 1 m. 26; nombre des segments (?)

HÁB. — Brésil.

Cette espèce, remarquable par la taille considérable qu'elle peut atteindre, a été décrite par M. Perrier aussi complètement que le permettait l'état des exemplaires conservés dans les collections du Museum où Gaudichaud les avait déposés en 1837. Certains détails importants manquent toutefois, ainsi on n'a pas trouvé trace des poches copulatrices, ni des ovaires et oviductes et M. Perrier émet, dubitativement, l'idée que ces animaux pourraient bien être dioïques, hypothèse qui demanderait confirmation. Les organes segmentaires débouchent à la partie ventrale un peu en avant de la soie externe du groupe inférieur. L'organe d'impulsion de l'appareil circulatoire a été trouvé beaucoup plus compliqué, semble-t-il, que chez les autres vers, on distinguerait sur le cœur principal situé dans le 13e anneau une oreillette et un ventricule de chaque côté, et d'après la disposition de ces parties, le fluide des vaisseaux colorés serait poussé d'avant en arrière dans le vaisseau dorsal. Ce fait, physiologiquement en désaccord avec tout ce que l'on connaît sur la circulation chez les Annelés en général, ne peut être admis sans grandes réserves et demanderait à être établi par des observations sur le vivant; dans des travaux ultérieurs M. Perrier lui-même revient au reste sur cette opinion.

2. TITANUS FORGUESI.

Titanus Forguesi, PERRIER, 1881, p. 217 et 235.

Ceinture de 7 anneaux du 15ᵉ au 21ᵉ, interrompue sous le ventre. Poches copulatrices nulles. Orifices mâles sous le 16ᵉ anneau, très distincts, entourés d'un bourrelet circulaire occupant toute la longueur de l'anneau, distants l'un de l'autre, situés au bord de la bande ventrale d'interruption de la ceinture.

Soies géminées, disposées sur quatre rangées longitudinales symétriques deux à deux. Orifices des organes segmentaires en avant de la soie de la rangée supérieure, visibles à partir du IVᵉ intersegment.

Lobe céphalique simple.

Téguments minces semi-transparents, laissant apercevoir une partie des organes à travers leur épaisseur.

Longueur 100ᵐᵐ.

HAB. — La Plata.

Testicules occupant la plus grande partie de la longueur du corps, du 11ᵉ au 57ᵉ anneau. Ovaires dans le 17ᵉ.

Ces détails sont entièrement empruntés à M. Perrier qui a fait connaître ce ver d'une façon sommaire dans une note de son travail sur l'anatomie du *Pontodrilus*. Il ajoute dans le corps du mémoire quelques détails sur la circulation et relatifs à la disposition de cœurs intestinaux et dorsaux.

Il est difficile de se faire d'après cette description succincte une idée exacte de l'animal, d'autant qu'il paraît y avoir contradiction entre certains caractères et ceux assignés par M. Perrier au genre lui-même, notamment en ce qui concerne la disposition des soies et la situation des orifices des organes segmentaires.

3. ? TITANUS INSIGNIS.

Eurydame insignis, KINBERG, 1867, p. 101.

Segment buccal aussi long que les deux suivants réunis. Soies ventrales plus robustes que les dorsales, les postérieures plus que les antérieures.

Longueur 58ᵐᵐ; 209 segments.

HAB. — Ile St-Joseph, près la ville de Panama.

Dans la diagnose des *Eurydame* se trouve, en outre des caractères génériques rappelés plus haut : « *Lobus cephalicus non distinctus* ... . *segmenta simplicia et biannulata* » ; le premier au moins peut être considéré comme distinctif pour l'espèce.

4. ? TITANUS ALYATTES.

Lumbricus alyattes, KINBERG, 1867, p. 99.

Ceinture de 5 anneaux du 28° au 32°. Orifices mâles nuls. Lobe céphalique entier, élargi, longueur du segment buccal égale au premier anneau.

Longueur 130ᵐᵐ; 150 segments.

HAB. — Buenos-Ayres.

La position reculée de la ceinture, le rapprochement fait avec les Lombrics proprement dits, peuvent légitimement faire supposer que cette espèce est préclitellienne, comme cela a déjà été dit, et par conséquent appartiendrait à un tout autre genre sinon au genre *Lumbricus* même, comme semble l'avoir admis dans le texte Kinberg. Cependant la disposition caractéristique des séries de soies, rapprochées en avant, écartées en arrière, est nettement indiquée.

V. GENRE HEGESIPYLE.

(Ἥγησις, action de commander ; πύλη, porte.)

Hegesipyle, KINBERG, 1867.

Sur chaque anneau 8 soies, les dorsales et les ventrales partout géminées, en avant les groupes supérieurs écartés, les groupes inférieurs rapprochés, tous écartés en arrière.

Cette diagnose, empruntée à la diagnose générique donnée par Kinberg, laisse à désirer sous le rapport de la valeur des caractères, car la différence entre la position des groupes des soies en avant et en arrière paraît si faible, qu'on peut se demander s'il ne conviendrait pas de placer ces animaux avec les véritables Lombrics. La ceinture et les orifices mâles n'ont pu être observés.

L'auteur ajoute : « *Lobus cephalicus superus et terminalis posticè angustior, subtus semiglobosus* », caractère qui ne peut pas mieux servir à la délimitation du genre.

Une seule espèce est citée.

Hegesipyle Hanno.

Hegesipyle Hanno, Kinberg, 1867, p. 99.

Lobe céphalique entier, de moitié plus long que le segment buccal. Anneaux courts.

Longueur 28^{mm}; 113 segments.

Hab. — Port-Natal (Afrique).

Ces quelques caractères sont loin d'ajouter à l'insuffisance de la diagnose générique.

VI. Genre UROCHÆTA.

(Οὐρα, queue ; χαίτη, crinière).

Lumbricus, sp. Muller.
Urochæta, Perrier.

Sur chaque anneau 8 soies, en séries régulières à la partie antérieure du corps, alternant d'un anneau à l'autre à la partie postérieure, en sorte qu'en ce point on compte en réalité seize séries; les soies, surtout lorsqu'elles sont encore jeunes, ont leur extrémité bifurquée. Bouche absolument terminale, par suite de l'absence de lobe céphalique. Orifices mâles placés sous la ceinture.

Les caractères de ce genre sont assez tranchés pour qu'il soit inutile d'y insister davantage, au reste, en étudiant l'unique espèce qu'il renferme jusqu'ici (1), quelques détails, empruntés à l'anatomie fort complète qu'en a donné M. Perrier, feront encore mieux ressortir la singularité de ce type. On pourrait ajouter pour le distinguer des *Titanus* la présence de poches copulatrices, qui paraîtraient manquer chez ces derniers.

Urochæta corethura.

Lumbricus corethurus, Muller, 1857, p. 113.
   Id.   id.   Grube, 1858, p. 120.
Urochæta hystrix, Perrier, 1872, p. 142, pl. IV, fig. 87, 88.
Urochæta corethura, Perrier, 1874, p. 379, pl. XII à XVII.

____

(1) M. Horst (1885) a indiqué une espèce de Sumatra, *Urochæta dubia*, sur laquelle je n'ai pu avoir d'indications.

Ceinture s'étendant du 13ᵉ au 22ᵉ anneau environ (aucun animal à l'état de parfaite maturité n'a pu être observé jusqu'ici). Trois paires de poches copulatrices occupant les 7ᵉ, 8ᵉ et 9ᵉ anneaux, leurs canaux s'ouvrent dans les espaces intersegmentaires VIIᵉ à IXᵉ; orifices mâles sous le 19ᵉ anneau, accompagnés, comme organe copulateur, de soies spéciales dont l'extrémité présente une série de pointes alternes.

Les soies ne commencent que sur le second anneau après l'anneau buccal, elles sont d'abord disposées en séries longitudinales, les supérieures et les inférieures de chaque côté assez rapprochées pour qu'on puisse à la rigueur les regarder comme géminées, au 13ᵉ anneau la soie supérieure s'écarte dans le faisceau dorsal et l'alternance commence d'une façon plus ou moins régulière sur les anneaux suivants, c'est seulement vers le 23ᵉ anneau que le fait se produit pour la soie supérieure du faisceau ventral; en arrière la disposition est régulièrement quinconciale.

Couleur d'un rose clair, téguments assez transparents pour laisser apercevoir les vaisseaux.

Longueur de 80ᵐᵐ à 100ᵐᵐ; 220 segments.

Hab. — Martinique, Ste-Croix, Puntarenas, Brésil, Java.

Ce Ver, très analogue comme aspect à certains Lombrics de nos pays, en diffère au premier coup d'œil par la bouche absolument terminale et la forme des premiers anneaux très allongés, inermes, ce qui n'est pas sans lui donner certains points de ressemblance avec les *Rhinodrilus,* dont il possède d'ailleurs les soies copulatrices spéciales, la distinction est facilement faite en examinant la disposition des soies à la partie postérieure du corps.

L'anatomie de l'*Urochæta* a été exposée en grands détails par M. Perrier dans les travaux cités plus haut, surtout le second (1874).

La répartition géographique est des plus singulière, puisque ce ver se rencontrerait à la fois sur différents points de l'Amérique et dans une des îles de la Malaisie. On a vu, sans doute, que le transport de ces animaux avec les plantes est souvent facile et cela peut à la rigueur expliquer cette grande diffusion, cependant un examen comparatif sur des individus plus nombreux pourrait bien faire reconnaître un jour qu'il s'agit là d'espèces distinctes (1).

(1) Il est possible que ce soit l'espèce citée dans la note précédente (voir page 97).

VII. Genre LUMBRICUS.

Lumbricus, Linné, s. str.
Enterion, Savigny.
Allurus, Dendrobæna, Allobophora, Tetragonurus, Eisen.
Aporroctidea, Örley.

Soies légèrement courbées en S, au nombre de 8 par anneau, disposées en séries longitudinales régulières, rapprochées deux par deux, géminées, ou écartées. Lobe céphalique distinct, offrant un prolongement postérieur qui entame plus ou moins l'anneau buccal. Une ceinture variable dans sa position et le nombre des anneaux qui la constituent, mais toujours en arrière des orifices mâles. Tube digestif avec un gésier et un typhlosolis.

Le genre *Lumbricus,* tel qu'il est compris aujourd'hui, n'est pas de date ancienne et c'est Savigny qui, le premier, a réduit le genre Linnéen à ses limites actuelles. Avant la publication du *Systema naturæ* ce mot était employé, comme chez les anciens depuis Pline, pour désigner indistinctement tous les Vers, mais Linné en fixa mieux le sens, bien que le groupe formé par lui soit encore très hétérogène.

Comme on l'a vu, il le caractérise : *Corpus teres, annulatum, sæpius cingulo elevatum genitalium receptaculo cinctum, aculeis ut plurimum conditis longitudinaliter exasperatum poro laterali instructum.* Linné y comprenait seize espèces (1), une seule en réalité est conservée, le *L. terrestris,* encore répond-elle probablement à bon nombre des types qu'on distingue aujourd'hui et c'est d'une façon arbitraire, que Savigny a pu l'appliquer à l'un de ceux qu'il a décrits, désirant, comme l'y autorisaient les lois de la nomenclature et l'usage, fixer le nom linnéen. Des autres espèces une appartient à la famille des Enchytræidæ, le *L. (Enchytræus) vermicularis,* Müll., une autre à celle des Lumbriculidæ, *L. (Lumbriculus) variegatus* Müll. deux enfin à celle des Naididæ, *L. tubifex* (= *Tubifex rivulorum* Lam.), *L. (Tubifex) lineatus,* Müll.; le reste se répartit entre les Annélides proprement dits et les Géphyriens.

Le mémoire de Savigny, dont il a déjà été question dans les généralités sur le groupe des Lumbricini, marquait une époque nouvelle pour l'histoire de ces animaux et l'on peut s'étonner, après un travail si méthodique et si bien compris, que les recherches ultérieurement faites aient souvent laissé autant à désirer sous le rapport de

(1) L'énumération en est donnée p. 41.

la caractéristique des espèces. C'est en 1821 que cet auteur présenta ses recherches à l'Académie royale des Sciences, mais elles ne furent connues qu'en 1826, date authentique de la publication, et encore par un simple extrait donné par Cuvier dans l'analyse des travaux de cette société pour les années 1821 et 1822. Est-ce là la cause de l'oubli regrettable dans lequel est resté ce mémoire?

Savigny conserve assez mal à propos le nom d'*Enterion,* dont il s'était servi dans le Système des Annélides et pour distinguer les espèces emploie, dit-il, les caractères suivants :

1° Les soies.

2° Les deux pores copulatoires (= orifices mâles).

3° Les glandes séminales (= vésicules copulatrices), communiquant visiblement avec l'extérieur et correspondant comme nombre à celui des pores de la ceinture (= ventouses copulatrices). Il en existe au plus quatre et au moins deux, les deux dernières.

4° La disposition de ces pores clitellins (= ventouses copulatrices).

5° Les ovaires (= testicules), variant dans leur nombre et leur volume relatif.

6° L'existence ou l'absence d'une liqueur colorée, opaque, que l'animal peut faire sortir par les pores dorsaux.

7° La composition de la ceinture.

Au moyen de ces caractères, dont l'importance est encore admise aujourd'hui et auxquels on n'a que peu ajouté, l'auteur distingue vingt espèces observées par lui aux environs de Paris et les répartit en neuf divisions auxquelles il donne, assez improprement, le nom de Tribus. Je crois utile de résumer cette partie systématique dans un tableau (voir page 102), où toutefois les désignations actuellement admises pour les différents organes, remplacent les termes employés par Savigny. Cette modification en rendra la compréhension plus facile, car, malgré ses imperfections, bien légères si on se reporte à l'époque à laquelle le travail a été fait, ce mémoire peut être utilement consulté pour les Lombrics de notre région.

On a reproché à cette classification d'accorder trop d'importance à la position des ventouses copulatrices, suivant qu'elles sont sur les anneaux ou dans les intersegments, il est en effet ordinaire de ne pouvoir nettement distinguer leur situation, les anneaux clitellins étant en général mal limités. D'un autre côté, la liqueur rendue par les pores dorsaux, ne peut-elle pas se modifier dans une même espèce, suivant l'habitat, la nourriture, etc. Enfin le nombre des anneaux de la ceinture, au moins pour les espèces de nos climats, varie dans une certaine limite et ne peut être regardé comme aussi constant que l'admet Savigny.

Il faut ajouter que, même en s'en tenant aux données de l'auteur, plusieurs espèces ne peuvent absolument pas être distinguées d'après les caractères qu'il leur assigne et qui se trouvent être identiquement les mêmes ; par exemple les *Enterion castaneum* et *E. pumilum* dans la 2° Tribu, les *Enterion chloroticum* et *E. virescens* dans la 6° Tribu. Pour cette dernière Savigny dit, il est vrai, qu'elle diffère de sa congénère « principalement par la couleur et n'est peut-être qu'une variété », les épithètes n'indiquent pas suffisamment cette différence et sont tout ce que nous connaissons puisque le travail n'a pas été publié dans son entier.

Risso, dans le quatrième volume de son Histoire naturelle de l'Europe méridionale (1826), a fait connaître sept espèces du genre *Lumbricus*. Une seule, le *Lumbricus terrestris*, est donnée comme représentant l'espèce Linnéenne, les autres *Lumbricus giganteus*, *L. clitellinus*, *L. quadrangularis*, *L. roseus*, *L. cæruleus*, *L. castaneus*, seraient nouvelles. L'auteur malheureusement ne connaissait pas les recherches de Savigny et ses espèces sont très imparfaitement caractérisées par la coloration et quelques indications vagues sur la forme générale du corps, en y joignant la taille, l'habitat, l'époque d'apparition, aussi est-il absolument impossible de savoir ce qu'elles représentent réellement.

On peut faire le même reproche aux deux notes l'une de Fitzinger, l'autre de Templeton publiées la première en 1833 dans l'Isis, la seconde en 1836 dans Annals and Magazine of Natural History. L'auteur allemand, parfaitement renseigné sur les recherches de Savigny et sur un travail de Dugès, dont il sera question ci-dessous, énumère trente-deux espèces, y compris les vingt du premier de ces auteurs et les six établies par le second. C'est une sorte de liste, destinée sans doute à servir de prodrome pour un travail plus complet, qui n'a pas paru, il n'y est pas question de détermination spécifique précise. Après avoir insisté sur la difficulté que présente l'emploi de plusieurs des caractères admis par Savigny, il donne un tableau du groupement des espèces d'après la situation des pores génitaux ou orifices mâles, la disposition des soies géminées ou équidistantes, dans le premier cas rapprochées ou écartées, enfin le nombre des anneaux, qui composent la ceinture. Malheureusement les six espèces données comme nouvelles, se trouvent, sauf l'*Enterion brevicolle*, réunies par ce groupement avec d'autres espèces, les *Enterion cinctum* et *polyphemus* avec l'*E. fœtidum*, Sav, les *Enterion vaporariorum* et *E. fimetorum* avec l'*E. mammale*, Sav., l'*Enterion platyurum* avec le *Lumbricus complanatus*, Dugès, en sorte qu'il est impossible de les distinguer entre elles ou des espèces déjà connues.

Tableau synoptique des espèces de LOMBRICS
par Savigny

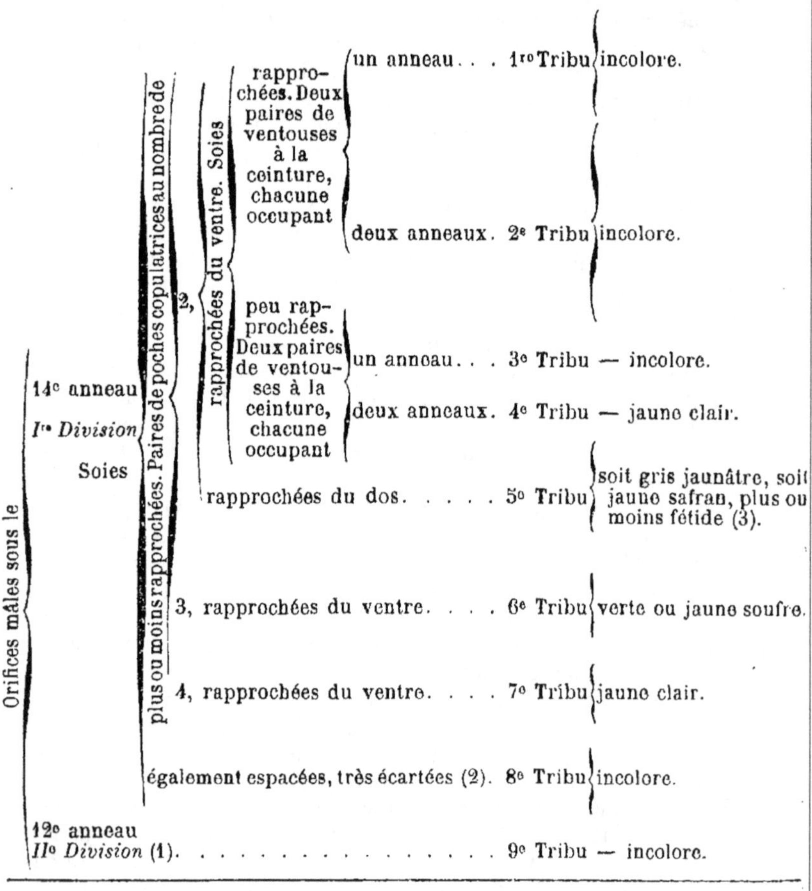

(1) Soies rapprochées, 2 paires de poches copulatrices.

(2) Poches copulatrices 3 paires, rapprochées du dos.

(3) La liqueur émise par les pores dorsaux est gris jaunâtre peu odorante, e
devient blanc de craie dans l'alcool chez l'*Enterion roseum*, elle est jaune soufre
pour les deux autres espèces, très fétide chez l'*Enterion fœtidum*.

(4) Dans cette colonne, le rang indiqué pour les anneaux et les intervalles intersegmentaires ou intersegments est compté par rapport à la ceinture, ces derniers
portent, comme d'ordinaire, le numéro d'ordre de l'anneau qui les suit immédiatement

observés dans les environs de Paris,
(1826).

NOMBRE ET POSITION des paires de ventouses copulatrices clitelliennes (4).		TESTICULES. Nombre de paires.	CEINTURE. Nombre de segments.	CEINTURE. Segment terminal.
2; sur les trois pénultièmes anneaux, y compris un anneau intermédiaire.	1. *E. terrestre.*	4	9	34ᵉ
	2. » *caliginosum.*	4	8	33ᵉ
	3. » *carneum.*	3	7 à 8	33ᵉ
2; sur les intersegments IIIᵉ et Vᵉ, dans une bandelette occupant les quatre anneaux intermédiaires, sans les dépasser.	4. *E. festivum.*	3 (5)	6	38ᵉ
	5. » *herculeum.*			36ᵉ
	6. » *tyrtæum.*			34ᵉ
	7. » *castaneum.*			32ᵉ
	8. » *pumilum.*			32ᵉ
2; sur les anneaux 3 et 4, dans une bandelette les dépassant	9. *E. mammale.*	3	6	35ᵉ
2; dans les intersegments IIIᵉ et Vᵉ, bandelette étendue sous toute la ceinture.	10. *E. cyaneum.*	4	6	33ᵉ
2; sur les deux antépénultièmes anneaux, dans une bandelette, qui dépasse ceux-ci.	11. *E. roseum.*	4	8	31ᵉ
	12. » *fœtidum.*		7	
	13. » *rubidum.*	3 (6)	7	
3; sur les anneaux 3, 5 et 7.	14. *E. chloroticum.*	4	9	36ᵉ
	15. » *virescens.*			
4; sur les intersegments IIIᵉ, Vᵉ, VIIᵉ et IXᵉ.	16. *E. ictericum.*	4	10	43ᵉ
	17. » *opimum.*			37ᵉ
3; sur les trois derniers anneaux.	18. *E. octaedrum.*	3	5	32ᵉ
	19. » *pygmæum.*			36ᵉ
2; dans les intersegments IIIᵉ et Vᵉ.	20. *E. tetraedrum.*	3	6	26ᵉ

(5) Dans cette deuxième tribu, chez les trois premières espèces, les paires de testicules augmentent de volume d'avant en arrière, chez les deux autres, la seconde paire est plus petite que la première. (Ce caractère tiré d'organes dont le volume varie beaucoup suivant les saisons, a-t-il une valeur réelle ?)

(6) L'*Enterion rubidum* a les soies écartées, tandis que les deux autres espèces, *E. roseum* et *E. fœtidum*, les ont très rapprochées.

NOTA. — Sauf pour les 3 *E. caliginosum*, 6 *E. tyrtæum*, 8 *E. pumilum*, 17 *E. opimum*, 19 *E. pygmæum*, des types existent dans les Collections du Muséum, où j'ai pu autrefois les étudier.

Le travail de J. Templeton (1836) est encore moins satisfaisant, il faut dire que ce paraissent être de simples notes publiées après sa mort et qui peuvent bien ne rendre que très imparfaitement les idées de l'auteur sur ce sujet. Il ne s'occupe que des vers trouvés en Irlande et ne semble pas au courant des recherches entreprises avant lui. Six espèces sont citées et, sauf le *L. terrestris*, Lin., données comme nouvelles : *L. annularis, L. xanthurus, L. gordianus, L. lividus, L. omilurus* (ou *Omilurus rubescens*). Les caractères énumérés, tirés de la coloration, de l'habitat, sont trop vagues pour permettre aucune assimilation précise, seulement l'auteur donnant les noms vulgaires et indiquant l'emploi qu'en font les pêcheurs comme appâts pour certains poissons connus, peut-être dans ces mêmes localités pourrait-on arriver à retrouver quelques-unes de ces espèces et à les déterminer d'une manière plus satisfaisante, mais je ne sache pas qu'aucun naturaliste anglais ait abordé cette question jusqu'ici.

Dugès peut être compté parmi les auteurs qui ont le plus avancé la question de l'étude des Lombrics, ses idées se trouvent exposées dans deux mémoires, insérés dans les Annales des sciences naturelles en 1828 et 1837. Le premier est de très peu postérieur à la publication du travail de Savigny, toutefois les caractères employés par ce dernier lui ont « paru fort incertains, fort vagues et trop insuffisants même pour qu'il en pût faire une application valable aux six espèces qu'il avait sous les yeux ». Aussi conserve-t-il, à titre provisoire au moins, les dénominations qu'il avait d'abord adoptées : *L. gigas, L. trapezoideus, L. anatomicus, L. complanatus,* (= ? *Enterion octaedrum,* Sav.), *L. amphisbæna, L. teres.* Ces espèces sont caractérisées dans une brève diagnose, puis décrites aussi complètement qu'il était possible de le faire à cette époque, des figures font connaître pour la plupart d'entre elles la disposition des soies et des anneaux antérieurs. Dugès introduit ici pour la première fois la considération du lobe céphalique et des rapports de son prolongement postérieur avec l'anneau buccal, caractère qui, depuis, a été, à juste titre, regardé comme d'une importance très grande dans la classification des Lombrics. Le second travail, moins étendu que le précédent, en est si on peut dire le corollaire zoologique, car dans le premier la question anatomique prime de beaucoup. L'auteur avait pu mieux apprécier les recherches de Savigny, ayant examiné les types déposés par ce savant dans les collections du Muséum, il tient également compte du travail de Fitzinger. Dans un tableau Dugès énumère les espèces qui lui paraissent légitimes, il en compte trente-cinq, dix-huit de Savigny, six de Fitzinger (citées pour mémoire), cinq des espèces qu'il avait précédemment créées sont maintenues, son *L. anatomicus* étant regardé comme identique au *L. chloroticus*, Sav., enfin six nouvelles espèces sont établies : *L. mollis, L. Blainvilleus, L. dubius, L. purus, L. Isidorus,*

L. phosphoreus. Tous ces Lombrics sont brièvement et comparativement étudiés, d'ailleurs aucune considération nouvelle n'est introduite en ce qui concerne le choix des caractères distinctifs.

Cinq ans plus tard Hoffmeister commençait sur les Vers de terre de l'Allemagne une série de travaux d'une importance capitale en ce qui concerne la connaissance des espèces du genre *Lumbricus*. Le premier (1842) servit à l'auteur de thèse inaugurale pour le doctorat en médecine ; la plus grande partie en est consacrée à des études anatomo-physiologiques, cependant il se termine par la description de trois espèces observées par lui dans les environs de Berlin : *L. anatomicus* Dug., *L. agricola, L. olidus*. Le second mémoire, publié dans les Archiv für Naturgeschichte (1843), plus particulièrement zoologique, fait en quelque sorte suite au précédent et met en relief les idées de l'auteur sur l'importance et la valeur des caractères distinctifs des espèces dont trois nouvelles sont établies et soigneusement décrites. Enfin, ce savant publia la conclusion de ses recherches dans un travail général (1845) où se trouvent énumérées les différentes espèces de *Lumbricus* à lui connues. Il en admet dans le genre, huit : *L. agricola, L. rubellus, L. communis, L. riparius, L. olidus, L. puter, L. stagnalis, L. agilis*. Le nombre des types décrits se trouve en somme très réduit, il conviendrait, il est vrai, d'y ajouter une ou deux espèces de Savigny, l'*Enterion pygmæum* entre autres, les *L. Isidorus, L. phosphoreus* et *L. mollis* = *L. teres*, de Dugès, enfin deux espèces de Fitzinger, *Enterion polyphemus* et *E. brevicolle,* au moins Hoffmeister regarde-t-il comme probable la légitimité de ces espèces. Il n'ajoute aucun caractère précisément nouveau, mais discute leur valeur et propose dans leur subordination un ordre fort différent de celui adopté par les précédents auteurs. Le nombre des anneaux de la ceinture lui paraît varier dans des limites trop étendues pour que quelques anneaux en plus ou en moins puissent justifier une distinction spécifique ; Dugès, sans aller aussi loin, avait déjà dans ses descriptions, établi ce même principe. La situation, le nombre des ventouses copulatrices ne lui semblent pas susceptibles de fournir des caractères plus précis, ni même la position des orifices mâles. Les particularités offertes par le lobe céphalique et son prolongement postérieur donnent, d'après Hoffmeister, les plus importantes distinctions, suivant que ce prolongement coupe complètement ou non l'anneau buccal, que le lobe lui-même est ou non sillonné en dessous, etc. Les autres caractères, en y joignant la forme du corps, de la queue, la couleur des téguments, l'annélation des segments et leur nombre, sont d'ailleurs énoncés dans les diagnoses qui précèdent la description détaillée et comparative de ces espèces ; le tableau synoptique suivant, établi d'après les données de l'auteur, pourra faire comprendre la signification de celles-ci.

Tableau synoptique résumant les principaux caractères des espèces du genre Lumbricus
observées en Allemagne par W. Hoffmeister (1845).

Prolongement postérieur du lobe céphalique coupant le premier anneau :

- complètement ; à sa base un sillon transverse
  - distinct. . . . . L. *agricola.*
  - nul. . . . . L. *rubellus.*
- incomplètement. Orifices mâles sous le
  - 14ᵉ anneau. Sous le lobe céphalique un sillon longitudinal
    - distinct. Corps
      - arrondi. . . . . L. *communis.*
      - anguleux. . . . . L. *riparius.*
    - nul (1). Corps
      - arrondi. Coloration
        - annelée de jaune pâle et d'ocre rouge plus foncé. L. *olidus.*
        - uniforme. . . . . L. *puter.*
      - anguleux. . . . . L. *stagnalis.*
  - 12ᵉ anneau. . . . . L. *agilis.*

(1) Je ne trouve nulle part d'indication positive sur la présence ou l'absence de sillon sous le lobe céphalique en ce qui concerne le *L. stagnalis*, la place que lui assigne W. Hoffmeister dans la série ne permet guère de douter cependant, qu'il n'en soit dépourvu, comme je l'admets sur ce tableau.

L'importance de ce travail est encore augmentée par des figures coloriées avec grand soin de presque toutes les espèces et pour le *Lumbricus communis,* des principales variétés. Il est fâcheux que W. Hoffmeister, ne se conformant pas aux règles de la nomenclature n'ait pas cru devoir adopter les noms déjà donnés par ses prédécesseurs à certaines espèces, dont cependant l'assimilation n'est guère douteuse à s'en remettre à ses propres appréciations, la chose a été par lui poussée si loin que le *Lumbricus anatomicus* Dugès, de ses premiers mémoires est devenu dans le troisième le *L. communis.* Ceci est d'autant plus à regretter, que ce remarquable ouvrage, le seul publié à part sur les Lombrics, se trouvant dans toutes les mains des personnes qui s'occupent de ces animaux, a pu faire loi et prolonger l'emploi d'une terminologie contre laquelle se sont d'ailleurs élevés avec justice les helminthologistes les plus autorisés.

C'est vers cette époque seulement que l'attention commença de se porter sur les représentants exotiques de ce genre, sans parler du *Lumbricus (Antœus) microchœtus* de Rapp (1848) ce ver appartenant évidemment à un autre genre, M. Blanchard fit connaître deux espèces du Chili *Lumbricus luteus* et *L. valdiviensis* (in Gay 1849). A la même époque, la connaissance des Lombrics d'Europe s'étendit par les recherches de Leuckart (1849) sur les vers appartenant à la faune Islandaise.

Le travail général de Grube sur les Annélides (1851) résume parfaitement l'état de la question à ce moment, pour ce qui concerne les Lombrics. Dans la première partie, il admet comme légitimes vingt et une espèces et en énumère dix-sept autres douteuses empruntées à Savigny, Fitzinger, Dugès, Risso, Templeton. Parmi celles-là, on remarque comme espèce nouvelle le *L. ephippium* et les Lombrics de Sibérie, décrits par lui à la même époque dans le voyage de Middendorf (1851) *Lumbricus triannularis, L. multispinus,* ce dernier comme on l'a vu plus haut devant d'ailleurs être considéré comme le type d'un genre spécial (1). La description des animaux n'est malheureusement pas donnée d'une manière complète, il n'y a qu'un tableau synoptique énumérant quelques caractères, ce qui n'est pas suffisant pour l'espèce nouvelle, laquelle n'a pas que je sache, été mentionnée ailleurs. L'auteur, tout en faisant aux travaux d'Hoffmeister la juste part qu'ils méritent, a toutefois modifié la nomenclature en reprenant pour les *Lumbricus agricola, L. communis, L. riparius, L. olidus, L. agilis,* de cet helminthologiste les noms de *Lumbricus terrester* Lin., *L. anatomicus* Dug., *L. chloroticus* Sav., *L. fœtidus* Sav., *L. tetraedrus* Sav., suivant la loi d'antériorité. En somme, ce travail consciencieusement fait a rendu les plus grands services surtout au point de vue bibliographique.

(1) *G. Echinodrilus,* page 89.

Il suffit de citer en passant le travail d'Udekem présenté le 10 janvier 1863 à l'Académie royale de Belgique, mais qui ne fut imprimé que plus tard en 1865, après la mort de l'auteur. Ce sont en quelque sorte de simples notes empruntées au dernier mémoire d'Hoffmeister et qui devaient, sans doute, être développées, on y trouve cependant d'utiles indications sur les espèces du genre rencontrées aux environs de Bruxelles.

Dans le catalogue des vers non parasites des collections du Musée britannique, George Johnston (1865) énumère onze espèces, aucune d'elles n'est à proprement parler nouvelle, et si quelques noms *Lumbricus minor*, *L. viridis*, apparaissent pour la première fois dans ce travail, c'est qu'on a cru devoir accommoder à la nomenclature binaire d'anciennes dénominations de Ray. C'est encore un travail posthume, qui ne saurait être regardé comme donnant l'expression complète de la pensée de l'auteur.

La connaissance des Lombrics exotiques aurait pu être notablement augmentée par le travail de Kinberg (1867), qui cite de nombreuses espèces des points du monde les plus variés, sept venant d'Afrique ou des îles avoisinantes : *Lumbricus vineti*, *L. Eugeniæ*, *L. Helenæ*, *L. Hortensiæ*, *L. Josephinæ*, *L. capensis*, *L. infelix;* cinq d'Amérique : *Lumbricus apii*, *L. alyattes*, *L. armatus*, *L. tellus*, *L. pampicola;* deux de l'Océanie : *Lumbricus Novæ Hollandiæ*, *L. tahitana*. Malheureusement la plupart de ces espèces sont si imparfaitement caractérisées qu'on peut dans bien des cas douter que ce soient de véritables Lombrics et qu'elles peuvent à peine indiquer la présence de ce genre dans ces localités. Il est des plus regrettable que le mémoire in extenso, qui devait compléter ce prodrome, n'ait pas paru.

M. Eisen a depuis 1871 publié sur les Lombrics une série de travaux, qui ont beaucoup avancé nos connaissances zoologiques sur ce groupe non seulement en ce qui concerne spécialement les espèces septentrionales, soit de la presqu'île Scandinave (1871 et 1874), soit de Terre-Neuve et du Groenland (1872-1873), soit de la Nouvelle-Bretagne et du Canada (1875), de la Sibérie (1877-1879), mais encore par la netteté des descriptions méthodiques qu'il a données et les remarquables figures qui accompagnent la plupart de ces mémoires. Au début, ce savant helminthologiste n'admit que le genre *Lumbricus*, mais plus tard il a cru devoir le subdiviser en cinq coupes génériques distinctes : *Lumbricus*, *Allobophora*, *Allurus*, *Tetragonurus* (1), *Dendrobæna*. Mais les caractères sur lesquels sont basées ces divisions ne paraissent

(1) Le nom de *Tetragonurus*, ayant été appliqué, dès 1810, à un poisson par Risso, ne peut être conservé, il faudrait, dans le cas où l'on croirait devoir maintenir le genre, lui donner une autre dénomination, celle d'*Eisenia* par exemple.

réellement pas avoir une valeur suffisante pour justifier une division de ce rang et il est plus convenable, je crois, de les employer simplement pour grouper d'une façon plus commode les espèces à titre de simples divisions subgénériques.

En résumé, on peut voir que depuis Savigny et Dugès, on n'a guère modifié la méthode employée par ces auteurs; ce sont les mêmes caractères qui servent encore à distinguer les espèces. Quelle est leur valeur réciproque, peut-on établir entre eux une subordination réelle ? c'est ce à quoi il est difficile de répondre, dans l'état actuel de la science, quoique cependant on puisse *à priori* juger que les caractères tirés des organes de la génération et peut-être encore plus du toucher spécial, représenté par le lobe céphalique, ont une importance supérieure à ceux tirés de la forme du corps et de la disposition des soies.

Il n'est peut-être pas inutile, comme l'a fait Kinberg, de préciser avant tout ces caractères.

Lobe céphalique (*pars antica terminalis;* lèvre, Dugès ; *Lippe,* Hoffmeister; *Kopflappen,* Grube ; *lobus cephalicus,* Kinberg). — C'est une sorte d'appendice, de forme variable, situé à la partie antérieure du corps, il présente d'ordinaire un prolongement postérieur en triangle ou à bords parallèles, qui entame plus ou moins, ou même sectionne en entier, l'anneau suivant, le segment buccal. Parfois on remarque soit des sillons transversaux supérieurs, soit un sillon longitudinal inférieur et d'autres particularités, pouvant être utilisées pour les distinctions spécifiques. Cet organe, on l'a vu, doit être considéré comme se rapportant à un sens spécial, le toucher sans doute, et mérite à ce titre d'être pris en sérieuse considération.

Nombre des anneaux. — Il peut être employé pour la détermination des espèces, bien qu'il soit susceptible de varier dans certaines limites, même sur l'adulte dans un type donné, sans parler des variations qui dépendraient de l'âge de l'animal. Cependant d'après M. Örley, pour le *Lumbricus Fraissei* le nombre des anneaux sur les individus jeunes serait dans cette espèce le même que sur ceux arrivés à l'état de maturité sexuelle, le fait mérite d'être noté, mais ne paraît malheureusement pas être général.

Ceinture (*selle, bât; clitellum,* Morren; *clitellus,* Johnston (1); *ceinture,* Savigny, Dugès; *Gürtel,* Hoffmeister, etc.). — Cet organe, étant des plus apparents et de nature à frapper les observateurs peu habitués à rencontrer des accidents de cette sorte sur le corps des

______

(1) Le mot *clitellum* neutre est généralement adopté ; mais il est à remarquer qu'en latin ce singulier pour le mot *bât* n'existe pas et le pluriel usité, *clitellæ,* devrait plutôt donner *clitella.*

vers, a dès le début été pris en sérieuse considération pour la distinction des espèces, sa position au quart, au tiers, etc. de la longueur du
corps, le nombre des anneaux qui entrent dans sa composition, ont
paru devoir donner de bons caractères spécifiques. Pour le premier
point, sur l'animal arrivé à son entier développement, on peut, en
effet trouver des différences sensibles et constantes d'espèce à espèce,
il faut s'assurer cependant que l'animal n'a subi aucune mutilation.
Quant à ce qui concerne le nombre des anneaux, les anciens auteurs
ont sans doute été beaucoup trop absolus puisqu'ils ont regardé
comme espèces différentes des animaux dans lesquels il y avait un
ou deux anneaux en plus ou en moins à la ceinture ; cependant en
élargissant un peu ces limites comme l'ont fait Grube, Hoffmeister,
M. Eisen, ce caractère ajoute à la précision des diagnoses. Il y aurait à rechercher, si, comme pour le nombre absolu des anneaux, certaines espèces ne présenteraient pas une constance plus grande que
d'autres sous ce rapport, par analogie avec ce qu'a observé, on vient
de le voir, M. Örley pour le *Lumbricus Fraissei*.

On a aussi voulu employer pour ces distinctions l'aspect de la ceinture, qui peut être plus ou moins gonflée, plus ou moins tomenteuse,
parfois crevassée, ce paraissent être là de simples accidents.

Ventouses copulatrices (*pores de la ceinture* ou *copulatoires*, Savigny, Dugès ; *Saugnäpfe*, Hoffmeister ; *tubercula pubertatis*, Eisen,
Örley). — Ces organes, employés en premier lieu par Savigny, ont
été depuis souvent négligés, cependant M. Eisen et surtout M. Örley
paraissent revenir aux idées du naturaliste français. L'importance
physiologique de ces ventouses ne peut être regardée comme parfaitement connue, elles seraient en nombre égal aux vésicules copulatrices,
d'après Savigny. On a eu égard à leur nombre, à leur position par
rapport aux anneaux de la ceinture ou aux intersegments, à l'existence d'une bandelette glanduleuse, qui peut les entourer, etc. Les
caractères, qu'on en tire, ont l'inconvénient de n'être bien saisissables
que sur l'animal adulte et à l'époque de la reproduction, ils sont de
plus d'une constatation difficile.

Orifices males (*vulves*, Savigny, Dugès, Hoffmeister ; *tubercula
ventralia*, Kinberg, Eisen). — Quoi qu'en ait dit Hoffmeister, la position de ces orifices paraît très constante dans une espèce donnée et les
auteurs modernes s'accordent à regarder ce caractère comme l'un des
plus importants, il est pris en grande considération, on le verra, pour
l'établissement des groupes dans lesquels on a proposé de subdiviser
les *Lumbricus*.

Vésicules copulatrices (*testicules*, Savigny ; *vésicules séminales* ou
testicules, Dugès). — Ces organes paraissent offrir une grande constance dans leur nombre et leur position, suivant les espèces ; on peut

s'étonner que depuis Savigny les auteurs en aient à peu près complètement négligé l'emploi. Il est vrai que dans bien des cas on ne peut les reconnaître qu'après dissection ; cependant avec un peu d'habitude et sur des exemplaires convenablement choisis, il est souvent possible de distinguer les orifices externes efférents.

Soies (*setæ*). — On n'a guère eu égard jusqu'ici qu'à la position de ces organes ; ils peuvent être bisériés soit rapprochés, soit écartés, suivant que la distance qui les sépare dans un même faisceau, est inférieure ou supérieure à la longueur de leur partie saillante ; ils peuvent être équidistants soit d'une manière absolue tout autour du corps, soit sur le segment inférieur en particulier. Il est possible aussi qu'on puisse faire un jour usage de la forme plus ou moins courbée, des dimensions, de certains accidents que présentent la surface des soies, mais ces points n'ont pas encore été étudiés d'une manière suffisante pour qu'il soit permis de juger l'utilité de ces considérations.

Testicules (*ovaires*, Savigny, Dugès). — Depuis Savigny, les auteurs ont complètement négligé l'étude de ces parties, qu'on ne peut reconnaître, d'ailleurs, qu'après une dissection préalable ; cependant, il paraît y avoir certaines variations dans le nombre de paires, suivant les espèces. Ce savant avait aussi fondé des différences sur le développement relatif en rapport avec le rang, ce qui ne paraît pas avoir la même valeur taxinomique.

Coloration. — Bien que les teintes soient peu variées en apparence dans le genre *Lumbricus,* cependant elles fournissent certains caractères assez nets pour qu'on puisse, dans bien des cas, reconnaître ainsi les espèces. L'annélation du *Lumbricus fœtidus,* la coloration verte chez le *L. chloroticus,* sont assez frappantes.

M. Eisen, en décrivant les *Lumbricus* de la presqu'île Scandinave (1874), donne un exemple intéressant de la manière dont on peut faire emploi de ce caractère et divise les espèces du groupe des *Allobophora* appartenant à cette région de la manière suivante :

I. Espèces sans pigment rouge-brun :

Lumbricus chloroticus, Sav. (= *L. riparius,* Hoffm.)
    «   *turgidus,* Eis.
    «   *carneus,* Sav. (= *L. mucosus,* Eis.)
    «   *norvegicus,* Eis.

II. Espèces avec un pigment rouge-brun à la partie supérieure du corps :

Lumbricus arboreus, Eis.
    «   *fœtidus,* Sav.
    «   *subrubicundus,* Eis.

Sur le vivant, ce caractère n'est pas sans importance et mérite de fixer l'attention.

La coloration de la ceinture, très différente d'ordinaire de celle du reste du corps, paraît trop variable, suivant le développement de cet organe, avec l'âge et la saison, pour pouvoir fournir des indications précises.

Enfin, quelques-uns de ces animaux font sortir par les pores dorsaux une liqueur colorée, parfois odorante, qui mérite d'être signalée dans les diagnoses.

Il est assez difficile, dans l'état actuel de la science, de distinguer les types qui méritent d'être conservés parmi les nombreuses espèces signalées par les auteurs; aussi la plupart des naturalistes se sont-ils contentés de décrire celles qu'ils avaient sous les yeux, en négligeant, pour la plus grande part au moins, les travaux de leurs devanciers. C'est incontestablement la méthode la plus sûre, et les recherches de M. Eisen, en particulier, sont à citer sous ce rapport.

Dans le présent ouvrage il m'a paru utile de prendre la question à un point de vue plus étendu et de dresser en quelque sorte l'inventaire, aussi complet que possible, de ce qui a été fait sur ce point, dans l'espoir d'épargner à l'avenir aux zoologistes s'occupant de cette partie de la science des recherches pénibles, souvent difficiles, vu le nombre des auteurs à consulter et la rareté de quelques ouvrages.

Pour mettre un certain ordre dans cette énumération, je n'ai cru pouvoir mieux faire que de grouper les espèces suivant les divisions proposées par M. Eisen, divisions dont il a été question plus haut (1), en leur donnant le rang de sous-genres. Le tableau ci-dessous en fera comprendre les caractères distinctifs les plus importants :

Division du genre LUMBRICUS *en sous-genres.*

Orifices mâles sous le	14e segment. Soies	écartées			I DENDROBÆNA.
		géminées. Lobe céphalique divisant l'anneau buccal	complètement	II LUMBRICUS.
			incomplètement	III ALLOBOPHORA.
	12e segment				IV ALLURUS.
	11e segment				V EISENIA.

Dans chacune de ces divisions les espèces ont été groupées suivant le nombre des anneaux qui composent la ceinture, caractère d'une valeur contestable, mais apparent et qu'à défaut d'autre on peut employer.

(1) Voir p. 108.

Toutefois, un grand nombre de ces animaux sont encore trop mal connus pour pouvoir être rapportés à aucune de ces sections et formeront comme § VI les *Incertæ sedis;* la division géographique a été adoptée pour les subdiviser et faciliter les recherches.

Enfin, on trouvera sous le titre de § VII, *Lumbrici dubii,* des vers qui probablement n'appartiennent pas à ce genre et dont il est difficile, dans l'état actuel de nos connaissances, de déterminer la place.

Bien que pour les *Lumbricus* il soit impossible aujourd'hui de se faire une idée de la répartition géographique, on remarquera que ces animaux ont été signalés dans les régions paléarctiques, éthiopiennes, néarctiques, néotropicales et même océaniennes, mais paraissent jusqu'ici manquer dans la région orientale, où ils sont remplacés, on l'a vu, par les *Megascolex.*

Enumération des espèces du genre LUMBRICUS (1)

§ I. S.-G. DENDROBÆNA.

A. Ceinture de 10 à 7 anneaux.

    1. *L. complanatus,* Dug.   France.
    2. » *stagnalis,* Hoffm.   Europe centrale.

B. Ceinture de 5, parfois 6 anneaux.

    3. *L. Boeckii,* Eis.   Europe N.
    4. » *octaedrus,* Sav.   France.
    5. » *pygmœus,* Sav.   France.

(1) Les espèces suivantes ou sont trop imparfaitement décrites ou m'ont été connues trop tard pour pouvoir prendre place dans cette énumération :

L. semifasciatus, Burmeister (cité par Grube, 1851, p. 100).
L. Kanii (ou *Kauii*), Williams 1858, p. 102, Pl. VI, fig. 4. (Il est douteux que cette espèce appartienne à ce genre).
L. argentinus, Weyenberg 1879.   Rép. argentine.
L. corduvensis, Weyenberg 1879.   id.
L. matutinus, Weyenberg 1879.   id.
L. melibœus, Rosa 1884.   Italie.
L. (Allobophora) profugus, Rosa 1884.   id.
L. (Dendrobæna) Camerani, Rosa 1884.   id.
L. (Allobophora) neglecta, Rosa 1884.   id.
L. (Allobophora) profugus, Örley 1885.   Régions paléarctiques.
L.   *(id.)*   *transpadanus,* Örley 1885.   id.
L.   *(id.)*   *constrictus,* Örley 1885.   id.
L.   *(id.)*   *neapolitanus,* Örley 1885.   id.
L. (Octolasion) minimus, Örley 1885.   id.
L.   *(id.)*   *alpinus,* Örley 1885.   id.
L.   *(id.)*   *gracilis,* Örley 1885.   id.
L. (Allobophora) longus, Ude. 1886.   Göttingue.
    (id.)   *hispanicus,* Ude. 1886.   Espagne.

Annelés. Tome III.   8

C. Ceinture de .....?

    6. *L. Valdiviensis*, Blanch.   Chili.

§ II.   S.-G. LUMBRICUS. s. str.

A. Ceinture de 10, plus ordinairement de 9 ou 8 anneaux.

    7. *L. terrestris*, Lin.   Europe, Canada.
    8. » *teres*, Dug.   France.
    9. » *Eiseni*, Lev.   Europe N.

B. Ceinture de 6, plus rarement de 5 anneaux.

    10. *L. herculeus*, Sav.   France.
    11. » *cyaneus*, Sav.   Europe.
    12. » *castaneus*, Sav.   France.
    13. » *festivus*, Sav.   Europe.
    14. » *purus*, Dug.   France.
    15. » *rubellus*, Hoffm.   Europe.
    16. » *purpureus*, Eis.   Europe N., Canada.
    17. » *americanus*, Perr.   Etats-Unis.
    18. » *uliginosus*, Hutt.   Nouvelle-Zélande.
    19. » *campestris*, Hutt.   Nouvelle-Zélande.

C. Ceinture de 3 anneaux.

    20. *L. triannularis*, Gr.   Sibérie.

§ III.   S.-G. ALLOBOPHORA.

A. Ceinture d'au moins 20 anneaux.

    21. *L. gigas*, Dug.   France.

B. Ceinture de 10 ou 9, rarement 7 anneaux.

    22. *L. ictericus*, Sav.   France.
    23. » *mollis*, Dug.   France.
    24. » *mediterraneus*, Örley.   Baléares.
    25. » *chloroticus*, Sav.   Europe.
    26. » *communis*, Hoffm.   Europe, Sibérie.
    27. » *anatomicus*, Dug.   Europe, Sibérie.
    28. » *submontanus*, Vejd.   Europe centrale.

C. Ceinture de 8, rarement 7 anneaux.

    29. *L. carneus*, Sav.   Europe, Sibérie.
    30. » *roseus*, Sav.   France.
    31. » *caliginosus*, Sav.   France.
    32. » *trapezoideus*, Dug.   France.
    33. » *Blainvilleus*, Dug.   France.
    34. » *tumidus*, Eis.   Canada.

D. Ceinture de 7, rarement 6 anneaux.

    35. *L. rubidus*, Sav.   France.
    36. » *puter*, Hoffm.   Europe.
    37. » *dubius*, Dug.   France.
    38. » *parvus*, Eis.   Canada.

39. *L. norvegicus*, Eis.   Europe N.
40. » *subrubicundus*, Eis.   Europe N., Sibérie, Canada.
41. » *tenuis*, Eis.   Europe N., Canada.
42. » *levis*, Hutt.   Nouvelle-Zélande.
43. » *Fraissei*, Örley.   Baléares.
44. » *cinctus*, Fitz.   Europe.
45. » *polyphemus*, Fitz.   Europe.
46. » *Nordenskiöldii*, Eis.   Sibérie.

E. Ceinture de 6 ou 5, rarement 7 anneaux.

47. *L. fœtidus*, Sav.   Europe.
48. » *Isidorus*, Dug.   ?.
49. » *mammalis*, Sav.   Europe.
50. » *arboreus*, Eis.   Europe N.
51. » *annulatus*, Hutt.   Nouvelle-Zélande.
52. » *turgidus*, Eis.   Europe N., Amérique N.

§ IV.   S.-G. ALLURUS.

A. Ceinture de 7 à 4 anneaux.

53. *L. tetraedrus*, Sav.   Europe.
54. » *amphisbæna*, Dug.   France.
55. » *phosphoreus*, Dug.   France, Angleterre.
56. » *brevicollis*, Fitz.   Europe centrale.

B. Ceinture de ...?

57. *L. brevispinus*, Gerst.   Sibérie.

§ V.   S.-G. EISENIA.

Ceinture de 5 anneaux.

58. *L. pupa*, Eis.   Amérique N.

§ VI.   Incertæ sedis.

A. Espèces européennes.

59. *L. opimus*, Sav.   France.
60. » *tyrtæus*, Sav.   France.
61. » *giganteus*, Risso.   France.
62. » *clitellinus*, Risso.   France.
63. » *quadrangularis*, Risso.   France.
64. » *cæruleus*, Risso.   France.
65. » *fimetorum*, Fitz.   Europe centrale.
66. » *vaporariorum*, Fitz.   Europe centrale.
67. » *gordianus*, Templ.   Iles britanniques.
68. » *xanthurus*, Templ.   Iles britanniques.
69. » *lividus*, Templ.   Iles britanniques.
70. » *omilurus*, Templ.   Iles britanniques.
71. » *minor*, Johnst.   Iles britanniques.
72. » *flaviventris*, Leuck.   Islande.

B. Espèces africaines.

73. *L. Victoris*, Perr.	Egypte.
74. » *infelix*, Kinb.	Port-Natal.
75. » *capensis*, Kinb.	Cap.
76. » *Josephinæ*, Kinb.	Sainte-Hélène.
77. » *Helenæ*, Kinb.	Sainte-Hélène.
78. » *Hortensiæ*, Kinb.	Sainte-Hélène.
79. » *rubro-fasciatus*, Baird.	Sainte-Hélène.
80. » *vineti*, Kinb.	Madère.

C. Espèces américaines.

81. *L. apii*, Kinb.	Californie.
82. » *pampicola*, Kinb.	Montévideo.
83. » *tellus*, Kinb.	Montévideo.
84. » *armatus*, Kinb.	Buenos-Ayres.
85. » *luteus*, Blanch.	Chili.

D. Espèces océaniennes.

86. *L. Novæ-Hollandiæ*, Kinb.	Australie.
87. » *australis*, Mc Coy.	Australie.
88. » *tongaensis*, Gr.	Tonga.
89. » *tahitanus*, Kinb.	Tahiti.

E. De provenance indéterminée.

90. *L. ephippium*, Gr.	
91. » *juliformis*, Baird.	

§ VII. Lumbrici dubii.

92. *L. Eugeniæ*, Kinb.	Sainte-Hélène.
93. » *Guildingi*, Baird.	Antilles.
94. » *lacustris*, Verr.	Etats-Unis.
95. » *Kerguelarum*, Gr.	Ile Kerguelen.

§ 1. S.-Genre DENDROBÆNA.

Orifices mâles sous le 14e anneau.

Soies partout équidistantes, sauf les deux supérieures qui sont plus ou moins écartées.

Lobe céphalique s'étendant au plus jusqu'aux trois quarts du segment buccal.

Corps cylindrique en avant, arrondi ou déprimé en arrière.

1. LUMBRICUS (DENDROBÆNA) COMPLANATUS.

(Pl. XXII, fig. 4 et 6).

Lumbricus complanatus, Dugès, 1828, p. 289 et 292; pl. IX, fig. 25.
    Id.   id.   Fitzinger, 1833, p. 552.
? *Enterion platyurum*, Fitzinger, 1833, p. 552.
Lumbricus complanatus, Dugès, 1837, p. 17 et 23; pl. I, fig. 15.
    Id.   id.   Grube, 1851, p. 100 et 145.

Ceinture de 10 anneaux du 27ᵉ au 36ᵉ.

Poches copulatrices au nombre de sept paires.

Orifices mâles sous le 14ᵉ anneau.

Soies formant, sous la moitié inférieure du corps, huit rangs presqu'également espacés, plus rapprochés cependant à mesure qu'ils deviennent plus extérieurs.

Lobe céphalique étroit, avec un sillon longitudinal en dessous, entamant en arrière le segment buccal sur la moitié de sa longueur.

Corps épais, robuste, anneaux fort courts, semblables à des rides quand l'animal est contracté; dans cet état queue aplatie en feuille de myrte, atténuée, à bords tranchants.

Couleur rougeâtre, obscure.

Longueur jusqu'à 270ᵐᵐ.

Hab. — Midi de la France.

Grube, indique le prolongement céphalique comme partageant entièrement le segment buccal, ce qui distinguerait ce Lombric du suivant. Ceci ne ressort pas du texte de Dugès qui compare sous ce rapport cette espèce à ses 21 *Lumbricus gigas* et 32 *L. trapezoideus*.

L'*Enterion platyurum* de Fitzinger a été placé en synonymie, mais la description est si incomplète que ce rapprochement ne peut être présenté qu'avec réserve; l'épithète semble toutefois indiquer que la forme de la partie postérieure du corps est déprimée comme dans l'espèce de Dugès; ce caractère d'ailleurs n'a qu'une valeur secondaire et n'est pas spéciale à celle-ci. Les exemplaires vus par l'auteur allemand n'avaient au reste pas atteint leur complet développement, puisqu'il les indique comme ne présentant pas d'orifices mâles distincts, leur ceinture n'était aussi composée que de 6 anneaux, les soies équidistantes.

Le nombre des poches copulatrices serait considérable, il n'y aurait par contre que deux paires de testicules.

2. Lumbricus (Dendrobæna) stagnalis.

Lumbricus stagnalis, Hoffmeister, 1845, p. 35 ; fig. 7, *a, b.*
    Id.   *id.*   Grube, 1851, p. 99 et 145.
    Id.   *id.*   Udekem, 1865, p. 41.

Ceinture de 7 à 10 anneaux des 25°, 26°, 28° aux 33°, 34°, 37° ; au-dessous deux rangées de ventouses copulatrices peu distinctes.

Orifices mâles sous le 14° anneau.

Soies espacées.

Lobe céphalique élargi, court, prolongé en un pédicule large, presque carré, entamant le premier anneau sur la moitié de sa longueur.

Corps atténué en avant, fortement quadrangulaire en arrière, quoiqu'en y regardant d'un peu près la disposition des soies le rende en réalité octogone.

Couleur rougeâtre, dos plus foncé, gris de fer luisant, surtout aux anneaux qui précèdent la ceinture. Chez les jeunes individus la coloration sur ces points est noir de fer. Queue plus pâle, d'ordinaire avec un dépôt de liquide jaunâtre à l'extrémité. Ventre rougeâtre, souvent incolore. Ceinture jaune rougeâtre, brillante avec un éclat chatoyant bleuâtre.

Longueur 104^mm à 182^mm ; 115 à 130 segments.

Hab. — Le Harz, dans les fonds submergés et sur les pelouses argileuses (Hoffmeister).

Il est douteux que cette espèce soit distincte de la précédente. On ne trouve guère comme différence que la forme du prolongement du lobe céphalique, laquelle peut varier suivant l'état de contraction des individus.

3. Lumbricus (Dendrobæna) Boeckii.

Lumbricus puter, Eisen (nec Hoffmeister), 1871, p. 959 ; pl. XIII, fig. 15 et 16 ; pl. XVI, fig. 49 à 57.
Dendrobæna Boeckii, Eisen, 1874, p. 53 ; pl. XII, fig. 5.
    Id.   *id.*   Eisen, 1877-1879, p. 8.
Lumbricus Boeckii, Tauber, 1879, p. 69.
Dendrobæna Boeckii, Levinsen, 1884, p. 241.
Dendrobæna rubida, Vejdovsky, 1884, p. 60 ; pl. XIV, fig. 15 et 16 ; pl. XV, fig. 3 à 22 et 25, 26 ; pl. XVI, fig. 7 à 21.

Ceinture distincte, peu saillante, de 5 anneaux ordinairement, parfois 6, soit du 28° au 32°, soit du 26° et 27° au 31°

et 32° ; ventouses copulatrices sous les 30°, 31° et 32°.

Orifices mâles sous le 14° segment.

Soies espacées autour de l'anneau, équidistantes, sauf les deux supérieures, qui sont un peu plus écartées.

Lobe céphalique arrondi en avant, rectangulaire en arrière, où il est prolongé de manière à couper l'anneau buccal sur les trois quarts de sa longueur.

Corps cylindrique atténué vers les deux extrémités, non déprimé ; anneaux antérieurs le plus souvent bi-annuliculés, les postérieurs tri-annuliculés.

Couleur brune, ceinture rougeâtre.

Longueur 40ᵐᵐ ; 80 à 90, très rarement 60 segments.

HAB. — Allemagne, Nord de la Scandinavie, Sibérie, Nouvelle-Zemble, Terre-Neuve ; c'est jusqu'ici de toutes les espèces connues la plus septentrionale.

Le segment anal est aussi long que large, atténué à son extrémité.

Cette espèce, admirablement décrite et figurée par M. Eisen, avait d'abord été confondue par lui avec le 36 *Lumbricus puter* d'Hoffmeister. Mais chez celui-ci les soies sont géminées, c'est donc plutôt du 4 *Lumbricus octaedrus* Sav. qu'il faudrait rapprocher le *Lumbricus Boeckii*. M. Vejdovsky, dans ces derniers temps, a pensé que ce pouvait être le 35 *Lumbricus rubidus* Sav. et a notablement augmenté nos connaissances anatomiques sur ce ver, qu'il a étudié d'une façon toute particulière comme type des Lombrics.

4. LUMBRICUS (DENDROBÆNA) OCTAEDRUS.

(Pl. XXI, fig. 5.)

Enterion octaedrum, SAVIGNY, 1826, p. 183.
    Id.   *id.*   FITZINGER, 1833, p. 552.
Lumbricus octaedrus, DUGÈS, 1837, p. 17 et 24 ; pl. I, fig. 10.

Ceinture de 5 anneaux étendue du 29° au 31° ; trois ventouses copulatrices de chaque côté sur les 29°, 30° et 31° ne dépassant pas les anneaux sur lesquels elles se trouvent.

Trois paires de vésicules copulatrices, rapprochées du dos.

Orifices mâles sous le 14° anneau.

Soies également espacées, très écartées.

Lobe céphalique demi-circulaire, échancrant en carré le segment buccal jusqu'au milieu environ de sa hauteur.

Longueur 80ᵐᵐ à 110ᵐᵐ ; 80 à 100 segments.

HAB. — France, environs de Paris.

Cette espèce, que la disposition de ses soies caractérise d'une manière très positive, n'a été admise cependant par aucun des auteurs qui ont écrit sur ce sujet depuis Savigny et Dugès.

Il y a trois paires de testicules, d'après les détails donnés par Savigny.

C'est à tort qu'on en a rapproché le *Lumbricus riparius*, Hoffm. (= 25 *L. chloroticus*, Sav.), lequel est tétraédrique, à soies géminées. Au contraire, ce *Lumbricus octaedrus* paraît avoir de grands rapports avec l'espèce précédente.

5. LUMBRICUS (DENDROBÆNA) PYGMÆUS.

Enterion pygmæum, SAVIGNY, 1826, p. 183.
    Id.   *id.*   FITZINGER, 1833, p. 552.
Lumbricus pygmæus, DUGÈS, 1828, p. 17 et 24.
    Id.   *id.*   GRUBE, 1851, p. 100 et 145.
? *Lumbricus minor*, JOHNSTON, 1865, p. 59.
Enterion pygmæum, HOFFMEISTER, 1845, p. 38.

Ceinture de 5 anneaux du 31ᵉ au 35°; ventouses copulatrices contiguës par paires sur les 33°, 34ᵉ, 35ᵉ anneaux.

Vésicules copulatrices au nombre de trois paires rapprochées du dos.

Orifices mâles sous le 14ᵉ segment.

Soies également espacées, très écartées.

Corps arrondi en arrière, non noueux.

HAB. — Environs de Paris.

6. LUMBRICUS (DENDROBÆNA) VALDIVIENSIS.

Lumbricus Valdiviensis, BLANCHARD (in GAY), 1849, p. 43; Atlas : Annélides, pl. II, fig. 2, 2 *a*.

Ceinture vers le tiers antérieur du corps, à peine indiquée par une légère élévation et l'union plus intime des anneaux qui la composent.

Soies assez écartées, quoique un peu rapprochées deux à deux, pour former en réalité huit séries; peu saillantes et à peine visibles sur les premiers anneaux, très apparentes sur les autres ; ces soies vers la pointe sont un peu courbes et beaucoup plus à leur base.

Corps peu allongé, renflé en son milieu, partie postérieure très peu atténuée.

Couleur fauve.

Longueur environ 80ᵐᵐ; 108 à 110 segments.

Hab. — Environs de Valdivia (Chili).

Quoique l'écartement des soies rappelle le caractère principal des *Dendrobæna*, l'absence de renseignements sur la position des orifices mâles et sur la forme du lobe céphalique rend fort douteux que ce *Lumbricus* appartienne bien à cette section.

§ II. S.-Genre LUMBRICUS.

Orifices mâles sous le 14ᵉ anneau.

Soies partout géminées, rapprochées.

Lobe céphalique divisant complètement le segment buccal en deux parties.

Corps cylindrique en avant, arrondi ou déprimé, plus rarement quadrangulaire, en arrière.

7. Lumbricus (Lumbricus) terrestris.

(Pl. XXI, fig. 2, 3.)

Lumbricus terrestris, Linné, 1767, p. 1076.
    Id.   *id.*   Muller, 1774, p. 24.
    Id.   *id.*   Muller, 1776, p. 213, n° 2602.
    Id.   *id.*   Fabricius, 1780, p. 276.
Enterion terrestre, Savigny, 1826, p. 180.
? *Lumbricus terrestris*, Risso, 1826, t. IV, p. 426.
Enterion terrestre, Fitzinger, 1833, p. 552.
Lumbricus terrestris, Templeton, 1836, p. 234.
    Id.   *id.*   Dugès, 1837, p. 17 et 18.
Lumbricus agricola, Hoffmeister, 1842, p. 24; pl. I, fig. 11 à 14 et 17.
    Id.   *id.*   Hoffmeister, 1843, p. 186; pl. IX, fig. 1.
    Id.   *id.*   Hoffmeister, 1845, p. 5; fig. I *a*, *b*, *c*.
Lumbricus terrester, Grube, 1851, p. 99 et 145.
? *Lumbricus terrestris*, Johnston, 1865, p. 58 et 324.
Lumbricus agricola, Udekem, 1865, p. 35; pl. I, fig. 1 à 16; pl. II, fig. 1 à 5; pl. III, fig. 1 à 7; pl. IV, fig. 7 à 13 (anatomie).
Lumbricus terrestris, Eisen, 1871, p. 954; pl. XI, fig. 1 et 2; pl. XIV, fig. 23 à 27.
    Id.   *id.*   Perrier, 1872, pl. I, fig. 1 à 5.
    Id.   *id.*   Eisen, 1872, p. 121.
    Id.   *id.*   Eisen, 1874, p. 45.
    Id.   *id.*   Eisen, 1875, p. 42.
    Id.   *id.*   Tauber, 1879, p. 69.
    Id.   *id.*   Örley, 1881, p. 287.
    Id.   *id.*   Levinsen, 1884, p. 241.
    Id.   *id.*   var. *platyurus* et *lacteus*, Örley, 1885.

Ceinture de 9 ou 10 anneaux, parfois réduite à 6, 7 ou 8, des 27°, 28°, 29° et 30° aux 33°, 34°, 35° et 36° ; quatre paires de ventouses copulatrices occupant les 32°, 33°, 34° et 35°.

Vésicules copulatrices rapprochées du ventre au nombre de deux paires.

Orifices mâles sous le 14° anneau.

Soies géminées, rapprochées.

Lobe céphalique étroit, divisant complètement l'anneau buccal ; une fente longitudinale en dessous.

Corps cylindrique, atténué en avant, déprimé postérieurement ; segments bi-annuliculés.

Couleur brun foncé, la ceinture offre à peu près la même teinte.

Longueur 150^{mm} à 300^{mm} ; 150 à 180 segments.

Hab. — France, Allemagne, Angleterre, presqu'île Scandinave, îles Baléares, Terre-Neuve, Etats-Unis.

Bien que cette espèce porte le nom Linnéen, il est certain que l'auteur du *Systema naturæ* devait confondre sous cette dénomination plusieurs des espèces que nous distinguons aujourd'hui. Savigny, le premier, l'a définie d'une façon satisfaisante ; cet auteur lui donne comme caractères complémentaires de posséder quatre paires de testicules et de ne point émettre de liqueur colorée.

8. Lumbricus (Lumbricus) teres.

Lumbricus teres, Dugès, 1828, p. 289 et 294 ; pl. IX, fig. 15, 16, 22.
    Id.   *id.*   Dugès, 1837, p. 17 et 19.
    Id.   *id.*   Hoffmeister, 1845, p. 38.
    Id.   *id.*   Grube, 1851, p. 100 et 145.
Nec *Lumbricus teres*, Dalyell, 1853, p. 140 (1).

Ceinture peu saillante de 9 anneaux du 26° au 34°, avec une bandelette longitudinale en dessous de chaque côté.

Orifices mâles sous le 14° segment.

Soies peu visibles, géminées, rapprochées et situées à la partie inférieure de l'anneau.

Lobe céphalique court, ni sillonné, ni ligulé, il divise complètement le segment buccal.

Corps cylindrique, souvent noueux, l'extrémité postérieure

____

(1) = *Lumbriculus variegatus*, Müll.

contractée en olive, en boule, en cône saillant ou rentrant; anneaux ridés en travers, assez courts.

Couleur rosée ou un peu grisâtre, ceinture jaunâtre.

Longueur 240^{mm}.

Hab. — Environs de Montpellier.

Dans sa première description, Dugès signalait des pores ou papilles génitales sous les 14e, 15e, 16e, 17e, 22e, 23e, 24e, 25e anneaux, c'est là un fait sans doute accidentel.

9. Lumbricus (Lumbricus) Eiseni.

Lumbricus Eiseni, Levinsen, 1884, p. 241.

Ceinture de 9 anneaux (23e au 31e); pas de ventouses copulatrices.

Lobe céphalique prolongé en arrière jusqu'au premier anneau sétigère, et par conséquent coupant en totalité l'anneau buccal.

Soies géminées, sur quatre rangs.

Hab. — Nord de l'Europe, dans les vieux arbres.

10. Lumbricus (Lumbricus) herculeus.

Enterion herculeum, Savigny, 1826, p. 180.
    Id.   id.   Fitzinger, 1833, p. 552.
Lumbricus herculeus, Dugès, 1837, p. 17 et 21.

Ceinture de 6 ou 7 anneaux du 31e ou 32e au 36e ; deux paires de ventouses copulatrices entre les 32e-33e et 34e-35e, comprises de chaque côté dans une bandelette qui occupe exactement ces quatre anneaux.

Deux vésicules copulatrices de chaque côté.

Orifices mâles sous le 14e segment.

Soies géminées.

Lobe céphalique allongé, son prolongement, qui coupe entièrement l'anneau buccal, est séparé de la portion antérieure par un sillon transversal.

Corps aplati, queue spatulée.

Couleur rouge bleuâtre en dessus, plus pâle en dessous.

Longueur 190^{mm} à 210^{mm}; 150 à 200 segments.

Hab. — Environs de Paris.

D'après Savigny, on ne trouve dans cette espèce que trois paires de testicules, grossissant d'avant en arrière, ce qui pourrait servir à la différencier du 7 *Lumbricus terrestris* Lin. dont elle est très voisine.

11. LUMBRICUS (LUMBRICUS) CYANEUS.

Enterion cyaneum, SAVIGNY, 1826, p. 181.
    Id.   id.   FITZINGER, 1833, p. 552.
Lumbricus cyaneus, DUGÈS, 1837, p. 17 et 21.
? *Lumbricus communis*, var. α HOFFMEISTER, 1845, p. 24; fig. 3, *a, d*.
Lumbricus communis, 1ᵉ var. UDEKEM, 1865, p. 37.
? *Lumbricus communis cyaneus*, EISEN, 1871, p. 964; pl. XII, fig. 7.
? *Allobophora cyanca*, VEJDOVSKY, 1884, pl. XVI, fig. 22 à 23.

Ceinture de 7 ou 6 segments du 27ᵉ ou 28ᵉ au 33ᵉ, deux paires de ventouses copulatrices occupant chacune deux segments, 29ᵉ-30ᵉ et 31ᵉ-32ᵉ.

Deux vésicules copulatrices de chaque côté.

Orifices mâles sous le 14ᵉ segment.

Soies géminées, quoique peu rapprochées dans chaque faisceau.

Lobe céphalique avec un prolongement qui divise complètement le segment buccal, un sillon transversal sépare ce prolongement du lobe.

Corps cylindrique atténué surtout en avant (d'après l'animal dans l'alcool).

Couleur lilas plus ou moins foncé.

Longueur 100ᵐᵐ à 160ᵐᵐ; 112 segments.

HAB. — Europe moyenne.

D'après Savigny, ce ver présente quatre paires de testicules et fait sortir par ses pores dorsaux une liqueur d'un jaune clair, dont le réservoir antérieur forme un demi-collier au 13ᵉ segment.

12. LUMBRICUS (LUMBRICUS) CASTANEUS.

Enterion castaneum, SAVIGNY, 1826, p. 180.
Enterion pumilum, SAVIGNY, 1826, p. 181.
? *Lumbricus castaneus,* RISSO, 1826, t. IV, p. 427.
Enterion castaneum, FITZINGER, 1833, p. 552.
Enterion pumilum, FITZINGER, 1833, p. 552.
Lumbricus castaneus, DUGÈS, 1837, p. 17 et 22.
Enterion castaneum, HOFFMEISTER, 1845, p. 37.
Lumbricus castaneus, GRUBE, 1851, p. 100 et 145.

Ceinture de 6 anneaux, du 27e au 32e, deux paires de ventouses copulatrices, occupant chacune deux anneaux, du 28e au 31e.

Deux paires de vésicules copulatrices.

Orifices mâles sous le 14e anneau.

Soies géminées.

Lobe céphalique avec un prolongement qui coupe complètement le segment buccal.

Anneaux simples, non divisés transversalement par des stries.

Couleur d'un brun châtain.

Longueur 100^{mm} à 120^{mm}; 60 à 80 segments.

Hab. — France.

Suivant Savigny, dans cette espèce la seconde paire de testicules est plus petite que la première, la troisième étant la plus étendue. L'époque de l'observation peut faire varier le volume de ces organes dans des limites si grandes, que l'on ne peut guère avoir égard, on l'a vu, à cette considération.

Le *Lumbricus pumilus* Sav. ne différerait du *L. castaneus* que par ses orifices mâles très saillants, tandis qu'ils sont à peine visibles dans le second. On ne peut, comme le fait remarquer Dugès, admettre que ce soit là un caractère différentiel suffisant pour distinguer ces deux espèces.

Quant au *Lumbricus castaneus* de Risso, s'il figure ici dans la synonymie, c'est par suite de la similitude du nom, les descriptions de l'auteur de l'Histoire naturelle de la France méridionale sont trop incomplètes pour permettre une assimilation motivée, la coloration et la petitesse de la ceinture sont les seuls caractères qui feraient supposer qu'un rapprochement peut être établi entre ces deux Vers de terre.

13. Lumbricus (Lumbricus) festivus.

Enterion festivum, Savigny, 1826, p. 180.
   Id.   *id.*   Fitzinger, 1833, p. 552.
Lumbricus festivus, Dugès, 1837, p. 17 et 21; pl. I, fig. 6.
Enterion festivum, Grube, 1851, p. 100.
Lumbricus terrestris, var. β Johnston, 1865, p. 59.
Lumbricus rubellus, Udekem, 1865, p. 39.

Ceinture de 6 segments, du 33e au 38e; deux paires de ventouses copulatrices entre les 34e et 35e, 36e et 37e anneaux.

Deux vésicules copulatrices de chaque côté.

Orifices mâles sous le 14e segment.

Soies géminées.

Lobe céphalique allongé, sillonné en dessous; son prolongement postérieur partage complètement le segment buccal et présente deux sillons transversaux, l'un à son origine, l'autre un peu en avant du milieu de sa longueur.

Corps gros, court, malgré la taille que peut atteindre ce ver.

Couleur violacée ou brun plus ou moins foncé.

Longueur 120^{mm} à 150^{mm}; 120 à 150 segments.

Hab. — Europe tempérée et septentrionale.

Hoffmeister assimile cette espèce avec doute à son 13 *Lumbricus rubellus*.

14. Lumbricus (Lumbricus) purus.

Lumbricus purus, Dugès, 1837, p. 17 et 22.
　　Id.　　　id.　　Grube, 1851, p. 100.

Ceinture de 6 anneaux, du 27e au 33e; deux paires de ventouses copulatrices répondant chacune à un seul anneau sur les 30e et 32e.

Orifices mâles sous le 14e anneau.

Soies géminées, rapprochées.

Lobe céphalique sémilunaire creusé en dessous.

Hab. — France.

Cette diagnose donnée par Dugès est comparative avec celle du 11 *Lumbricus cyaneus* Sav., ce qui fait supposer que le prolongement postérieur du lobe céphalique est ici semblablement disposé.

15. Lumbricus (Lumbricus) rubellus.

Lumbricus rubellus, Hoffmeister, 1843, p. 187; pl. IX, fig. II.
　　Id.　　　id.　　Hoffmeister, 1845, p. 21; fig. 2 *a, b*.
　　Id.　　　id.　　Grube, 1851, p. 99 et 145.
　　Id.　　　id.　　Udekem, 1865, p. 39.
　　Id.　　　id.　　Eisen, 1871, p. 957; pl. XI, fig. 4 à 6; pl. XIV, fig. 28 à 33.
　　Id.　　　id.　　Eisen, 1872, p. 121.
　　Id.　　　id.　　Eisen, 1874, p. 46.
　　Id.　　　id.　　Eisen, 1877-1879, p. 5.
　　Id.　　　id.　　Tauber, 1879, p. 67.
Enterion rubellum, Örley, 1881, p. 287.
Lumbricus rubellus, Levinsen, 1884, p. 241.

Ceinture médiocre de 6 anneaux des 23e, 24e ou 25e aux 28e, 29o ou 30e; ventouses copulatrices sur deux rangées parallèles limitant la ceinture en dessous, particulièrement saillantes sous les quatre anneaux intermédiaires.

Orifices mâles sous le 14e anneau.

Soies géminées, rapprochées.

Lobe céphalique arrondi, avec un sillon transversal en dessus; le prolongement postérieur, d'ordinaire également sillonné, coupe entièrement le segment buccal ; un sillon longitudinal en dessous.

Corps à peu près cylindrique, atténué en avant, légèrement aplati en arrière, tous les anneaux nettement bi ou tri-annuliculés.

Couleur d'un brun-rouge plus ou moins vif, la partie antérieure plus brillamment colorée, le dos, sur les individus de teinte foncée, tire sur le violet, la partie postérieure est un peu plus brune. Ceinture rouge brun clair, jamais jaunâtre ou verdâtre.

Longueur 60mm à 200mm ; 120 à 150 segments suivant la dimension.

Hab. — France, Allemagne, les environs de Londres, Iles Baléares, remontant jusqu'au Nord de la Scandinavie, Açores, Canada, Etats-Unis, Californie.

Cette espèce se rapprocherait du 13 *Lumbricus festivus* Sav. mais la ceinture est plus reculée.

Remarquons que, dans la description donnée par Hoffmeister, il est dit que l'impression transversale du lobe céphalique manque constamment, ce qui n'a pas été confirmé par les observations de M. Eisen et autres driïologistes. Ce dernier auteur fixe à quatre le nombre des paires de ventouses copulatrices qui seraient placées sous les 32e, 33e, 34e et 35e anneaux, de plus la ceinture pourrait comprendre jusqu'à huit segments.

16. Lumbricus (Lumbricus) purpureus.

Lumbricus purpureus, Eisen, 1871, p. 956; pl. XI, fig. 3; pl. XV, fig. 34 à 41.
  Id.   *id.*   Eisen, 1874, p. 46.
  Id.   *id.*   Eisen, 1875, p. 42.
  Id.   *id.*   Tauber, 1879, p. 67.
  Id.   *id.*   Levinsen, 1884, p. 241.
  Id.   *id.*   Vejdovsky, 1884, pl. XV, fig. 1 et 2; XVI, fig. 28.

Ceinture développée, saillante, toujours de 6 anneaux, du 27e au 32e; paires de ventouses copulatrices sous les 28e, 29e, 30e, 31e.

Orifices mâles, d'ordinaire indistincts, sous le 14ᵉ anneau.

Soies géminées, rapprochées.

Lobe céphalique grand, arrondi en demi-cercle antérieurement avec un sillon transversal médian en dessus; divisant en arrière le segment buccal en deux parties, par un prolongement orné de deux sillons transversaux, un basilaire, l'autre vers le milieu de la longueur; pas de sillon inférieur.

Corps épais, cylindrique, atténué en avant, parfois déprimé en arrière; anneaux tous bi ou tri-annuliculés.

Couleur brun rougeâtre foncé, ceinture rouge brique.

Longueur 30ᵐᵐ à 50ᵐᵐ; 90 segments environ.

Hab. — Scandinavie, Canada, Etats-Unis.

17. Lumbricus (Lumbricus) americanus.

(Pl. XXI, fig. 17.)

Lumbricus americanus, Perrier, 1872, p. 44; pl. I, fig. 6 à 8.

Ceinture de 6 anneaux commençant avec le 31ᵉ, ventouses non visibles.

Deux paires de poches copulatrices dans les 8ᵉ et 9ᵉ anneaux. Orifices mâles sous le 14ᵉ.

Soies géminées, celles de la ceinture droites et plus grandes que celles du reste du corps.

Longueur 100ᵐᵐ à 150ᵐᵐ; 154 segments.

Hab. — New-York.

Ce ver est connu par des exemplaires que Milbert donna en 1824.

La disposition du lobe céphalique n'étant pas indiquée, il peut y avoir doute sur la place que ce *Lumbricus* doit occuper dans le genre.

18. Lumbricus (Lumbricus) uliginosus.

Lumbricus uliginosus, Hutton, 1877, p. 351; pl. XV, fig. A, *a*, *b*, *c*, *d*.
    Id.   id.   Hutton, 1879, p. 317.

« Ceinture large, mais peu distincte, de 6 anneaux commençant avec le 15ᵉ; ventouses sur les trois derniers. Deux paires de vésicules copulatrices s'ouvrant aux 9ᵉ et 10ᵉ anneaux. Orifices mâles (?) (1). Soies plutôt courtes et épaisses,

(1) Je crois devoir prévenir qu'en traduisant les diagnoses données par M. Hutton, je modifie certains termes, leur donnant une signification en rapport avec les idées généralement admises aujourd'hui : les *orifices*

bisériées. Lobe céphalique large et arrondi, divisant complètement en dessus le segment buccal, avec un sillon transversal sur le prolongement postéro-supérieur. Bord antérieur de
ce segment buccal profondément échancré inférieurement.

Corps épais, cylindrique, faiblement atténué en avant, quadrilatéral en arrière.

Coloration rougeâtre.

Longueur 178^{mm} à 203^{mm}; 180 à 200 segments.

HAB. — Dunedin (Nouvelle-Zélande), dans un sol tourbeux » (Hutton).

19. LUMBRICUS (LUMBRICUS) CAMPESTRIS.

Lumbricus campestris, HUTTON, 1877, p. 351; pl. XV, fig. B, *a, b, c, d.*
   Id.   *id.*   HUTTON, 1879, p. 317.

« Ceinture généralement distincte, de 5 à 6 anneaux commençant sur l'un quelconque depuis le 10e jusqu'au 20e; ventouses aux deux derniers segments clitelliens. Une paire de
vésicules copulatrices s'ouvrant au 9e anneau. Orifices mâles (?).

Soies bisériées quoique légèrement écartées dans chaque
paire. Lobe céphalique large, sub-conique, divisant entièrement
le segment buccal. Bord antérieur de celui-ci entier ou faiblement érodé inférieurement.

Corps cylindrique en avant, subquadrangulaire en arrière,
atténué à l'une et l'autre extrémité.

Couleur rougeâtre ou vert olivâtre, plus pâle en dessous;
ceinture rouge ou brun rougeâtre.

Longueur 51^{mm} à 76^{mm}; 100 à 140 segments.

HAB. — Dunedin et Wellington (Nouvelle-Zélande) » (Hutton).

Espèce commune, très variable, les individus olivâtres se rencon-
treraient dans les buissons.

20. LUMBRICUS (LUMBRICUS) TRIANNULARIS.

Lumbricus triannularis, GRUBE, 1851, p. 18; pl. II, fig. 3, 3 *a,* 3 *b.*
   Id.   *id.*   GRUBE, 1851, p. 100 et 145.

génitaux mâles (male genital openings), d'après leur nombre et leur position doivent être les *orifices des vésicules copulatrices;* les *vulves (vulvæ)*
me semblent pouvoir être assimilées aux *ventouses clitelliennes.* Les véritables orifices mâles paraissent avoir échappé à cet observateur.

Annelés. Tome III.   9

Ceinture petite de 3 anneaux, du 29ᵉ au 31ᵉ.

Orifices mâles sous le 14ᵉ anneau.

Soies géminées, disposées de la même manière sur tous les anneaux.

Lobe céphalique à prolongement postérieur divisant en entier le segment buccal.

Anneaux distinctement tri-annuliculés; la portion moyenne, un peu élevée, porte les soies.

Couleur brun grisâtre.

Longueur 41ᵐᵐ, largeur au 10ᵒ anneau 3ᵐᵐ, à l'extrémité caudale 2ᵐᵐ; 79 segments.

Hab. — Boganida (Sibérie).

« Ce ver, par la disposition du lobe céphalique rappelle les *Lumbricus rubellus* Hoffm., *L. terrestris* Lin. (= *L. agricola* Hoffm.), *L. gigas* Dug., *L. mammalis* Savigny; mais chez aucun d'eux les anneaux ne sont tri-annuliculés, de plus, la ceinture composée de 22 anneaux chez le *L. gigas* Dug., de 6 chez les autres, le nombre des segments, de 150 à 180 pour le *L. terrestris*, de 120 à 140 pour le *L. rubellus* Hoffm., peuvent être invoqués comme caractères différentiels » (Grube).

Etant établie sur un exemplaire unique et de très petite taille, cette espèce est douteuse, car on peut se demander si l'individu avait atteint son entier développement.

§ III. S.-Genre. ALLOBOPHORA.

Orifices mâles sous le 14ᵉ anneau.

Soies partout géminées, rapprochées.

Lobe céphalique ne divisant jamais le segment buccal en totalité.

Corps cylindrique en avant, arrondi ou déprimé, plus rarement quadrangulaire en arrière.

21. Lumbricus (Allobophora) gigas.

Lumbricus gigas, Dugès, 1828, p. 289 et 290; pl. IX, fig. 13 et 14.
  Id. id. Fitzinger, 1833, p. 552.
  Id. id. Dugès, 1837, p. 17 et 18; pl. I, fig. 1.
  Id. id. Grube, 1851, p. 100 et 145.
? ? *Octolasion Frivaldszki* (= *L. terrestris* var. *gigas*), Örley, 1885.

Ceinture peu saillante en dessus dans son tiers antérieur, composée de 22 anneaux, du 30ᵉ au 51ᵉ; pas de ventouses copulatrices, mais de chaque côté un sillon occupant 10 à 12 segments à partir du 35ᵉ, 37ᵉ ou 39ᵉ.

Orifices mâles sous le 14ᵉ anneau.

Soies géminées.

Lobe céphalique sillonné longitudinalement en dessous et parfois transversalement en dessus et en avant, allongé, avec un prolongement qui coupe jusqu'à moitié le segment buccal.

Corps arrondi faiblement atténué en avant, déprimé en arrière, segments bi-annuliculés.

Couleur blanchâtre, particulièrement en dessous, une bande brune le long du dos ; parfois brun ou violacé, surtout antérieurement où il est toujours d'une nuance plus foncée ; ceinture rouge.

Longueur 500ᵐᵐ pouvant aller jusqu'à 720ᵐᵐ ; plus de 300 segments.

Hab. — Midi de la France, environs de Montpellier.

Dugès fait observer qu'on trouve des papilles saillantes à la base des soies internes sous les 11ᵉ, 16ᵉ, 17ᵉ, 18ᵉ, 19ᵉ anneaux.

Cette espèce est assez rare, sans doute parce qu'elle habite à une grande profondeur dans le sol, l'étendue de ses galeries devant être en rapport avec sa taille gigantesque. Dans les environs de Montpellier, où j'ai eu l'occasion de l'observer, c'est à la suite de crues des ruisseaux inondant certains terrains bas qu'on les rencontre. Un exemplaire apporté à la Faculté des sciences et que j'ai pu examiner à l'état de vie, mesurait, quoique n'étant pas en pleine extension 610ᵐᵐ, son diamètre en avant était de 15ᵐᵐ à 17ᵐᵐ, il pesait 64 grammes.

22. Lumbricus (Allobophora) ictericus.

Enterion ictericum, Savigny, 1826, p. 183.
    Id.   id.   Fitzinger, 1833, p. 552.
Lumbricus ictericus, Dugès, 1837, p. 17 et 18.
? *Lumbricus communis,* var. Hoffmeister, 1845, p. 28, fig. 3 e.

Ceinture de 10 anneaux, du 34ᵉ au 43ᵉ ; quatre ventouses copulatrices entre les 35ᵉ-36ᵉ, 37ᵉ-38ᵉ, 39ᵉ-40ᵉ, et 41ᵉ-42ᵉ.

Quatre vésicules copulatrices de chaque côté.

Orifices mâles au 14ᵉ anneau.

Soies géminées.

Lobe céphalique élargi.

Corps cylindrique ; les pores dorsaux laissent échapper une liqueur jaune clair dont le réservoir antérieur forme un demi-collier au 13ᵉ anneau.

Hab. — Environs de Paris.

Dans ses remarques sur cette espèce, Dugès ne parle pas du prolongement postérieur du lobe céphalique, on peut constater sur les types, qu'il ne coupe pas complètement l'anneau buccal.

23. Lumbricus (Allobophora) mollis.

Lumbricus mollis, Dugès, 1837, p. 17 et 18, pl. I, fig. 2 et 3.
    Id.   id.   Hoffmeister, 1845, p. 38.

Ceinture très saillante, de 10 anneaux s'étendant du 26e au 35e, présentant en dessous, chez certains individus, une paire d'appendices fusiformes mous et blanchâtres.

Orifices mâles sous le 14e anneau.

Soies géminées, écartées (d'après la figure 3), la rangée externe au-dessus de la ligne moyenne.

Lobe céphalique large, demi-circulaire, anguleux postérieurement où il échancre en partie le premier anneau, un peu concave en dessous.

Corps mou se contractant irrégulièrement par nœuds, l'animal renfle souvent sa queue en olive.

Couleur rosée, ceinture jaune.

Longueur jusqu'à 108^{mm}.

Hab. — France, dans un terreau peu humide.

Ce Lombric fait sortir par les pores du dos une liqueur blanche circulant dans tout le corps.

Les appendices indiqués comme existant à la ceinture pourraient bien être accidentels.

Il n'est guère possible de regarder, ainsi que le veut Hoffmeister, cette espèce comme identique au 8 *Lumbricus teres*, Dug., dans ce dernier le segment buccal est entièrement divisé par le prolongement du lobe céphalique.

24. Lumbricus (Allobophora) mediterraneus.

Allobophora mediterranea, Örley, 1881, p. 286.

Ceinture fort élevée, s'étendant sur 9 ou 10 anneaux, du 22e au 30e; ventouses copulatrices, se présentant sous la forme d'une étroite bande aux 28e, 29e et 30e.

Orifices mâles au 14e anneau, représentés par une fente à peine visible, le pourtour s'étend sensiblement sur les anneaux voisins, si bien qu'ils paraissent former un petit clitellum supplémentaire.

Soies géminées, rapprochées dans chaque paire.

Lobe céphalique petit, un peu élargi ; son prolongement postérieur n'entame que la moitié antérieure du segment buccal ; un sillon peu distinct à la face inférieure.

Corps arrondi, atténué d'une manière insignifiante aux deux extrémités. Anneaux allongés, nettement séparés, tri-annuliculés en avant de la ceinture, quadri-annuliculés en arrière de celle-ci. Segment anal aussi long que le précédent.

Longueur 110ᵐᵐ à 120ᵐᵐ (individus contractés) ; 110 à 120 segments.

Hᴀʙ. — Iles Baléares.

Cette espèce, d'après M. Örley, est très voisine de son 43 *Lumbricus Fraissei*, dont elle diffère par l'absence des grandes fossettes intra et post-clitelliennes, l'étendue des orifices mâles, la situation des ventouses copulatrices. On peut ajouter que la portion du corps post-clitellienne est plus étroite et plus longue, la fente de l'anneau pygidien manque.

25. Lᴜᴍʙʀɪᴄᴜs (Aʟʟᴏʙᴏᴘʜᴏʀᴀ) ᴄʜʟᴏʀᴏᴛɪᴄᴜs.

Enterion chloroticum, Sᴀᴠɪɢɴʏ, 1826, p. 183.
Enterion virescens, Sᴀᴠɪɢɴʏ, 1826, p. 183.
?*Lumbricus anatomicus*, Dᴜɢᴇs, 1828, p. 289 et 292 ; pl. IX, fig. 17, 18, 23.
Enterion chloroticum, Fɪᴛᴢɪɴɢᴇʀ, 1833, p. 552.
Enterion virescens, Fɪᴛᴢɪɴɢᴇʀ, 1833, p. 552.
Lumbricus chloroticus, Dᴜɢᴇs, 1837, p. 17 et 19.
Lumbricus riparius, Hᴏꜰꜰᴍᴇɪsᴛᴇʀ, 1843, p. 189 ; pl. IX, f. IV.
    Id.   *id.*   Hᴏꜰꜰᴍᴇɪsᴛᴇʀ, 1845, p. 30, fig. 4 *a*, *b*, *c*.
Lumbricus chloroticus, Gʀᴜʙᴇ, 1851, p. 99 et 145.
Lumbricus riparius, Uᴅᴇᴋᴇᴍ, 1865, p. 39, pl. IV, fig. 4, 5.
Lumbricus viridis, Jᴏʜɴsᴛᴏɴ, 1865, p. 60.
Lumbricus riparius, Eɪsᴇɴ, 1871, p. 965 ; pl. XIII, f. 18, 19, 20 ; pl. XVII, fig. 73 à 80.
Allobophora riparia, Eɪsᴇɴ, 1874, p. 46.
Lumbricus riparius, Tᴀᴜʙᴇʀ, 1879, p. 67.
    Id.   *id.*   Lᴇᴠɪɴsᴇɴ, 1884, p. 242.
Allobophora chlorotica, Vᴇᴊᴅᴏᴠsᴋʏ, 1884, pl. XVI, fig. 25 à 27.

Ceinture presqu'au milieu de la longueur du corps, de 9 anneaux (7 à 10, suivant M. Eisen), du 28ᵉ au 36ᵉ, proéminente, trois paires de ventouses copulatrices aux 30ᵉ, 32ᵉ et 34ᵉ.

Quatre paires de vésicules copulatrices.

Orifices mâles sous le 14e anneau.

Soies géminées.

Lobe céphalique petit, légèrement sillonné en dessous, prolongement postérieur coupant en dessus le segment buccal sur les deux tiers de sa longueur.

Corps cylindrique peu atténué en avant et encore moins en arrière. Segments bi ou tri-annuliculés par des stries circulaires peu profondes.

Couleur variant du vert olive au jaune pâle ; ceinture ordinairement rouge, parfois jaune.

Longueur 50^{mm} à 80^{mm} ; 80 à 120 anneaux.

Hab. — Europe tempérée et septentrionale, sous les pierres, dans les pâtures, assez fréquent sous les bouses de vache à demi-desséchées ; Sibérie.

Savigny donne encore comme caractère commun aux *Lumbricus chloroticus* et *L. virescens,* qui d'ailleurs, suivant lui, ne diffèrent que par la coloration, d'avoir quatre paires de testicules.

Lorsqu'on le tourmente, ce Lombric fait sortir par ses pores dorsaux, un liquide laiteux, jaune soufre ou vert. Le réservoir principal de cette liqueur est dans le 13e anneau, où il forme un demi-collier.

M. Eisen (1871) indique et figure deux variétés : var. α *rufescens* (fig. 19) et var. β *pallescens* (fig. 18).

26. Lumbricus (Allobophora) communis.

(Pl. XXI, fig. 4.)

Lumbricus communis, Hoffmeister, 1845, p. 23.

        Id.   *Enterion caliginosum,* Sav. p. 25.

        Var. α.   »   cyaneum, Sav. p. 24, fig. 3 a, d.

        Var. γ.   »   ictericum ? Sav. p. 28.

        Var. γ. *Lumbricus anatomicus,* Dug. p. 28, fig. 3 c.

        Var. β.   »   trapezoideus, Dug. p. 27.

        Var. δ.   »   communis luteus, Hoffm. p. 29.

Lumbricus anatomicus, Grube, 1851, p. 99 et 145.

?   Id.   id.   Grube, 1851, p. 19.

    Id.   id.   Gertsfeld, 1859, p. 268.

    Id.   id.   Johnston, 1865, p. 60.

Lumbricus communis, Udekem, 1865, p. 36 et suiv.

    Id.   id.   Eisen, 1871, p. 962; pl. XVII, fig. 66 à 72.

        Var. α. cyaneus, p. 964; pl. XII, fig. 7.

        Var. γ. olivaceus, p. 964; pl. XII, fig. 11, 12.

        Var. δ. pellucidus, p. 964; pl. XII, fig. 13, 14.

Ceinture lisse, de grosseur médiocre, composée de 7 à 10 anneaux, 27e ou 28e au 35e et 36e ; deux paires de ventouses copulatrices.

Deux vésicules copulatrices de chaque côté.

Orifices mâles au 14e anneau.

Soies géminées, rapprochées.

Lobe céphalique arrondi, échancré en avant, sillonné en dessous ; raccourci en arrière et n'occupant que la moitié ou le tiers du segment buccal.

Corps cylindrique, atténué en avant, parfois déprimé en arrière.

Couleur variant du jaune très pâle au lilas, au brun olivâtre ; ceinture rougeâtre.

Longueur 100^{mm} à 200^{mm} ; 160 à 180 segments.

HAB. — Europe moyenne et septentrionale, Sibérie.

27. LUMBRICUS (ALLOBOPHORA) ANATOMICUS.

Lumbricus anatomicus, DUGÈS, 1828, p. 289 et 292 ; pl. IX, fig. 17, 18, 23.
    Id.   id.   FITZINGER, 1833, p. 552.
? *Lumbricus chloroticus*, DUGÈS, 1837, p. 17 et 19.
Lumbricus anatomicus, HOFFMEISTER, 1842, p. 23 ; pl. I, fig. 6 à 10, 16.
Lumbricus communis, var. HOFFMEISTER, 1843, p. 188 ; pl. IX, fig. 3.
    Id.   id.   var. γ, HOFFMEISTER, 1845, p. 28 ; fig. 3 c.
Lumbricus anatomicus, GRUBE, 1851, p. 99 et 145.
    Id.   id.   GERTSFELD, 1859, p. 268.
    Id.   id.   JOHNSTON, 1865, p. 60 et 330.
Lumbricus communis, UDEKEM, 1866, p. 36.
nec *Lumbricus anatomicus*, Dug., EISEN, 1871, p. 962.

Ceinture de 9 anneaux, du 28e au 36e ; trois ventouses sur les 30e, 32e et 35e. Trois paires de poches copulatrices sous les 6e, 7e et 8e anneaux. Orifices mâles au 14e.

Soies géminées.

Lobe céphalique anguleux postérieurement, échancrant à angle obtus le segment buccal.

Corps aplati en arrière avec un sillon longitudinal sur le dos.

De couleur rosée, transparent, les vaisseaux particulièrement bien visibles au travers de l'enveloppe segmentaire.

Longueur 80^{mm} à 100^{mm}.

HAB. — France méridionale (Dugès) ; Tomsk, Irkoutsk, en Sibérie (Gertsfeld).

Ces caractères sont empruntés aux travaux de Dugès, créateur de l'espèce. Il pense que celle-ci peut être assimilée aux 25 *Lumbricus chloroticus* Sav. et *L. virescens* Sav. ; seulement ces deux dernières, ou plutôt cette dernière espèce, puisqu'elles paraissent ne devoir en former qu'une seule, se rencontrerait particulièrement dans le Nord de la France, tandis que le *Lumbricus anatomicus* vrai serait plus méridional. Il est difficile dès lors de décider s'il s'agit là d'une espèce réelle ou d'une simple variété locale.

Suivant M. Eisen, le ver décrit par Hoffmeister comme var. γ de son *Lumbricus communis*, ceux désignés par Grube et Johnston, sous le nom de *Lumbricus anatomicus* n'appartiennent pas à l'espèce décrite par Dugès. Il en est sans doute de même de celle de M. Gerstfeld, qui cite Hoffmeister comme référence synonymique.

28. LUMBRICUS (ALLOBOPHORA) SUBMONTANUS.

Lumbricus submontanus, **VEJDOVSKY**, 1875.
    Id.   *id.*   **VEJDOVSKY**, 1883, p. 15 (tirage à part).
Allobophora submontana, **VEJDOVSKY**, 1884, p. 61.

Ceinture de 9 anneaux, du 23e au 32e.

Orifices mâles développés, sous le 14e anneau.

Lobe céphalique très petit, obtus, partageant à moitié le segment buccal, muni d'un sillon transverse. Corps quadrangulaire fortement convexe sur le dos, concave à la partie ventrale, peu atténué en avant et pas du tout en arrière ; les pores dorsaux sont grands et commencent dès le Ier intersegment.

Couleur d'un rouge carmin avec des anneaux intersegmentaires jaunes.

Longueur 100mm à 120mm ; 90 à 100 segments.

HAB. — Bohême, les Montagnes des Géants.

Cette espèce, qui ne m'est connue que par la description donnée par M. Vejdovsky, ressemble beaucoup comme aspect extérieur au 47 *Lumbricus fœtidus* Sav.

29. LUMBRICUS (ALLOBOPHORA) CARNEUS.

Enterion carneum, **SAVIGNY**, 1826, p. 180.
    Id.   *id.*   **FITZINGER**, 1833, p. 552.
Lumbricus carneus, **DUGÈS**, 1837, p. 17 et 19.
Lumbricus communis, var. β, γ, **HOFFMEISTER**, 1845, p. 27 et 28 ; fig. 3 *b, c*.
    Id.   *id.*   2° var. **UDEKEM**, 1865, p. 37.
    Id.   *id.*   var. β, **EISEN**, 1871, p. 964 ; pl. XII, fig. 8, 9, 10.

Allobophora mucosa, Eisen, 1874, p. 47 ; pl. XII, fig. 7 à 10.
    Id.   id.   Eisen, 1875, p. 43.
Lumbricus aquatilis, Vejdovsky, 1875.
Allobophora mucosa, Eisen, 1877-1879, p. 5.
Lumbricus mucosus, Tauber, 1879, p. 16.
Allobophora mucosa, Örley, 1881, p. 287.
Lumbricus carneus, Vejdovsky, 1882, p. 51.
    Id.   id.   Vejdovsky, 1883, p. 16 (tirage à part).
    Id.   id.   Vejdovsky, 1884, p. 61.
Lumbricus mucosus, Levinsen, 1884, p. 243.

Ceinture peu proéminente de 7 à 8 anneaux, du 25e ou 26e au 33e ; deux ventouses copulatrices aux 29e et 30e.

Deux paires de vésicules copulatrices.

Orifices mâles sous le 14e anneau.

Soies géminées, très rapprochées. Lobe céphalique petit, occupant la moitié du segment buccal.

Corps cylindrique, mince, allongé, atténué postérieurement.

Couleur rosée, surtout en avant, parfois légèrement brunâtre, la ceinture toujours assez vivement colorée en rouge.

Longueur 54^{mm} à 81^{mm}, parfois 108^{mm} ; 130 à 150 segments.

Hab. — France, Allemagne, presqu'île Scandinave, îles Baléares, Açores, Sibérie, Nouvelle-Zemble, Etats-Unis.

Savigny dit que cette espèce possède trois paires de testicules.

M. Eisen avait d'abord considéré, avec Hoffmeister, ce Lombric comme une variété du *Lumbricus communis*, Hoffm. Dans des travaux plus récents, il la regarde comme distincte et lui donne un nouveau nom. Il est vrai qu'il signale certaines différences, ainsi la ceinture pourrait être de 9 anneaux et on trouverait trois paires de ventouses copulatrices du 28e au 30e anneau. Ces caractères ne sont peut-être pas suffisants pour justifier une distinction spécifique et le nom donné par Savigny mérite d'être conservé.

Cette espèce est citée par M. Vejdovsky comme rencontrée dans les puits à Prague.

M. Eisen fait remarquer que dans l'alcool fort, le ver en se contractant se coude souvent à angle droit et les côtés de la ceinture se courbent, sont proéminents.

30. Lumbricus (Allobophora) roseus.

Enterion roseum, Savigny, 1826, p. 182.
? *Lumbricus roseus*, Risso, 1826, p. 427.
Enterion roseum, Fitzinger, 1833, p. 552.
Lumbricus roseus, Dugès, 1837, p. 17 et 20.
Enterion roseum, Grube, 1851, p. 100.

Ceinture de 8 anneaux, du 24ᵉ au 31ᵉ, parfois de 7, du 23ᵉ au 29ᵉ; deux paires de ventouses copulatrices aux 28ᵉ et 29ᵉ, comprises de chaque côté dans une bande, qui s'étend sur les deux anneaux voisins antérieur et postérieur.

Vésicules copulatrices au nombre de deux paires, rapprochées du dos.

Orifices mâles sous le 14ᵉ anneau.

Soies géminées, très rapprochées.

Lobe céphalique demi-circulaire, à angle peu prononcé en arrière.

Hab. — France, environs de Paris.

Ce Lombric aurait quatre paires de testicules et répand une liqueur d'un gris jaunâtre peu odorante, qui dans l'alcool devient concrète et d'un blanc de craie.

Dugès disant que cette espèce ne diffère de son 33 *Lumbricus Blainvilleus* que par la disposition des ventouses copulatrices, on est autorisé à admettre que la forme du lobe céphalique est la même pour les deux espèces.

C'est pour la similitude du nom que le *Lumbricus roseus* de Risso est ici placé, « cette espèce présente un corps assez mince, allongé, couleur de rose, muni d'une ceinture rouge; longueur 160ᵐᵐ; dans la fange, apparaît en mars ». Cette diagnose est évidemment trop incomplète pour permettre de savoir exactement à quel type elle peut s'appliquer.

31. Lumbricus (Allobophora) caliginosus.

Enterion caliginosum, Savigny, 1826, p. 180.
    Id.   id.   Fitzinger, 1833, p. 552.
Lumbricus caliginosus, Dugès, 1837, p. 17 et 19.
Lumbricus communis, var. β (ex part.), Hoffmeister, 1845, p. 27; fig. 3 *b, c.*
    Id.   id.   2ᵉ var. Udekem, 1865, p. 37.
? *Lumbricus anatomicus,* Johnston, 1865, p. 60.

Ceinture de 8 anneaux, du 26ᵉ au 33ᵉ; deux paires de ventouses copulatrices aux 30ᵉ et 32ᵉ.

Vésicules copulatrices au nombre de deux paires.

Orifices mâles sous le 14ᵉ segment.

Soies géminées.

Hab. — Environs de Paris.

Ce ver n'est connu que par la description succincte de Savigny, le type n'existe pas dans les collections du Muséum. Dugès le regarde comme très voisin de son 32 *Lumbricus trapezoideus*, ce qui pourrait faire supposer que ce ver doit être placé parmi les *Allobophora*, car les auteurs sont muets sur la forme du prolongement du lobe céphalique.

Suivant Savigny, on ne trouve que deux paires de testicules.

32. LUMBRICUS (ALLOBOPHORA) TRAPEZOIDEUS.

(Pl. I, fig. 3 ; pl. IV, fig. 5; pl. XXII, fig. 5. (Anat.)

Lumbricus trapezoideus, DUGÈS, 1828, p. 289 et 291 ; pl. IX, fig. 13, 14, 21.
    Id.   id.   FITZINGER, 1833, p. 552.
    Id.   id.   DUGÈS, 1837, p. 17 et 19.
Lumbricus communis, var. *carneus,* HOFFMEISTER, 1845, p. 27; fig. 3 *b, e.*
Lumbricus trapezoideus, QUATREFAGES 1849 (*Règ. anim. ill.*), pl. Ire, fig. 2,
    2ᵃ, 2ᵇ; pl. XXI *bis,* fig. I; pl. XXIV, fig. 2, 2ᵃ, 2ᵇ (anatomie).
Lumbricus terrestris, JOHNSTON, 1865, p. 59.
Lumbricus communis, var. *carneus,* UDEKEM, 1865, p. 37.

Ceinture très saillante de 8 anneaux, du 26ᵉ au 33ᵒ; ventouses copulatrices, trois paires sous les 29ᵉ, 31ᵒ et 32ᵉ anneaux.

Orifices mâles sous le 14ᵉ anneau.

Soies géminées, rapprochées, les faisceaux, au moins sur les anneaux de la partie moyenne du corps, presqu'à égale distance les uns des autres; les supérieurs cependant un peu plus écartés.

Lobe céphalique allongé, un prolongement postérieur entamant jusqu'à moitié environ le segment buccal, face inférieure sillonnée.

Corps arrondi et atténué en avant, nettement quadrangulaire en arrière.

Couleur brunâtre en dessus, pâle en dessous, quelquefois noirâtre en avant; ceinture rosée ou jaunâtre.

Longueur 210ᵐᵐ.

HAB. — Midi de la France, Europe moyenne.

Dugès signale des papilles blanchâtres sous les 8ᵒ, 9ᵒ et 10ᵉ anneaux, correspondent-elles aux vésicules copulatrices? celles-ci sont généralement moins reculées.

33. LUMBRICUS (ALLOBOPHORA) BLAINVILLEUS.

Lumbricus Blainvilleus, DUGÈS, 1837, p. 17 et 20.
?   Id.   id.   GRUBE, 1851, p. 100.

Ceinture de 8 anneaux, du 26e au 33e, rarement de 9.
Orifices mâles sous le 14e anneau.
Soies géminées.
Lobe céphalique demi-circulaire à angle peu prononcé en arrière.
Couleur rosée.
Taille petite.

Hab. — France méridionale.

Ce Lombric, imparfaitement connu par la description qu'en a donnée Dugès, rendrait, d'après cet auteur, une humeur jaune par les pores dorsaux.

34. Lumbricus (Allobophora) tumidus.

Allobophora tumida, Eisen, 1875, p. 45 ; pl. II, fig. 5 à 8.
Lumbricus tumidus, Tauber, 1879, p. 68.
?*Lumbricus tumidus,* Levinsen, 1884, p. 243.

Ceinture peu élevée, de 8 anneaux, du 21e au 28e ; deux paires de ventouses copulatrices, peu visibles, aux 26e et 27e.
Orifices mâles sous le 14e anneau, petits mais distincts.
Soies géminées, rapprochées.
Lobe céphalique petit, en carré postérieurement, coupant aux trois quarts le segment buccal ; sillonné longitudinalement en dessous.
Corps arrondi, cylindrique en avant, quadrangulaire en arrière.
Longueur 30ᵐᵐ.

Hab. — Nouvelle-Bretagne, Monts Lebanon.

35. Lumbricus (Allobophora) rubidus.

Enterion rubidum, Savigny, 1826, p. 182.
     Id.   id.   Fitzinger, 1833, p. 552.
Lumbricus rubidus, Dugès, 1837, p. 17 et 23.

Ceinture de 7 anneaux ou 6, du 24e au 31e plus souvent 32e ; les paires de ventouses copulatrices, au nombre de deux sous les 28e et 29e, comprises dans une bandelette, qui s'étend sur les deux anneaux voisins antérieur et postérieur.
Deux paires de vésicules copulatrices rapprochées du dos.
Orifices mâles sous le 14e anneau.

Soies très écartées, géminées cependant.

Lobe céphalique demi-circulaire, tronqué largement en arrière et entamant à peine à moitié le segment buccal.

Couleur rouge, la ceinture pâle.

HAB. — France, environs de Paris.

Ce ver aurait trois paires de testicules et répand par ses pores dorsaux une humeur d'un jaune safran.

L'écartement des soies rend cette espèce intermédiaire aux *Dendrobæna* et aux *Allobophora*. Dugès disant d'une manière formelle qu'elles sont « réellement géminées », je crois devoir placer ce Lombric dans cette dernière section. M. Vejdovsky (1884) le regarde comme identique au 3 *Lumbricus Boeckii* Eis., quoiqu'il y ait une paire de ventouses copulatrices en moins, et Hoffmeister (1845) l'a cité en synonymie de son *L. olidus* (= 47 *L. fœlidus*, Sav.).

36. LUMBRICUS (ALLOBOPHORA) PUTER.

Lumbricus puter, HOFFMEISTER, 1845, p. 33; fig. 6 *a*, *b*, *c*.
    Id.   *id.*   GRUBE, 1851, p. 99 et 145.
    Id.   *id.*   JOHNSTON, 1865, p. 62 (1).
    Id.   *id.*   UDEKEM, 1865, p. 41.

Ceinture lisse, peu saillante, de 7 anneaux, du 24e au 30e, plus rarement du 25e ou 26e au 31e; en dessous des bourrelets longitudinaux, présentant souvent une paire de ventouses copulatrices distinctes.

Orifices mâles rarement nets entre les 14e et 15e anneaux.

Soies géminées, rapprochées.

Lobe céphalique petit, transparent, obtus en avant, le prolongement postérieur, large, coupe aux trois quarts le segment buccal ; pas de fente en dessous.

Corps cylindrique, un peu atténué en avant et en arrière.

Chaque anneau présente au côté supérieur une large bande rouge-brun; face inférieure incolore, la ceinture, gris blanchâtre ou gris rougeâtre, tranche fortement sur la couleur vive du dos.

Longueur 26^{mm} à 39^{mm}; 80 à 90 anneaux.

HAB. — Allemagne, Belgique, Angleterre, sous l'écorce humide des

(1) Le texte de Johnston porte en réalité *L. putor*, et cette orthographe est reproduite dans une citation faite par Eisen (1871, p. 959), ceci doit être regardé comme une simple faute d'impression, aussi bien que l'orthographe *L. pieter* donnée par Udekem, on ne doit pas y avoir égard.

arbres abattus, dans la mousse, dans les gaînes des feuilles de plantes aquatiques mortes, etc.

Cette jolie espèce pourrait bien être identique, d'après Hoffmeister, au 30 *Lumbricus roseus*, Sav. Elle avait été confondue par M. Eisen avec son 3 *Lumbricus Boeckii*, mais s'en distingue suffisamment par ses soies « plus rapprochées, dit Hoffmeister, qu'elles ne le sont chez le 47 *Lumbricus fœtidus* Sav. » Ce caractère peut également servir à la distinguer de l'espèce précédente.

37. LUMBRICUS (ALLOBOPHORA) DUBIUS.

Lumbricus dubius, DUGÈS, 1837, p. 17 et 20.
? *Id*   id.   GRUBE, 1851, p. 100.

Ceinture de 7 anneaux, du 26° au 32°; ventouses copulatrices sous les 28° et 30°.

Orifices mâles au 14° anneau.

Soies géminées.

HAB. — France méridionale.

Connu seulement par la description très incomplète donnée par Dugès. Cet auteur le rapprochant de son 33 *Lumbricus Blainvilleus*, on doit en conclure que le lobe céphalique n'entame que peu le segment buccal.

38. LUMBRICUS (ALLOBOPHORA) PARVUS.

Allobophora parva, EISEN, 1875, p. 46; pl. II, fig. 9, 10, 11.
Lumbricus parvus, TAUBER, 1879, p. 68.
? *Id.*   id.   LEVINSEN, 1884, p. 243.

Ceinture peu élevée, formée ordinairement de 7 anneaux, du 23° au 29°; ventouses copulatrices peu apparentes, sous les six derniers de ces segments.

Orifices mâles sous le 14° anneau, gonflés et bien visibles.

Soies géminées, rapprochées, les dorsales moins écartées cependant que les ventrales.

Lobe céphalique petit, arrondi, carré en arrière, occupant les deux tiers du segment buccal; un sillon longitudinal en dessous.

Corps cylindrique atténué en arrière, segment anal un peu plus long que le précédent.

Longueur 40ᵐᵐ; 100 segments environ.

HAB. — Nouvelle-Bretagne, Mont Lebanon.

39. Lumbricus (Allobophora) norvegicus.

Allobophora norvegica, Eisen, 1874, p. 48.
Lumbricus norvegicus, Levinsen, 1884, p. 243.

Ceinture ordinairement formée de 7 anneaux, du 25° au 31°; quatre paires de ventouses copulatrices sous les 27°, 28°, 29° et 30°.

Orifices mâles sous le 14° anneau, petits.

Soies géminées, très rapprochées.

Lobe céphalique grand, coupant aux trois quarts le segment buccal.

Corps cylindrique, épais, non atténué en arrière (d'après les individus conservés dans l'alcool).

Longueur 100ᵐᵐ; 120 segments.

Hab. — Presqu'île Scandinave, vers le Nord.

40. Lumbricus (Allobophora) subrubicundus.

Allobophora subrubicunda, Eisen, 1874, p. 51; pl. XII, fig. 1 et 2.
    Id.   id.   Eisen, 1875, p. 44.
    Id.   id.   Eisen, 1877-1879, p. 7.
Lumbricus subrubicundus, Tauber, 1879, p. 68.
Lumbricus subrubicundus, Levinsen, 1884, p. 242.

Ceinture développée, visible, de 7 anneaux, étendue du 24° au 30°; ventouses copulatrices par paires de chaque côté de la ceinture aux 26°, 27° et 28°.

Orifices mâles sous le 14° anneau.

Soies géminées, rapprochées.

Lobe céphalique développé, incolore, son prolongement entame à moitié le segment buccal.

Corps cylindrique, un peu déprimé en avant, atténué en arrière.

Couleur rouge-brun clair, des annélations alternatives de cette teinte et jaunes mais à la partie postérieure du corps seulement.

Longueur 90ᵐᵐ; 90 à 110 segments.

Hab. — Scandinavie, Sibérie, Açores, Niagara, Terre-Neuve, Californie.

41. Lumbricus (Allobophora) tenuis.

Allobophora tenuis, Eisen, 1875, p. 44; pl. II, fig. 1 à 4.
    Id.   *id.*   Eisen, 1877-1879, p. 7.
Lumbricus subrubicundus, Levinsen, 1884, p. 242.

Ceinture peu élevée, ordinairement de 6 ou 7 anneaux, des 25e ou 26e au 30e; deux paires de ventouses copulatrices occupant les 28e et 29e.

Orifices mâles sous le 14e segment, très apparents, gonflés, pâles.

Soies partout géminées, rapprochées, cependant les dorsales plus écartées que les ventrales.

Lobe céphalique grand, incolore, quadrangulaire en arrière et occupant, sans qu'il y ait de prolongement postérieur nettement distinct, les trois quarts du segment buccal.

Corps cylindrique, allongé, atténué en arrière; le segment anal plus long que l'anneau précédent.

Longueur 50^{mm} à 60^{mm}.

Hab. — Allemagne, Suède, Iles Loffoden, Niagara, Mont Lebanon, Canada, Californie.

Dans ses derniers travaux, M. Eisen incline à penser que cette espèce et son 50 *Lumbricus arboreus* pourraient bien n'être que deux variétés d'un même type et propose de les réunir en conservant la dénomination de *L. tenuis.*

42. Lumbricus (Allobophora) levis.

Lumbricus levis, Hutton, 1876, p. 351; pl. XV, fig. C, *a, b, c, d.*
    Id.   *id.*   Hutton, 1879, p. 317.

Ceinture distincte, de 6 ou 7 anneaux commençant sur l'un quelconque, depuis le 15e jusqu'au 25e; ventouses aux deux derniers anneaux.

Six paires de vésicules copulatrices s'ouvrant du 10e au 15e anneaux. Orifices mâles (?).

Soies faibles, bisériées en arrière de la ceinture, manquant en avant de celle-ci.

Lobe céphalique petit, conique, simple. Bord antérieur du segment buccal faiblement échancré en dessus, entier en dessous.

Corps cylindrique, atténué en avant, les treize premiers segments simples ou bi-annuliculés, les autres tri-annuliculés.

Couleur chair pâle; ceinture brun-rouge.

Longueur 76^mm à 102^mm; 130 à 150 segments.

Hab. — Dunedin et Hampden (Nouvelle-Zélande), dans les jardins et les champs (Hutton) (1).

Cette espèce varie et parfois présente une teinte verdâtre. L'absence de soies sur les anneaux préclitellins et de tubercules sur les côtés du clitellum la différencient du 26 *Lumbricus communis*, toutefois le premier de ces caractères fait parfois défaut sur les jeunes individus, qui présentent des soies aussi bien en avant qu'en arrière.

43. Lumbricus (Allobophora) Fraissei.

Allobophora Fraissei, Örley, 1881, p. 285.

Ceinture médiocrement développée, de 7 anneaux, du 24e au 30e, son étendue varie suivant les individus; trois paires de ventouses copulatrices aux 27e, 28e et 29e anneaux, chez les individus adultes il est parfois difficile de les distinguer.

Orifices mâles sous le 14e anneau.

Soies placées sur un renflement annulaire du segment, géminées, les soies extérieures de la paire supérieure plus avancées l'une vers l'autre que chez le 47 *Lumbricus fœtidus* Sav.

Lobe céphalique petit, un peu élargi; son prolongement postérieur n'entame que la moitié antérieure du segment buccal; pas de sillon à la face inférieure.

Corps arrondi, atténué d'une manière insignifiante aux deux extrémités; pas d'aplatissement sensible en arrière. Anneaux allongés, nettement séparés, sauf les trois ou quatre premiers, tous tri-annuliculés; le segment anal aussi long que le précédent, avec une fente caractéristique perpendiculaire à l'axe longitudinal du corps.

Autant qu'on peut en juger, la partie dorsale semble partout colorée d'un pigment rouge, la partie ventrale est pâle.

Longueur 80^mm à 100^mm (individus contractés); 100 à 110 segments.

Hab. — Iles Baléares.

Ce Lombric, d'après M. Örley, auquel est empruntée cette description, est aussi répandu dans ces îles que l'est en Europe le 47 *Lumbricus fœtidus*, Sav. avec lequel il offrirait de grands rapports.

(1) Voir la note, page 128, à propos du 18 *Lumbricus uliginosus*, Hutt.

Sur les 25°, 29°, 32° et 33° anneaux, on observe des fossettes assez fortes, dont la signification ne peut être parfaitement établie, elles différencient cette espèce du 24 *L. mediterraneus,* Örley.

44. LUMBRICUS (ALLOBOPHORA) CINCTUS.

Enterion cinctum, FITZINGER, 1833, p. 552.
Lumbricus cinctus, DUGÈS, 1837, p. 17 et 21.
Enterion cinctum, GRUBE, 1851, p. 100.

45. LUMBRICUS (ALLOBOPHORA) POLYPHEMUS.

Enterion polyphemus, FITZINGER, 1833, p. 552.
Lumbricus polyphemus, DUGÈS, 1839, p. 17 et 21.
Enterion polyphemus, GRUBE, 1851, p. 100.

Ceinture de 7 anneaux. Orifices mâles sous le 14°. Soies géminées, rapprochées.

HAB. — Europe.

Ces deux Lombrics, réunis par Fitzinger dans une même section, avec le 47 *Lumbricus fœtidus,* Sav., sont caractérisés d'une manière trop incomplète par la diagnose commune sus énoncée pour qu'il soit possible de se rendre compte de leurs rapports réels.

Dugès et Grube ne les citent également que pour mémoire.

46. LUMBRICUS (ALLOBOPHORA) NORDENSKIOELDII.

Allobophora Nordenskioeldii, EISEN, 1877-1879, p. 6; pl. VIII, fig. 14.

Ceinture non saillante, de 7 anneaux; ventouses copulatrices aux 28°, 29° et 30°. Orifices mâles sous le 14°.

Soies géminées, très rapprochées, leur pointe, à un fort grossissement, se montre ornée de petits traits courbes, transversalement disposés.

Lobe céphalique petit, grêle en arrière, s'étendant sur la moitié du segment buccal, un seul sillon transverse en dessus, très souvent un sillon longitudinal inférieur.

Corps cylindrique, allongé, épais, déprimé en arrière.

Une tache pâle au côté supérieur des 8°, 9° et 10° anneaux.

Longueur 80ᵐᵐ à 150ᵐᵐ; 80 à 125 segments.

HAB. — Sibérie, vallée du Jénisséi.

Cette espèce serait très voisine du 47 *L. fœtidus* Sav., dont elle diffère par la position des ventouses copulatrices, l'ornementation de la pointe des soies et la coloration.

47. Lumbricus (Allobophora) fœtidus.

(Pl. XXI, fig. 1.)

Enterion fœtidum, Savigny, 1826, p. 182.
    Id.   *id.*   Fitzinger, 1833, p. 552.
Lumbricus annularis, Templeton, 1836, p. 234.
Lumbricus fœtidus, Dugès, 1837, p. 17 et 21 ; pl. I, fig. 4.
Lumbricus olidus, Hoffmeister, 1842, p. 24 ; pl. I, fig. 1 à 5, 15, 28 *a* et *b*, 30.
    Id.   *id.*   Hoffmeister, 1843, p. 190 ; pl. IX, fig. V.
    Id.   *id.*   Hoffmeister, 1845, p. 32, fig. 5 *a, b*.
Lumbricus fœtidus, Grube, 1851, p. 99 et 145.
    Id.   *id.*   Johnston, 1865, p. 61 et 331.
Lumbricus olidus, Udekem, 1865, p. 40 ; pl. IV, fig. 1, 2, 3.
Lumbricus fœtidus, Eisen, 1871, p. 960 ; pl. XIII, fig. 17 ; pl. XVI, fig. 58 à 65.
Allobophora fœtida, Eisen, 1874, p. 50 ; pl. XII, fig. 3 et 4.
Lumbricus fœtidus, Perrier, 1874, p. 434 (remarque anatomique).
Allobophora fœtida, Eisen, 1877-1879, p. 7.
Lumbricus fœtidus, Tauber, 1879, p. 68.
Allobophora fœtida, Örley, 1881, p. 287.
Lumbricus fœtidus, Vejdovsky, 1882, p. 51.
    Id.   *id.*   Levinsen, 1884, p. 242.
Allobophora fœtida, Vejdovsky, 1884, pl. XVI, fig. 24.

Ceinture peu proéminente de 6, rarement 7 anneaux, du 25ᵉ au 30ᵉ ou 31ᵉ ; trois paires de ventouses copulatrices contiguës, sous les 27ᵉ, 28ᵉ et 29ᵉ anneaux.

Deux vésicules copulatrices de chaque côté, rapprochées du dos.

Orifices mâles sous le 14ᵉ anneau.

Soies géminées, placées sur la moitié inférieure de l'anneau, leur pointe, à un fort grossissement, se montre ornée de petits traits longitudinalement disposés.

Lobe céphalique petit, allongé ; son prolongement postérieur en triangle à sommet arrondi, entame le segment buccal sur la moitié à peu près de sa longueur, un sillon médian transversal, parfois indistinct.

Corps rigidule, cylindrique, atténué en avant.

Couleur jaune plus ou moins rougeâtre, zébré d'un cercle brun sur chaque anneau.

Longueur 80ᵐᵐ ; 90 à 100 anneaux.

Hab. — Toute l'Europe, Iles Baléares, Amérique du Nord, Mexique, Orégon.

Ce ver par sa coloration, entre autres caractères, est l'un des plus faciles à reconnaître. Il possède quatre paires de testicules et émet par ses pores dorsaux une liqueur jaune safran, très fétide.

L'espèce est citée par M. Vejdovsky comme rencontrée dans les puits à Prague. C'est certainement l'une des plus extraordinaires au point de vue de la répartition géographique; fréquente dans les fumiers, elle a pu être transportée au loin avec des végétaux comme certains *Megascolex*.

48. LUMBRICUS (ALLOBOPHORA) ISIDORUS.

Lumbricus Isidorus, DUGÈS, 1837, p. 17 et 22.
   Id.   *id.*   GRUBE, 1851, p. 100 et 145.
   Id.   *id.*   HOFFMEISTER, 1845, p. 38.

Ceinture en avant du milieu du corps de 6 anneaux, du 26e au 31e, avec en dessous une bandelette longitudinale de chaque côté.

Orifices mâles sous le 14e segment.

Soies géminées, très rapprochées dans chaque faisceau.

Lobe céphalique échancrant partiellement le segment buccal.

Corps à anneaux simples, sans cannelure, la ceinture aplatie mais épaisse.

Couleur violacée.

HAB. — Trouvé dans des eaux minérales salines et froides (sans autre désignation).

Dédié à Isidore Geoffroy St-Hilaire, qui l'avait remis à l'auteur.

49. LUMBRICUS (ALLOBOPHORA) MAMMALIS.

Enterion mammale, SAVIGNY, 1826, p. 181.
   Id.   *id.*   FITZINGER, 1833, p. 552.
Lumbricus mammalis, DUGÈS, 1837, p. 17 et 22.
Enterion mammale, HOFFMEISTER, 1845, p. 37.
   Id.   *id.*   GRUBE, 1851, p. 100.

Ceinture de 6 anneaux, du 30e au 35e; deux paires de ventouses copulatrices contiguës, correspondant chacune à un seul anneau, les 32e et 33e.

Deux vésicules copulatrices de chaque côté.

Orifices mâles sous le 14e anneau.

Soies géminées, mais peu rapprochées.

Lobe céphalique allongé, non creusé en dessous, son prolongement postérieur coupe au moins aux trois quarts le segment buccal.

Hab. — Environs de Paris.

D'après Savigny, les orifices mâles sont très saillants, l'épithète spécifique fait allusion à cette circonstance, il y aurait trois paires de testicules.

Hoffmeister pense que cette espèce pourrait bien être identique au 12 *Lumbricus castaneus*, Sav.

50. Lumbricus (Allobophora) arboreus.

Allobophora arborea, Eisen, 1874, p. 49; pl. XII, fig. 11.
    Id.   *id.*   Eisen, 1877-1879, p. 8.
Lumbricus arboreus, Tauber, 1879, p. 68.
Lumbricus subrubicundus, Eis., Levinsen, 1884, p. 242.

Ceinture ordinairement de 6 anneaux, du 24e au 29e ; ventouses copulatrices sous les 28e et 29e.

Orifices mâles gonflés et bien visibles sous le 14e anneau.

Soies géminées, peu écartées.

Lobe céphalique grand, décoloré, occupant les deux tiers du segment buccal. Corps cylindrique, épais en avant et, d'après l'individu conservé dans l'alcool absolu, atténué.

Longueur 50mm environ ; 50 à 60 segments.

Hab. — Presqu'île Scandinave.

M. Eisen, dans la diagnose, dit qu'on trouverait aux 14e et 15e segments les ventouses copulatrices (*tubercula pubertatis*), derrière les orifices mâles (c'est sans doute une erreur typographique, je l'ai rectifiée d'après le tableau qui termine son mémoire) et que le segment anal surpasse un peu en longueur le précédent.

On a vu plus haut que M. Eisen inclinait aujourd'hui à croire, que c'était là une simple variété de son 41 *Lumbricus tenuis*.

51. Lumbricus (Allobophora) annulatus.

Lumbricus annulatus, Hutton, 1877, p. 352; pl. XV, fig. D, *a, b, c, d.*
    Id.   *id.*   Hutton, 1879, p. 317.

« Ceinture bien marquée, lisse et brillante de 5 ou 6 anneaux commençant avec le 36e, non tuberculeuse inférieurement; une paire de vésicules copulatrices s'ouvrant au 16e anneau. Orifices mâles (?).

Soies bisériées. Lobe céphalique petit et plat, n'entamant qu'en partie le segment buccal échancré supérieurement, entier inférieurement. Corps atténué aux deux extrémités, rond en avant, sub-pentagone en arrière, segments bi ou tri-annuliculés.

Couleur brun rougeâtre pâle; chaque anneau présentant en son milieu une bande transverse d'un brun rougeâtre foncé; teinte plus claire en dessous.

Longueur 76^{mm} environ; 70 à 100 segments.

Hab. — Dunedin (Nouvelle-Zélande) dans les jardins » (Hutton).

Ce Lombric, que sa couleur rapproche du 47 *Lumbricus fœtidus,* Sav. s'en distingue, d'après M. Hutton, par la forme du lobe céphalique, la position des orifices des vésicules copulatrices (1) et sa ceinture bien marquée.

52. Lumbricus (Allobophora) turgidus.

?Enterion cyaneum, Savigny, 1826, p. 181.
Lumbricus communis, var. *cyaneus,* Hoffmeister, 1845, p. 24; fig. 3 *a.*
    Id.   *id.*   *id.*   Udekem, 1865, p. 37.
    Id.   *id.*   *id.*   Eisen, 1871, p. 964; pl. XII, fig. 7.
Allobophora turgida, Eisen, 1874, p. 46.
    Id.   *id.*   *forma tuberculata,* Eisen, 1875, p. 43; pl. II, fig. 12.
Lumbricus turgidus, Tauber, 1879, p. 67.
Allobophora turgida, Eisen, 1877-1879, p. 5.
    Id.   *id.*   Örley, 1881, p. 287.
Lumbricus turgidus, Levinsen, 1884, p. 243.

Ceinture peu saillante, cependant bien distincte, de 5 anneaux, du 29e au 33e; ventouses copulatrices, deux paires aux 29e et 31e anneaux.

Orifices mâles sous le 14e anneau.

Soies géminées, rapprochées.

Lobe céphalique n'entamant qu'en partie le segment buccal, un sillon longitudinal inférieur.

Couleur variant du grisâtre au bleuâtre et à la teinte chair, la ceinture orangée ou brun hépatique.

Longueur souvent de 200^{mm} et au-delà; 150 segments environ.

Hab. — France, Angleterre, Allemagne, Presqu'île Scandinave, Açores, Mont Lébanon et Niagara (Canada), Etats-Unis, Californie.

La var. *tuberculata,* Eis., est de ces dernières localités et se dis-

(1) Je rappellerai que ces orifices sont désignés par M. Hutton sous le nom de « *male genital openings,* » (voir page 128 note) ici ne s'agit-il pas réellement des orifices mâles? Le nombre et la position pourraient le faire croire contrairement à ce qu'on peut supposer d'après les 18 *Lumbricus uliginosus* et 42 *L. levis* du même auteur.

tingue par la présence de tubercules papilleux sur les trois anneaux de la ceinture privés de ventouses copulatrices, c'est-à-dire les 28ᵉ, 30ᵉ et 32ᵉ.

§ IV. S.-Genre. ALLURUS.

Orifices mâles sous le 12ᵉ anneau.

Soies le plus souvent géminées, rapprochées.

Lobe céphalique divisant en totalité ou en partie le segment buccal.

53. Lumbricus (Allurus) tetraedrus.

Enterion tetraedrum, Savigny, 1826, p. 184.
    Id.   id.   Fitzinger, 1833, p. 552.
Lumbricus tetraedus, Dugès, 1837, p. 17 et 23.
Lumbricus agilis, Hoffmeister, 1843, p. 191 ; pl. IX, fig. VI.
    Id.   id.   Hoffmeister, 1845, p. 36.
Lumbricus tetraedrus, Grube, 1851, p. 99 et 145.
    Id.   id.   Johnston, 1865, p. 61.
Lumbricus agilis, Udekem, 1865, p. 42.
Lumbricus tetraedrus, Eisen, 1871, p. 966 ; pl. XIII, fig. 21 et 22 ; pl. XV,
    fig. 42 à 48.
Allurus tetraedrus, Eisen, 1874, p. 54.
Lumbricus tetraedrus, Tauber, 1879, p. 69.
Allurus tetraedrus, Levinsen, 1884, p. 240.
Allurus tetraedrus, Vejdovsky, 1884, p. 60 ; pl. XV, fig. 23 et 24.

Ceinture de 4 à 6 anneaux du 20ᵉ ou 22ᵉ au 25ᵉ, deux paires de ventouses copulatrices. Deux paires de vésicules copulatrices.

Orifices mâles sous le 12ᵉ anneau.

Soies géminées. Lobe céphalique arrondi s'étendant à peine dans le segment buccal. Celui-ci à bord antérieur peu échancré en dessus, arrondi en dessous. Corps nettement tétragone en arrière portant les groupes de soies à ses angles.

Couleur brunâtre ou rougeâtre avec la ceinture plus claire et plus brillante.

Longueur 40ᵐᵐ à 50ᵐᵐ ; 70 segments.

Hab. — La plus grande partie de l'Europe, Açores ; affectionne les endroits humides, le bord des ruisseaux.

M. Eisen admet deux variétés : var. α *luteus* et var. β *obscurus*. Il compte trois paires de ventouses copulatrices occupant les 22ᵉ, 23ᵉ et 24ᵉ anneaux.

54. Lumbricus (Allurus) amphisbæna.

Lumbricus amphisbæna, Dugès, 1828, p. 289 et 293 ; pl. IX, fig. 19, 20, 24.
    Id.   *id.*   Fitzinger, 1833, p. 552.
    Id.   *id.*   Dugès, 1837, p. 17 et 23.

Ceinture de 6 anneaux, du 21e au 26e ; ventouses (?).

Vésicules copulatrices (?). Orifices mâles sous le 12e anneau.

Soies géminées. Lobe céphalique allongé, non fendu en dessous, et coupant complètement en dessus le segment buccal.

Corps, à l'état de contraction, nettement quadrangulaire en arrière, les groupes de soies à ses angles.

Couleur violet foncé en dessus, à reflets irisés mieux marqués que dans toute autre espèce.

Longueur 80^{mm}.

Hab. — Environs de Montpellier, bord des ruisseaux.

Cette espèce offre les rapports les plus grands avec le 53 *Lumbricus tetraedrus* Sav., dont il se différencie surtout par le prolongement postérieur du segment buccal.

Dugès, qui l'a fait connaître, a fort nettement établi la différence dans son second travail en 1837, et c'est à tort qu'Hoffmeister, Grube, ont confondu ces deux espèces. On ne peut également regarder comme synonyme le 71 *Lumbricus minor* cité, avec doute il est vrai, par Johnston, la position des orifices mâles n'étant pas la même.

55. Lumbricus (Allurus) phosphoreus.

Lumbricus phosphoreus, Dugès, 1837, p. 17 et 24.
    Id.   *id.*   Hoffmeister, 1845, p. 38.
    Id.   *id.*   Grube, 1851, p. 100 et 145.
    Id.   *id.*   Johnston, 1865, p. 62.

Ceinture de 4 anneaux étendue du 12e au 15e.

Orifices mâles sous le 12e anneau.

Soies écartées, courtes.

Lobe céphalique demi-circulaire.

Corps mou, cylindrique, queue aplatie, couleur rosée, peau demi-transparente laissant voir les vaisseaux.

Longueur 38^{mm}.

Hab. — Montpellier, dans la tannée d'une serre chaude ; Angleterre, dans les sols marécageux.

Cette espèce a été décrite par Dugès et par Johnston, mais ce dernier convient lui-même qu'elle est des plus douteuses. Le caractère, qui, en effet, a évidemment frappé les observateurs, est celui de la secrétion d'un liquide phosphorescent dont se recouvre l'animal. Or ce phénomène, qui dépend peut-être de certaines conditions de saison, de sexe, etc., pourrait bien se rencontrer sur des espèces diverses et en tous cas ne doit pas être considéré comme ayant une valeur spécifique.

Une particularité plus importante serait le nombre des anneaux de la ceinture réduit à 4 et leur situation, aucun autre Lombric ne présente un chiffre aussi faible, ni une position aussi avancée. Toutefois Dugès n'a pas vu les orifices mâles et c'est « par conjecture » qu'il en indique la position, Grube et Johnston les donnent comme placés sous le 14ᵉ anneau. Dans l'un et l'autre cas on remarquera que ce ver serait intra-clitellien.

56. Lumbricus (Allurus) brevicollis.

Enterion brevicolle, **Fitzinger**, 1833, p. 552.
Lumbricus brevicollis, **Dugès**, 1837, p. 17 et 24.
    Id.   id.   **Hoffmeister**, 1845, p. 38.
Enterion brevicolle, **Grube**, 1851, p. 100.

« Ceinture de 6 anneaux. Orifices mâles sous le 12ᵉ. Soies équidistantes. » (Fitzinger).

Cette espèce fort incomplètement connue paraîtrait, par la position des soies et par celle des orifices mâles, voisine peut-être du 55 *Lumbricus phosphoreus* Dugès.

57. Lumbricus (Allurus) brevispinus.

Lumbricus brevispinus, **Gerstfeld**, 1859, p. 269.

« Ceinture non distincte. Orifices mâles (?).
Soies géminées.
Lobe céphalique peu développé, arrondi avec un prolongement postérieur très court, obtus. Corps cylindrique, atténué aux deux extrémités, à anneaux distincts, rugueux transversalement.
Longueur 54ᵐᵐ ; 83 segments.

Hab. — La Sibérie, vers l'embouchure de l'Amour à Songari et environs d'Irkoutsk. » (Gertsfeld).

L'auteur de cette espèce n'a eu à sa disposition qu'un exemplaire entier et différents fragments sans tête ni queue. Suivant lui, ce Lombric se rapproche surtout du 53 *Lumbricus tetraedrus* Sav. (*L. agilis*, Hoffm.), dont il se distinguerait par la consistance coriace du corps et la petitesse des soies. La largeur au 20ᵉ anneau est de 3ᵐᵐ, de 1ᵐᵐ postérieurement.

Il est des plus douteux que cette espèce appartienne au groupe des *Allurus*, la situation des orifices mâles n'étant pas connue.

§ V. S.-Genre. EISENIA

(TETRAGONURUS, Eisen).

Orifices mâles sous le 11e anneau.

Soies géminées, rapprochées.

Lobe céphalique ne divisant pas le segment buccal en totalité.

Corps cylindrique en avant, quadrangulaire en arrière.

58. Lumbricus (Eisenia) pupa.

Tetragonurus pupa, Eisen, 1875, p. 47; pl. II, fig. 13 à 16.

Ceinture saillante, ordinairement de 5 anneaux, du 18e au 22e; trois paires de ventouses copulatrices aux 19e, 20e et 21e anneaux.

Orifices mâles sous le 11e segment, petits mais distincts.

Soies géminées, rapprochées.

Lobe céphalique petit, pointu en avant, pâle, ne divisant pas le segment buccal.

Corps cylindrique en avant, tétragone en arrière.

Longueur environ 25ᵐᵐ; 40 anneaux.

Hab. — Le Canada, Niagara.

§ VI. INCERTÆ SEDIS.

59. Lumbricus opimus.

Enterion opimum, Savigny, 1826, p. 183.
　　Id.　　id.　　Fitzinger, 1833, p. 552.
Lumbricus opimus, Dugès, 1837, p. 17 et 18.
　　Id.　　id.　　Grube, 1851, p. 100.

Ceinture de 10 segments, étendue du 28e au 37e; quatre paires de ventouses copulatrices correspondant aux espaces interannulaires XXIXᵉ, XXXIᵉ et XXXVIᵉ.

Quatre vésicules copulatrices de chaque côté; rapprochées du ventre.

Orifices mâles sous le 14e anneau.

Soies géminées, écartées.

Hab. — Environs de Paris.

Savigny ajoute qu'il y a quatre testicules et que les pores du dos répandent une liqueur d'un jaune clair dont le réservoir antérieur forme un demi-collier au 13ᵉ segment.

60. LUMBRICUS TYRTÆUS.

Enterion tyrtæum, SAVIGNY, 1826, p. 180.
   Id.   *id.*   FITZINGER, 1833, p. 552.
Lumbricus tyrtæus, DUGÈS, 1837, p. 17 et 22.

Ceinture de 6 anneaux, du 29ᵉ au 34ᵉ; ventouses copulatrices, deux paires respectivement dans les espaces interannulaires XXXᵉ et XXXIIᵉ, la bandelette qui les réunit de chaque côté, occupant ces quatre anneaux.

Deux paires de vésicules copulatrices rapprochées du ventre.

Orifices mâles sous le 14ᵉ segment.

Soies géminées, rapprochées.

Hab. — Environs de Paris.

Cette espèce aurait trois paires de testicules, leur volume augmentant de la première à la dernière, et n'émet point de liqueur colorée.

61. LUMBRICUS GIGANTEUS.

Lumbricus giganteus, RISSO, 1826, p. 426.

Ceinture renflée, ayant inférieurement deux ventouses copulatrices oblongues.

Corps épais, arrondi.

Couleur d'un bleu sale en dessus, rouge clair en dessous, ceinture jaunâtre.

Longueur 260ᵐᵐ.

Hab. — Midi de la France.

Risso ajoute que cette espèce se trouve dans les terrains compactes.

62. LUMBRICUS CLITELLINUS.

Lumbricus clitellinus, RISSO, 1826, p. 426.
   Id.   *id.*   GRUBE, 1851, p. 100.

« On distingue cette espèce à son corps délié, allongé, d'un rougeâtre pâle, orné d'une ceinture très petite et même souvent presque pas apparente.

Longueur 200ᵐᵐ.

Hab. — Midi de la France, dans le limon des rivières, au printemps » (Risso).

Ce sont les seuls détails donnés par Risso sur cette espèce de taille assez considérable, comme on le voit.

63. Lumbricus quadrangularis.

Lumbricus quadrangularis, Risso, 1826, p. 426.

« La forme presque quadrangulaire de cet *Enterion* le fait distinguer d'abord des espèces précédentes (1); il est d'un rouge pâle, muni d'une petite ceinture.
Longueur 150^{mm}.

Hab. — Midi de la France, dans les endroits humides » (Risso).

L'habitat et la forme du corps pourraient faire supposer que ce Lombric est voisin du 53 *Lumbricus tetraedrus*, Sav. mais ce dernier n'atteint jamais une aussi grande taille.

64. Lumbricus cæruleus.

Lumbricus cæruleus, Risso, 1826, p. 427.

« Son corps est d'un bleuâtre pâle, aminci postérieurement, traversé d'une ceinture très peu développée.
Longueur 200^{mm}.

Hab. —- Midi de la France, dans la fange, au printemps » (Risso).

65. Lumbricus fimetorum.

Enterion fimetorum, Fitzinger, 1833, p. 552.
Lumbricus fimetorum, Dugès, 1837, p. 17 et 23.

ET

66. Lumbricus vaporariorum.

Enterion vaporariorum, Fitzinger, 1833, p. 552.
Lumbricus vaporariorum, Dugès, 1837, p. 23.

« Ceinture de 6 anneaux.
Pores génitaux sous le 14e segment.
Soies géminées, écartées » (Fitzinger).

Ces caractères se rapportent à la section dans laquelle sont compris ces deux Lombrics, simplement nommés par Fitzinger, suivant la

---

(1) « 61. *Lumbricus giganteus*, Risso; 7. *L. terrestris*, Lin.; 62. *L. clitellinus*, Risso. »

remarque de Dugès. Avec eux se trouve le 49 *Lumbricus mammalis,* Sav. Il est impossible de savoir ce que peuvent bien être ces animaux avec des renseignements aussi vagues.

67 LUMBRICUS GORDIANUS.

Lumbricus gordianus, TEMPLETON, 1836, p. 234.
    Id.   *id.*   GRUBE, 1851, p. 101.
    Id.   *id.*   JOHNSTON, 1865, p. 63.

« Couleur rouge vermeil pâle.

HAB. — Irlande, dans les terres sablonneuses cultivées où on le trouve invariablement contourné ayant l'apparence d'un nœud embrouillé » (Templeton).

68. LUMBRICUS XANTHURUS.

Lumbricus xanthurus, TEMPLETON, 1836, p. 235.
    Id.   *id.*   GRUBE, 1851, p. 101.
    Id.   *id.*   JOHNSTON, 1865, p. 62.

« D'un rouge brillant, les segments terminaux jaunes.

HAB. — Irlande, dans le tan pourri, dans les vieilles couches et les châssis à melon.

C'est le *gilt-tail* des pêcheurs anglais » (Templeton).
Johnston se demande si ce n'est pas une simple variété du *Lumbricus fœtidus* Sav. L'annélation colorée, si caractéristique de cette dernière espèce, n'est pas indiquée, ce qui serait d'autant plus singulier que Templeton base toutes ses espèces sur la coloration et a fort bien décrit cette alternance chez son *Lumbricus annularis,* Templ. (= 47 *L. fœtidus* Sav.).

69. LUMBRICUS LIVIDUS.

Lumbricus lividus, TEMPLETON, 1836, p. 235.
    Id.   *id.*   GRUBE, 1851, p. 100.
? *Lumbricus anatomicus,* JOHNSTON, 1865, p. 60.

« Brun sombre varié de pourpre sombre et de verdâtre.

HAB. — Irlande, commun dans les jardins » (Templeton).

70. LUMBRICUS OMILURUS.

Lumbricus omilurus (Omilurus rubescens, Templ. mss.), TEMPLETON, 1836,
              p. 235.
    Id.   *id.*   GRUBE, 1851, p. 101.
    Id.   *id.*   JOHNSTON, 1865, p. 63.

« Pas de ceinture au point où se trouvent les organes sexuels.

Chaque anneau avec de petites soies dirigées en arrière.

Corps long contractile, cylindrique, avec l'extrémité postérieure comprimée, lancéolée, très aplatie.

Couleur brun rougeâtre brillant.

Taille moitié de celle du *L. terrestris*.

Hab. — Irlande, commun dans les terres fortes, généralement où croissent les Rumex ».

« Je ne puis encore conclure sur la nécessité d'élever cette espèce au rang de genre distinct, mais les caractères qui le séparent des précédentes espèces (1) sont assez frappants » (Templeton).

Grube cite ces quatre espèces pour mémoire seulement, Johnston se borne comme nous à reproduire les descriptions imparfaites données par l'auteur sans y rien ajouter.

71. Lumbricus minor.

Lumbricus minor, Johnston, 1865, p. 59.
 Lumbrici minores, rubicundi, majoribus concolores, Raii, Hist. Insect. III.
 Lumbricus terrestris, Linn. Faun. Suec. 2º edit. 504. Fabric. Faun. Grœnl. 276?
 Lumbricus terrestris minor, Penn, Brit. Zool. IV, 33 ; pl. 19, fig. 6 A.
 Lumbricus pulchellus, Mus. Leach.
 Lumbricus amphisbœna ? Dug., Ann. Sc. nat. XV, 293.
 Lumbricus pygmœus ? Gr., Fam. Annel. 100.
 The Marsh-Worm, Stoddart, Angl. Comp. 112. Hofland, Angl. Mar. 10.
 The Red.-Head, Stoddart, Angl. Comp. 113.
 The Red.-Worm, Hofland, Angl. Mar. 10.
 The Segg-Worm, Hofland, Angl. Mar. 11.
 The Peacock-red, or *black-keaded Red.-Worm*, Hofland, Angl. Mar. 11.
 The Trout-Worm, Prov.

Ceinture sur le tiers antérieur du corps de 7 ou 8 anneaux peu distincts et difficiles à compter par suite de leur fusion intime.

Orifices mâles sous le 14ᵉ anneau.

Segment buccal (post-occipital) sans sillons.

Extrémité postérieure arrondie, non spatulée. Peau non iridescente ou à un faible degré.

Longueur 51ᵐᵐ à 76ᵐᵐ.

(1) « *Lumbricus annularis*, Templ. (= 47. *L. fœtidus*, Sav.), 67. *L. gordianus*, Templ., 68. *L. xanthurus*, Templ., 69. *L. lividus*, Templ. » ; Johnston pense que la comparaison ne porte que sur cette dernière espèce.

Hab. — Angleterre, dans les terres sablonneuses humides, sur les bords des rivières, sous les amas de conferves, etc., sur les pointes de roches sur lesquelles l'eau ruisselle. Très commun.

Il est fort difficile de savoir de quelle espèce se rapproche ce Lombric, qui ne m'est connu que par cette description donnée par Johnston. La synonymie reproduite ici in extenso ne nous en apprend guère davantage, mais pourrait servir à le retrouver à l'aide des noms vulgaires cités.

Ce ver, d'après le naturaliste anglais, serait l'appât préféré pour pêcher la truite de rivière.

72. Lumbricus flaviventris.

Lumbricus flaviventris, Rud. Leuckart, 1849, p. 159.
    Id.   *id.*   Grube, 1851, p. 100.

Soies espacées et disposées de telle sorte, de chaque côté, que l'intervalle qui sépare les deux rangées médianes est un peu plus grand que l'espace qui sépare les rangées supérieures ou inférieures. Au premier anneau, les soies ventrales inférieures manquent, et au lieu d'une soie ventrale supérieure, on en trouve quatre serrées les unes contre les autres.

Couleur brune, plus foncée en avant ; ventre, lobe céphalique, anneau buccal, incolores.

Longueur 50ᵐᵐ, largeur 1ᵐᵐ,5 ; 120 segments.

Hab. — Islande.

73. Lumbricus Victoris.

Lumbricus Victoris, Perrier, 1872, p. 48 et 103.

« Ceinture de 8 anneaux, du 25ᵉ au 32ᵉ.

Vésicules copulatrices au nombre de trois paires, leurs canaux vecteurs s'ouvrent sur le côté des 8ᵉ, 9ᵉ et 10ᵉ segments.

Orifices mâles sous le 14ᵉ anneau.

Soies simples.

Lobe céphalique (?)

Hab. — Damiette » (Perrier).

D'après l'auteur de l'espèce, les testicules sont au nombre de trois paires et les pavillons vibratiles des canaux déférents, chargés de prolongements digitiformes, ont l'aspect d'une touffe de filaments. Les ovaires placés dans le 13ᵉ anneau sont remarquablement développés et bien plus apparents que dans les autres espèces du même genre.

74. LUMBRICUS INFELIX.

Lumbricus infelix, KINBERG, 1867, p. 98.

« Ceinture de 6 ou 7 anneaux, soit du 30° au 35° ou 36°, soit du 31° au 36°, soit même du 34° au 39°.

Orifices mâles sous le 15° anneau.

Lobe céphalique entier, conique, égalant, vu d'en haut, la longueur du segment buccal.

Longueur environ 170^{mm} ; 90 à 156 segments.

HAB. — Port-Natal, Afrique.

La position des orifices mâles, s'il n'y a pas erreur, est remarquable.

75. LUMBRICUS CAPENSIS.

Lumbricus capensis, KINBERG, 1867, p. 100.

Soies géminées, rapprochées, renflées au-delà de la partie médiane. Lobe céphalique entier, transverse, comprimé, pendant en dessous, à bord arrondi.

Longueur 65^{mm} ; 144 segments.

HAB. — Montagnes dans les environs du Cap.

76. LUMBRICUS JOSEPHINÆ.

Lumbricus Josephinæ, KINBERG, 1867, p. 98.

Ceinture de 4 anneaux du 28° au 31°.

Lobe céphalique entier, hémisphérique, à bord postérieur émoussé, pas plus long que le premier anneau du corps, qui égale le segment buccal.

Longueur 40^{mm} ; 93 segments.

HAB. — Sainte-Hélène.

77. LUMBRICUS HELENÆ.

Lumbricus Helenæ, KINBERG, 1867, p. 98.

Ceinture nulle.

Orifices mâles nuls.

Lobe céphalique entier, courbe en arrière, rétréci en son milieu et élargi, semi-globuleux en avant, plus long que le segment buccal.

Longueur 60^{mm} ; 146 segments.

HAB. — Sainte-Hélène, dans la terre sous les pierres.

78. LUMBRICUS HORTENSIÆ.

Lumbricus Hortensiæ, KINBERG, 1867, p. 98.

Lobe céphalique terminal, entier, transverse, à bord postérieur émoussé.

Segment buccal plus court que le premier segment du corps.
Longueur 70^{mm} ; 130 segments.

HAB. — Sainte-Hélène, les hautes montagnes.

79. LUMBRICUS RUBRO-FASCIATUS.

Lumbricus rubro-fasciatus, BAIRD, 1873, p. 97.

Corps obtus à ses deux extrémités.

Couleur d'un jaune sale, marqué sur le dos d'une large bande d'une teinte rouge qui s'étend sur le milieu des segments ; le ventre est jaune.
Longueur 11^{mm} à 76^{mm}.

HAB. — Sainte-Hélène.

80. LUMBRICUS VINETI.

Lumbricus vineti, KINBERG, 1867, p. 99.

Ceinture et orifices mâles indistincts.
Soies géminées, rapprochées, les postérieures plus petites.
Lobe céphalique entier, rectangulaire en arrière, hémisphérique en avant, aussi long que le premier segment du corps.
Anneaux antérieurs plus longs, simples ainsi que les postérieurs, ceux de la partie moyenne tri-annuliculés.
Longueur 75^{mm} ; 206 segments.

HAB. — Madère, dans le sol, sous les pierres.

Espèce établie d'après des individus jeunes.

81. LUMBRICUS APII.

Lumbricus apii, KINBERG, 1867, p. 100.

Ceinture non visible, non plus que les orifices mâles.
Soies dorsales petites et, ainsi que les ventrales, géminées.
Lobe céphalique entier, transverse, postérieurement contracté en son milieu. Segment buccal égalant en longueur les deux suivants.
Longueur 35^{mm} ; 88 segments.

Hab. — Californie, près de la baie Sansolita, environs de San-Francisco.

Cette description est faite d'après de jeunes individus.

82. Lumbricus pampicola.

Lumbricus pampicola, Kinberg, 1867, p. 99.

Soies dorsales et ventrales géminées, rapprochées.

Lobe céphalique entier, transverse, élargi, terminal, en dessus long du double du segment buccal.

Longueur 60^{mm}; 160 segments.

Hab. — Environs de Montévideo, dans les champs.

83. Lumbricus tellus.

Lumbricus tellus, Kinberg, 1867, p. 99.

Soies dorsales et ventrales géminées, rapprochées, les antérieures ternées sans être serrées, égales et isolées, les postérieures, en outre, souvent géminées, petites, courtes.

Lobe céphalique bilobé, terminal, hémisphérique, plus court que le segment buccal.

Longueur 70^{mm}; 159 segments.

Hab. — Buenos-Ayres.

84. Lumbricus armatus.

Lumbricus armatus, Kinberg, 1867, p. 99.

Ceinture de 8 à 10 anneaux, du 24e au 31e ou 33e. Orifices mâles non visibles.

Soies dorsales et ventrales géminées, rapprochées.

Lobe céphalique entier, arrondi, de la longueur du segment buccal, qui lui-même égale le premier segment du corps.

Longueur 88^{mm}; 150 segments environ. De jeunes individus mesurent 25^{mm} et n'ont que 84 segments.

Hab. — Environs de Buenos-Ayres, dans la terre arable.

Les pores dorsaux, la ceinture, les orifices mâles, chez les jeunes individus ne sont pas visibles.

85. LUMBRICUS LUTEUS.

Lumbricus luteus, BLANCHARD (in GAY), 1849, p. 42.

« Ceinture sur la partie antérieure du corps, très saillante, de 8 anneaux, du 25ᵉ au 33ᵉ (1), presque lisse en dessus, et laissant à peine entrevoir sur les côtés la trace des segments.

Soies sur deux files, ordinairement géminées, courtes, brunâtres, d'apparence cornée ; la base obtuse est légèrement courbe, l'extrémité pointue un peu tordue en sens inverse ; celles des derniers anneaux un peu moins saillantes que les premières, sans grande différence.

Corps allongé, cylindrique, mais notablement plus gros en avant qu'à son extrémité postérieure ; anneaux avec un ou deux plis transversaux.

120 à 126 segments.

HAB. — Valdivia (Chili) » (Blanchard).

86. LUMBRICUS NOVÆ-HOLLANDIÆ.

Lumbricus Novæ-Hollandiæ, KINBERG, 1867, p. 99.

Ceinture de 7 anneaux, du 20ᵉ au 26ᵉ.
Orifices mâles nuls.
Soies géminées, rapprochées.
Lobe céphalique entier, quadrangulaire postérieurement, en avant semi-circulaire, égalant en longueur le 1ᵉʳ segment.
Longueur 75ᵐᵐ ; 110 segments.

HAB. — Sydney (Nouvelle-Hollande), dans la terre humide.

L'auteur n'a eu à sa disposition que de jeunes individus.

87. LUMBRICUS AUSTRALIS.

Megascolides australis, MC COY, 1878, p. 21 ; pl. VII ; 3 fig. dans le texte.

Ceinture (?) de 3 segments, seulement distincte par des ventouses copulatrices placées à la partie ventrale dans les XXXIIᵉ, XXXIIIᵉ et XXXIVᵉ intersegments. Soies géminées, occupant les deux tiers inférieurs de la circonférence du corps, commençant au 25ᵉ ou 32ᵉ anneau, longues de 0ᵐᵐ7.

(1) La ceinture ne part probablement en réalité que du 26ᵉ anneau, sans cela il y en aurait 9.

Les vingt-cinq à quarante premiers anneaux noir de suie brunâtre, plus pâle à la partie ventrale ; reste du corps uniformément de couleur chair brunâtre clair avec un léger reflet gris pourpre.

Longueur 1^m.83 se réduisant à 0^m.60 dans la contraction ; diamètre 16^{mm} à 19^{mm}.

Hab. — Victoria (Australie), (?) Nouvelle Galles du Sud.

Le cocon, long de 50^{mm} à 75^{mm}, large de 13^{mm}, a été étudié et figuré par M. Mc Coy, auquel sont empruntés ces détails. Une fort belle planche accompagne ce travail. Cet auteur a créé pour ce ver un genre nouveau, qu'on devra peut-être adopter plus tard, mais l'absence de renseignements sur la disposition des organes reproducteurs et surtout la situation des orifices mâles, ne permet pas actuellement d'en apprécier la valeur.

Est-ce la même espèce qu'a observée M. Fletcher (1884) plus au nord dans la Nouvelle Galles du Sud ?

88. Lumbricus tongaensis.

Lumbricus tongaensis, Grube, 1877, p. 553.

Clitellum de 7 anneaux, du 12e au 18e ; on ne distingue les lignes intersegmentaires qu'en dessous ; deux paires de ventouses copulatrices respectivement sous les 16e et 17e anneaux, elles sont petites et comprises de chaque côté dans un area ovalaire transversalement.

Orifices mâles (?)

Soies peu visibles, incolores, à sommet à peine courbé, géminées, rapprochées, les quatre faisceaux équidistants.

Lobe céphalique petit, transverse, comme semi-ovale, à bord postérieur obtus, angulaire, entamant le segment buccal dont il occupe le tiers en largeur et la moitié en longueur.

Segment buccal du double plus long que l'anneau suivant.

Corps raccourci, la portion préclitellienne cylindrique plus robuste, la portion postclitellienne plane en dessous, arrondie à l'extrémité. Anneaux antérieurs à peu près cinq fois, les postérieurs six à sept fois plus larges que longs, d'ailleurs plus courts que ceux-là, nettement bi-annelés.

Couleur chair en avant, jaunâtre, translucide en arrière ; la ceinture ocre pâle.

Longueur 26^{mm},5, largeur maximum au 6e anneau 2^{mm},5, presque aussi gros vers la ceinture, celle-ci un peu plus longue que large ; 111 segments.

HAB. — Tonga.

Cette espèce, ajoute M. Grube, est remarquable par sa ceinture placée fort en avant; cet organe n'était distinct que sur un des exemplaires.

Il est fâcheux que la position des orifices mâles ne soit pas indiquée; seraient-ils intra-clitellins? Dans ce cas, ce ver appartiendrait plutôt aux *Antæus* ou genres voisins; la forme du lobe céphalique est cependant celle des vrais Lombrics, tels que les *Allobophora*.

89. LUMBRICUS TAHITANUS.

Lumbricus tahitana, KINBERG, 1867, p. 99.

Soies latéralement placées, partout géminées, rapprochées, aussi bien les dorsales que les ventrales, renflées au-delà du milieu.

Lobe céphalique entier, transverse, plus court que le segment buccal (?)

Longueur 100^{mm}; 136 segments.

HAB. — Otahiti, l'humus, dans les parties montagneuses.

90. LUMBRICUS EPHIPPIUM.

Lumbricus ephippium, GRUBE, 1851, p. 100 et 145.

Ceinture de 6 anneaux du 24e au 29°.
Orifices mâles sous le 14e segment (?)
Soies géminées.
Segments préclitelliens bi-annuliculés, les segments postclitelliens tri-annuliculés, le dernier très long.

HAB. — ?

Ce sont les seuls renseignements donnés par M. Grube sur le tableau synoptique des *Lumbricus* placé dans la seconde partie de son ouvrage : *Die Familien der Anneliden*. Il serait impossible de reconnaître l'espèce avec une semblable diagnose, le lieu où a été trouvé ce ver n'étant même pas indiqué.

C'est par analogie qu'on donne la position de l'orifice mâle qui n'est pas signalée par l'auteur.

91. LUMBRICUS JULIFORMIS.

Lumbricus juliformis, BAIRD, 1873, p. 96.

« Soies géminées, deux rangées dorsales, deux ventrales.

Corps à peu près d'égale dimension à chaque extrémité, la postérieure conique, pointue. Les anneaux sont lisses, étroits,

serrés, faiblement carénés en leur centre, les dix ou onze antérieurs les plus grands.

Couleur presque noire avec des reflets métalliques.

Longueur d'un individu de taille moyenne 63^{mm}; 120 anneaux environ.

Hab. — ? (Rapporté par l'expédition antarctique). »

L'aspect de ce ver rappelle beaucoup celui d'un *Julus* (Baird).

§ VIII. **LUMBRICI DUBII**.

92. Lumbricus Eugeniæ.

Lumbricus Eugeniæ, Kinberg, 1867, p. 98.

« Ceinture de 3 ou de 5 anneaux, du 12e au 14e ou du 13^e
au 17e.

Deux paires d'orifices mâles dans les XVe et XVIe intersegments.

Soies (?).

Lobe céphalique terminal, réticulé supérieurement, occupant
en largeur le tiers médian, en longueur la moitié du segment
buccal.

Largeur du segment buccal égalant la longueur du 1er anneau.

Longueur 180^{mm}; 180 segments.

Hab. — Sainte-Hélène, les collines et les vallées ».

La double paire d'orifices mâles intra-clitelliens aurait dû faire placer
ce ver dans le genre *Mandane* (= *Acanthodrilus*), pourquoi Kinberg
le laisse-t-il avec les *Lumbricus ?*

93. Lumbricus Guildingii.

Lumbricus Guildingii, Baird, 1873, p. 96.

Soies géminées, les quatre séries placées sur le dos, dans
chacune très rapprochées ; pas de soies sur la face ventrale.

Corps composé d'anneaux étroits et serrés les uns contre les
autres, ayant leur surface rugueuse, les autres légèrement carénés chacun en leur milieu.

Couleur d'une teinte paille clair.

Longueur 58^{mm}; 160 segments environ.

HAB. — Saint-Vincent des Antilles, collection Guilding (Baird).

La position inusitée des soies permettrait sans doute de retrouver cette espèce dans ces localités pour l'étudier plus complètement.

94. LUMBRICUS LACUSTRIS.

Lumbricus lacustris, VERRILL, 1871, p. 450.

« Soies en forme d'épines, fortement courbées, aiguës, géminées, rapprochées dans chaque paire.

Tête courte, conique, obtusément pointue.

Corps arrondi, distinctement annelé.

Couleur d'un brun-rouge.

Longueur 38^{mm}, épaisseur 1^{mm},5.

HAB. — Au sud de Saint-Ignace (lac Supérieur), au milieu de *Cladophora,* par 14 à 24 mètres de profondeur » (Verrill).

Malgré l'autorité de M. Verrill dans ces matières, il me paraît des plus douteux que cet animal soit réellement un *Lumbricus ;* ses dimensions, son habitat à une telle profondeur sous les eaux, le rapprochent plutôt des *Criodrilus* ou des *Trichodrilus.*

95. LUMBRICUS (DENDROBÆNA) KERGUELARUM.

Lumbricus Kerguelarum, GRUBE, 1877, p. 552.

Ceinture gonflée, de 4 anneaux, du 13e au 16°, soudés sur la partie dorsale de manière à ne pouvoir être distingués.

Orifices mâles (?). Sous les 17e et 19e anneaux, une papille de chaque côté remarquablement forte, dure, conique.

Soies grêles, hyalines, à peine courbées au sommet, isolées, formant de chaque côté quatre séries équidistantes.

Lobe céphalique court, naissant par un angle obtus au quart antérieur du segment buccal, largement arrondi en avant.

Corps court, arrondi, atténué aux deux extrémités, les anneaux préclitelliens, environ six fois, les postclitelliens d'abord huit fois, puis quatre fois plus larges que longs, à peine élevés en leur milieu.

Couleur jaunâtre, rosée, la ligne relevée du milieu des anneaux blanche.

Longueur 47^{mm} ; plus grande largeur au 16e anneau, 3^{mm},5, à l'anneau buccal 1^{mm},8, vers l'extrémité du corps 2^{mm} ; 92 segments.

Hab. — Kerguelen.

« Remarquable par la largeur du corps en avant de la ceinture et par les deux papilles rigides sous les 17° et 19° anneaux. » (Grube). Il est fâcheux que la position des orifices mâles ne soit pas déterminée, la ceinture est placée fort en avant ; il serait bien possible que ce ver fût intra-clitellien.

VIII. Genre HELODRILUS.

("Ελος, marais ; δριλος, ver de terre.)

Helodrilus, Hoffmeister, Grube.

Soies droites au nombre de 8 par anneau, géminées. Lobe céphalique distinct. Pas de ceinture. Des points oculiformes.

La forme des soies et l'absence du clitellum sont les seuls caractères qui distinguent ce genre des *Lumbricus*. Ce dernier appareil, on le sait, ne se développe que dans certaines circonstances et est transitoire, il serait donc possible que ce groupe ne fût pas légitime. Comme on le verra plus bas, l'unique espèce qui le compose, présente des particularités qu'on s'étonne de rencontrer chez les Lumbricidæ.

HELODRILUS OCULATUS.

Helodrilus oculatus, Hoffmeister, 1845, p. 39 ; fig. 8ᵃ, 8ᵇ.
    Id.   id.   Grube, 1851, p. 101.
    Id.   id.   Vejdovsky, 1884, p. 63.

Orifice mâle sous le 14ᵉ anneau, peu distinct.
Soies noires.

Lobe céphalique entamant l'anneau buccal sur son quart antérieur à peine. Ce dernier anneau présente deux amas pigmentaires de couleur sombre placés à l'angle antérieur de l'échancrure céphalique (? organes oculaires).

Corps allongé de couleur rose clair ; les vaisseaux se voient nettement au travers du tégument.

Longueur 54ᵐᵐ à 135ᵐᵐ ; 140 à 160 segments.

Hab. — Environs d'Halberstadt et de Blankenbourg (Prusse), à une certaine profondeur dans la vase des mares et des étangs plus ou moins desséchés.

Hoffmeister a rencontré en juin des individus ayant la moitié postérieure du corps remplie d'œufs, les jeunes se voient en juillet et août. Cet auteur se demande si cet animal ne serait pas vivipare.

Ce ver ne peut être regardé comme parfaitement connu, son habitat et la présence de points oculiformes le rapprochent des Tubificidæ plutôt que des véritables Lombrics.

IX. Genre CRIODILUS.

(Κριος, bélier; ὄριλος, ver de terre.)

Criodrilus, Hoffmeister, Grube, Vejdovsky.

Soies, au nombre de 8 à chaque segment, géminées. Lobe céphalique confondu avec le segment buccal sans qu'aucun sillon ou autre particularité en indique la limite. Pas de ceinture. Tube digestif sans gésier ni typhlosolis.

Les mœurs de ces vers sont tout à fait aquatiques, Hoffmeister nous apprend que le *Criodrilus lacuum* se conserve longtemps vivant dans l'eau.

Cet auteur a fait connaître le cocon, qui présente une forme très singulière, c'est un fuseau long de 20 à 30ᵐᵐ et même 50ᵐᵐ, n'ayant pas plus de 2ᵐᵐ à 3ᵐᵐ de diamètre au point le plus élargi. Ces cocons se rencontrent en faisceaux attachés aux racines de différentes plantes aquatiques ou dans des touffes du *Dreissena polymorpha* Pallas, ils renferment chacun plus de 30 œufs, cinq à six seulement se développent. M. B. Hatschek a récemment (1878) étudié d'une façon des plus complètes l'évolution de ces animaux et c'est à lui que sont dus ces derniers détails.

Ce genre, créé par Hoffmeister il y a plus de quarante ans, n'était guère mieux établi que le précédent jusqu'à ces dernières années, lorsqu'il fut retrouvé par M. Hatschek qui, avec M. Vejdovsky, l'a fait connaître avec grands détails. Les organes génitaux sont encore imparfaitement décrits surtout en ce qui concerne les organes mâles.

Les recherches du dernier de ces auteurs obligeraient aussi de modifier les caractères donnés primitivement, en ce qui touche la disposition des soies et la position de l'orifice mâle, points sur lesquels j'aurai à revenir en décrivant l'unique espèce contenue dans ce genre. On doit noter comme étant d'une grande importance les modifications du tube digestif portant sur l'absence de gésier, du typhlosolis, et aussi la position de l'anus placé à la partie dorsale. Les caractères extérieurs et internes justifient donc également l'établissement de cette coupe générique, je ne crois pas cependant qu'on soit autorisé à aller plus loin et à former pour ces vers une famille spéciale des Criodrilidæ, comme le propose M. Vejdovsky.

Criodrilus lacuum.

Criodrilus lacuum, Hoffmeister, 1845, p. 41; fig. 9 *a, b, c.*
    Id.   *id.*   Grube, 1851, p. 101.
    Id.   *id.*   Hatschek, 1878, p. 2; pl. I à III.
    Id.   *id.*   Vejdovsky, 1884, p. 58; pl. X, fig. 21; XIII, fig. 12 à 24; XIV, fig. 1-15.

Ceinture nulle. Orifices mâles très développés, placés sous le 14ᵉ anneau ; les fossettes dans lesquelles ils sont contenus s'étendent sur les deux segments voisins.

Soies au nombre de 8 par anneau, rugueuses à l'extrémité, géminées.

Lobe céphalique en feuille de laurier, plus long que le segment buccal.

Corps arrondi ou quadrangulaire, fragile, surtout dans sa partie postérieure qu'on trouve fréquemment à l'état de reproduction. Couleur jaune rouille ou brunâtre, passant sur le dos au gris ou au noirâtre ; l'orifice mâle et sa fossette jaunes.

Longueur 162ᵐᵐ à 325ᵐᵐ ; plus de 300 segments.

Hab. — Lac Tegel (près Berlin), le Danube à Lintz.

Hoffmeister signale dans le voisinage et en avant de l'orifice mâle des prolongements longs de 2ᵐᵐ à 4ᵐᵐ, durs, élastiques, en spirale, qu'il regarde comme des organes de copulation. Leur nombre présente certaines irrégularités, ordinairement il n'y en a qu'une paire, mais il n'est pas rare d'en trouver deux ou trois ; il y en a parfois trois d'un côté et deux de l'autre. M. Vejdovsky y voit des pseudo-spermatophores.

Ce même auteur qui a eu à sa disposition un grand nombre d'individus, de plus petite taille il est vrai et sans doute moins adultes que ceux étudiés par Hoffmeister, modifie la diagnose de cet auteur, sur deux points, dont l'un au moins très essentiel, il place les orifices mâles au 14ᵉ anneau et donne les soies comme géminées, tandis que ce dernier plaçait ceux-là au 13ᵉ anneau et indiquait des soies écartées.

La description des organes génitaux n'a pu être faite que d'une manière incomplète, les auteurs ne parlent point entre autres des poches copulatrices.

X. Genre ACANTHODRILUS.

(Ἄκανθα, épine ; δρῖλος, ver de terre.)

? Mandane, Kinberg.
Acanthodrilus, Perrier.

Soies 8 par anneau, géminées ou écartées ; ordinairement des soies copulatrices plus développées et ornementées d'une manière spéciale, en rapport avec les orifices mâles. Ceux-ci au nombre de deux paires compris dans la ceinture. Pores dorsaux distincts.

La présence de quatre orifices mâles et leur situation intra- ou post-clitélienne sont l'une des particularités caractéristiques de ce genre, comme elle se rencontre, d'après Kinberg, chez les *Mandane*, je crois devoir réunir dans ce même genre les espèces citées par cet auteur, quoiqu'elles soient fort incomplètement décrites. Si l'on reconnaissait plus tard la nécessité de les distinguer des véritables *Acanthodrilus*, il faudrait d'ailleurs changer l'appellation générique, le nom de *Mandane* ayant été précédemment appliqué par Kinberg lui-même à un genre d'annélides *Chætopode*, voisin des *Nerine*.

Les espèces typiques du genre, au nombre de trois, proviennent de quelques îles de l'Océan Indien et du grand Pacifique, Madagascar et Nouvelle-Calédonie; une quatrième espèce, décrite par M. Ray Lankester, d'après des exemplaires, il est vrai, très jeunes, mais appartenant incontestablement à ce genre, a été trouvée à l'île Kerguelen. Ceci tendrait peut-être à rendre moins improbable l'assimilation des *Mandane* aux *Acanthodrilus*, ceux-là provenant des parties australes de l'Amérique du Sud. Enfin, plus récemment, M. Horst (1884) a fait connaître deux nouvelles espèces de Liberia, et M. Beddard (1885) trois autres venant de la Nouvelle-Zélande. En y joignant l'*Acanthodrilus capensis* du Cap, décrit vers la même époque, quoiqu'un peu antérieurement, par ce même auteur, cela porterait à dix, sans compter les trois *Mandane*, le nombre des espèces comprises dans ce genre.

M. Beddard ne s'est pas d'ailleurs contenté de décrire ces espèces, il a étudié le genre dans son ensemble aussi bien anatomiquement qu'au point de vue zoologique, en le comparant aux autres genres de LUMBRICIDÆ.

La disposition des soies présente certaines différences qu'on peut utiliser pour grouper les espèces :

A. Soies géminées sur toute la longueur du corps.

1.	*A. ungulatus*, Perr.	Nouvelle-Calédonie.
2.	» *obtusus*, Perr.	Nouvelle-Calédonie.
3.	» *Novæ-Zelandiæ*, Bedd.	Nouvelle-Zélande.
4.	» *dissimilis*, Bedd.	Nouvelle-Zélande.
5.	» *verticillatus*, Perr.	Madagascar.
6.	» *Schlegelii*, Horst.	Liberia.
7.	» *Büttikoferi*, Horst.	Liberia.
8.	» *littoralis*, Kinb.	Détroit de Magellan.
9.	» *Patagonicus*, Kinb.	Patagonie.
10.	» *stagnalis*, Kinb.	Uruguay.

B. Soies géminées en avant, écartées sur la partie postérieure du corps.

11.	*A. Capensis*, Bedd.	Cap de Bonne-Espérance.

C. Soies écartées sur toute la longueur du corps.

12.	*A. multiporus*, Bedd.	Nouvelle-Zélande.
13.	» *Kerguelensis*, Lank.	Ile Kerguelen.

1. Acanthodrilus ungulatus.

(Pl. XXI, fig. 18.)

Acanthodrilus ungulatus, Perrier, 1872, p. 89; pl. II, fig. 18 à 23.

Ceinture de 4 anneaux étendue du 13ᵉ au 16ᵉ.

Poches copulatrices dans les 8ᵉ et 10ᵉ anneaux; leur aspect est celui d'un sac pyriforme simple avec un petit diverticulum sur le canal excréteur. Deux paires d'orifices mâles : la première sur le 17ᵉ, la seconde sur le 19ᵉ anneau, les orifices, de chaque côté, sont compris dans un area commun ovalaire, qui empiète sur la ceinture et le 19ᵉ anneau. De plus, chacun d'eux est accompagné d'une soie (1) très développée en crochet à son extrémité libre, la concavité du crochet étant garnie d'une sorte de membrane chitineuse; sur son tiers terminal se voit une ornementation composée de petits prolongements coniques tournés vers la pointe crochue, et le corps même de la soie présente à l'intérieur des espaces discoïdes alternativement clairs et obscurs.

Soies locomotrices géminées, les faisceaux supérieurs aux extrémités du diamètre transversal, les inférieurs à égales distances entre eux et des précédents.

Longueur 150ᵐᵐ à 200ᵐᵐ.

Hab. — Nouvelle-Calédonie.

Ce ver est le mieux connu du genre et devrait être considéré comme en étant le véritable type. Le Muséum en possède deux exemplaires donnés par le Musée des Colonies.

Deux paires de testicules ovalaires (2), placés dans les 10ᵉ et 11ᵉ anneaux, chacun d'eux est pourvu d'un canal déférent; celui-ci, avant d'aboutir à l'un des orifices mâles, reçoit une prostate volumineuse, multilobée, ces glandes de chaque côté assez rapprochées pour paraître confondues, quoique distinctes, sont reculées et s'étendent du 16ᵉ au 21ᵉ ou 22ᵉ anneau.

(1) C'est ce qui résulte de l'examen que j'avais fait de cette espèce et aussi de la figure donnée par M. Perrier, le texte dans le mémoire de celui-ci, semblerait faire croire, c'est sans doute une erreur typographique, que chaque pénis « est formé par quatre soies courbes ».

(2) La figure 19 de la planche II dans le travail de M. Perrier montre le testicule formé de deux lobes comme les poches copulatrices, ceci ne se voit pas sur la figure 18 où les organes sont représentés en position dans leur ensemble.

Entre les deux paires de poches copulatrices, dans le 8ᵉ anneau, se voit un organe glandulaire, sur la signification duquel l'état de conservation des animaux ne permet pas de se prononcer.

Les soies copulatrices sont remarquables comme ayant par leur structure certains rapports avec celles des annélides proprement dites, soit par la présence d'une lame chitineuse de renforcement à leur extrémité (1), soit par les disques obscurs qui s'observent dans l'intérieur de la tige (2).

2. Acanthodrilus obtusus.

Acanthodrilus obtusus, Perrier, 1872, p. 87; pl. II, fig. 17.

Ceinture non apparente.

Deux paires de poches copulatrices placées dans les 7ᵉ et 8ᵉ anneaux. Orifices mâles sous les 18ᵉ et 20ᵉ anneaux munis d'organes glandulaires allongés, (Prostates?) et donnant issue chacun à une soie peniale hérissée de pointes à son extrémité, qui est légèrement recourbée et obtuse.

Soies du corps ayant la forme ordinaire.

Longueur 700ᵐᵐ.

Hab. — Nouvelle-Calédonie.

Ce ver n'est connu que par un exemplaire, encore en assez mauvais état, donné au Muséum par le Musée des Colonies. La description en a été faite par M. Perrier, qui a figuré l'ensemble des organes digestifs, vasculaires et reproducteurs.

Au 12ᵉ anneau est figurée une glande, dont la signification reste douteuse, testicule ou ovaire, l'individu dépourvu de ceinture n'étant peut-être pas à l'état de maturité sexuelle. Les orifices des organes segmentaires sont signalés comme paraissant se trouver sur la ligne des soies de la rangée supérieure, mais l'état de conservation ne permet pas de rien affirmer à cet égard.

3. Acanthodrilus Novæ-Zelandiæ.

Acanthodrilus Novæ-Zelandiæ, Beddard, 1885, p. 813; pl. LII, fig. 4 et 5; LIII, fig. 3, 6, 8; fig. 1 et 2, dans le texte.

Ceinture de 8 segments, du 11ᵉ au 18ᵉ (3), sans ventouses copulatrices en dessous.

(1) Voyez pl. XII, fig. 17, par exemple, la soie du *Leucodore nasutus.*
(2) Ehlers a figuré quelque chose d'analogue chez l'*Euphrosyne racemosa* (*Die Borsten Würmer,* 1864-68, pl. I, fig. 10).
(3) Ces chiffres sont ceux du texte de M. Beddard, rectifiés suivant la

Poches copulatrices, deux paires débouchant aux VIIe et VIII[o] intersegments, munies d'un groupe de diverticules accessoires ramassés en anneau autour du canal excréteur.

Orifices mâles intraclitelliens, sur les 15e et 17e anneaux, près de la soie externe du faisceau ventral.

Soies géminées, quadrisériées.

Organes segmentaires débouchant alternativement d'anneau en anneau, tantôt en avant du faisceau dorsal, tantôt en avant du faisceau ventral.

Vaisseau dorsal double en avant, les deux troncs se réunissant au point où ils traversent les dissépiments.

Longueur 254[mm] à 304[mm] ; largeur 12[mm] à 13[mm].

Hab. — Nouvelle-Zélande.

Les organes segmentaires offrent ce fait remarquable, d'être fort différemment construits, suivant qu'ils appartiennent à la série dorsale ou à la série ventrale ; les premiers ont un long canal musculeux et un petit diverticulum, les seconds un grand diverticulum et pas de canal musculeux. L'intestin ne présente aucun cœcum ni aucune glande.

Les testicules, sous forme de glandes en grappes, occupent les 10[o] et 11[o] anneaux ; les entonnoirs des canaux déférents sont dans les 9e et 10e. On trouve un long tube prostatique, enroulé vers l'orifice mâle qui est muni d'un faisceau de soies copulatrices. Ovaires dans le 12[o] anneau, oviducte perforant le dissépiment qui répond au XIVe intersegment.

4. Acanthodrilus dissimilis.

Acanthodrilus dissimilis, Beddard, 1885, p. 813 ; pl. LII, fig. 1, 2, 6 à 9 ; LIII, fig. 7, 9 à 11 ; fig. 3, dans le texte.

Poches copulatrices munies d'une seule paire de grands diverticulums, un de chaque côté.

Tronc dorsal en tube simple.

Hab. — Nouvelle-Zélande.

D'après M. Beddard, ce sont les seuls caractères qui permettent de distinguer cette espèce du 3 *Acanthodrilus Novæ-Zelandiæ.*

5. Acanthodrilus verticillatus.

Acanthodrilus verticillatus, Perrier, 1872, p. 92 ; pl. IV, fig. 75.

Pas de ceinture visible. Orifices mâles par paires sur les 16e et 17e anneaux (le rang de ceux-ci ne peut être parfaitement dé-

manière adoptée ici pour le compte des anneaux, mais je dois faire remarquer que les figures ne sont pas toujours d'accord avec ce texte : ainsi à la figure 1, page 815, la ceinture ne paraît composée que de 5 anneaux.

terminé) ; ces orifices présentent des soies péniennes légèrement courbes à leur base, striées transversalement et ornées de petits prolongements coniques, verticillés à l'extrémité libre.

Soies ambulatrices géminées, quadrisériées.

Lobe céphalique élargi en arrière.

Longueur 350ᵐᵐ, diamètre 8ᵐᵐ.

Hab. — Madagascar.

L'état de l'unique exemplaire rapporté au Muséum par Coquerel, est peu satisfaisant ; aussi M. Perrier ne range qu'avec doute cet animal parmi les *Acanthodrilus*. La localité, la taille que peut atteindre ce ver, la forme des soies péniennes, suffiront toutefois pour faire reconnaître l'espèce.

6. ACANTHODRILUS SCHLEGELII.

Acanthodrilus Schlegelii, Horst, 1884, p. 103.

Clitellum nul.

Poches copulatrices en vésicules ovales, simples, dans les 7ᵉ et 8ᵉ anneaux, débouchant dans l'intersegment antérieur à chacun de ceux-ci. Orifices mâles et soies copulatrices aux angles antérieurs et postérieurs d'un area allongé, limité par un rebord et occupant la face ventrale des 16ᵉ, 17ᵉ et 18ᵉ anneaux, lesquels sont plus étroits que les précédents et les suivants ; ces soies, longues de 4ᵐᵐ, sont couvertes dans leur moitié externe de petites fossettes nombreuses, rapprochées.

Soies locomotrices géminées, placées au côté ventral, les faisceaux inférieurs étant plus rapprochés l'un de l'autre qu'ils ne le sont eux-mêmes des faisceaux latéraux.

Pas d'organes segmentaires visibles, à moins qu'ils ne soient représentés par des séries transversales de tubes glandulaires, qu'on observe dans les 15ᵉ, 16ᵉ et 18ᵉ anneaux. Des pores dorsaux commençant au XIIIᵉ intersegment.

Lobe céphalique ovalaire, s'étendant non seulement sur l'anneau buccal, mais jusqu'au premier anneau sétigère.

L'intestin, dans chacun des 14ᵉ, 15ᵉ et 16ᵉ anneaux, présente une paire de corps glandulaires, réniformes, divisés en feuillet, placés de chaque côté du tube digestif.

Couleur d'un violet-brun à la partie dorsale, grisâtre en dessous.

Longueur jusqu'à 750ᵐᵐ.

Hab. — Liberia.

En arrière des XI° et XII° dissépiments se voient des corps oblongs qui, sans doute, représentent les testicules, de même que des tubes entortillés, placés près des soies copulatrices, doivent être considérés probablement comme des glandes prostatiques.

M. Beddard (1885, p. 816) cite cette espèce comme ayant les soies géminées en avant, écartées en arrière; je ne vois rien dans la description donnée par M. Horst qui justifie cette manière de voir.

7. Acanthodrilus Buttikoferi.

Acanthodrilus Büttikoferi, Horst, 1884, p. 105.

Clitellum de 7 anneaux, du 12° au 18°, glanduleux, épaissi, sauf vers les 16°, 17° et 18° où se trouve un aroa oblong divisé en deux par un sillon.

Poches copulatrices sous forme de vésicules ovalaires placées dans les 7° et 8° anneaux et s'ouvrant aux intersegments antérieurs correspondants.

Aux 16° et 18° anneaux les soies ventrales se modifient en des soies péniennes longues de 2^{mm}, faiblement courbées, grêles, à extrémité libre gonflée, se terminant en une pointe bifurquée, fortement courbée et enveloppée par un capuchon membraneux; sur le quart de leur longueur ces soies sont couvertes de petites épines triangulaires.

Soies locomotrices géminées, les faisceaux rapprochés en avant, placés sous le ventre, écartés du double en arrière où les faisceaux supérieurs deviennent latéraux.

Sur les côtés du pharynx, dans le 5° et jusqu'au 6° anneau, de grosses glandes en tube, et aux 13°, 14° et 15° des glandes réniformes; ces dernières comparables à celles qu'on rencontre chez le 6 *Acanthodrilus Schlegelii*, Horst.

Longueur 320^{mm}.

Hab. — Liberia.

On trouve les testicules dans le 12° anneau et des prostates sous forme de tubes jaunâtres, entortillés, en rapport avec chacun des faisceaux de soies copulatrices. M. Horst signale les V°, VI°, VII° et VIII° dissépiments comme très épaissis, bombés en arrière et s'emboîtant en quelque sorte les uns dans les autres, disposition comparable à celle décrite et figurée par M. Perrier chez l'*Antæus gigas*, Perr.

Le rapport de forme entre la disposition des soies copulatrices dans cette espèce et chez l'*Acanthodrilus ungulatus*, Perr., mérite également d'être mentionné.

8. ACANTHODRILUS? LITTORALIS.

Mandane littoralis, KINBERG, 1867, p. 100.

Ceinture de 5 anneaux, du 12ᵉ au 16ᵉ.

Lobe céphalique entier, dépassant un peu la moitié de la longueur du segment buccal.

Longueur 80ᵐᵐ; 120 segments.

HAB. — Une île du détroit de Magellan, près du rivage.

Pour cette espèce, comme pour les deux suivantes, on ne connaît que les diagnoses données par Kinberg et ici reproduites.

9. ACANTHODRILUS? PATAGONICUS.

Mandane patagonica, KINBERG, 1867, p. 100.

Orifices mâles sous les 16ᵉ et 18ᵉ anneaux.

Lobe céphalique entier, égalant la moitié de la longueur du segment buccal.

Longueur 65ᵐᵐ; 100 segments.

HAB. — Port Famine (Patagonie).

10. ACANTHODRILUS? STAGNALIS.

Mandane stagnalis, KINBERG, 1867, p. 100.

Ceinture nulle.

Orifices mâles par paires sous les 21ᵉ et 23ᵉ anneaux.

Lobe céphalique allongé en arrière, étroit, avec deux sillons transverses, plus long que le segment buccal.

Longueur 62ᵐᵐ; 115 segments.

HAB. — Cerro (environs de Montevideo), dans une mare.

11. ACANTHODRILUS CAPENSIS.

Acanthodrilus capensis, BEDDARD, 1884-1885, (cité dans le travail suivant).
     Id.   *id.*   BEDDARD, 1885, p. 811.

La disposition des soies géminées en avant, écartées sur la partie postérieure du corps distinguent, d'après M. Beddard, cette espèce de toutes les autres du genre.

HAB. — Cap de Bonne-Espérance.

Annelés. Tome III.   12

12. Acanthodrilus multiporus.

Acanthodrilus multiporus, Beddard, 1885, p. 813; pl. LII, fig. 3; LIII,
fig. 1 à 5.

Ceinture et orifices mâles disposés comme chez le 3 *Acanthodrilus Novæ-Zelandiæ*.

Poches copulatrices simples, sans trace de diverticulums,
s'ouvrant dans les VIII° et IX° intersegments; ces orifices sont
au niveau des soies externes de la rangée ventrale.

Soies équidistantes, formant huit séries longitudinales.

Organes segmentaires petits, délicats, au nombre de huit
par anneau correspondant à chacune des soies; à la partie antérieure les orifices de chacun d'eux sont multiples et forment
un anneau continu autour de chaque segment entre les soies.

Tronc dorsal double sur toute la longueur du corps.

Longueur 254^{mm} à 304^{mm}; largeur 12^{mm} à 13^{mm}.

Hab. — Nouvelle-Zélande.

Ce ver ne présenterait pas de soies copulatrices, ce qui, joint à la
singularité des organes segmentaires, le rend fort anormal au milieu
des autres *Acanthodrilus*. Il conviendrait, sans doute, d'en faire un
genre à part, mais n'ayant pas eu l'occasion d'examiner cet animal, je
conserve ici la manière de voir de M. Beddard.

On trouve au pharynx deux grosses glandes, en chevelu, munies
d'un long canal, qui s'ouvre dans la cavité buccale; l'auteur les considère comme des organes segmentaires modifiés, suivant l'opinion de
M. Vejdovsky pour une disposition analogue observée, comme on le
verra, chez différents *Enchytræus*.

13. Acanthodrilus kerguelenensis.

Acanthodrilus kerguelenensis, Lankester, 1879, p. 267; sept figures dans
le texte.

Ceinture non visible, sur les individus observés.

Deux paires de poches copulatrices s'ouvrant aux VII° et VIII°
intersegments. Orifices mâles par paires sous les 16° et 18° anneaux, protégés par une sorte de clapet, chacun accompagné de
deux poches renfermant chacune quatre soies péniennes de
forme particulière, quatre fois plus longues au moins que les
soies locomotrices.

Celles-ci isolées, équidistantes, sauf les deux soies médio-
dorsales, qui sont séparées par un espace environ triple. La

disposition n'est pas la même sur les 15°, 16°, 17° et 18° anneaux où les soies sont géminées.

Lobe céphalique arrondi, nettement séparé du segment buccal.

Longueur 38^{mm} (individus très jeunes).

Hab. — Ile Kerguelen.

Ce ver n'est qu'assez imparfaitement connu. Les savants, envoyés par le gouvernement anglais à l'île Kerguelen en 1874-1875 pour l'observation du passage de Vénus, n'ont pu recueillir que deux individus évidemment très jeunes et n'ayant pas encore revêtu tous leurs caractères. Cependant, grâce à un artifice de préparation (1), M. Ray Lankester a pu reconnaître au moins le genre auquel il convient de rapporter cet animal, que la disposition des soies suffit pour distinguer des autres espèces.

Les orifices des organes segmentaires se trouvent près de la soie latéro-dorsale.

XI. Genre MONILIGASTER.

(*Monile*, collier ; γαστήρ, estomac.)

Moniligaster, Perrier.

Soies au nombre de 8 par anneau, géminées. Pas de ceinture. Ni poches, ni soies copulatrices. Orifices mâles au nombre de deux paires. Organes segmentaires normalement développés sauf au point où se trouvent les organes génitaux mâles ; ils débouchent en avant des soies de la rangée supérieure. Gésier double, le second moniliforme.

Ce genre curieux se distingue, d'après M. Perrier, par l'absence de clitellum, mais cet auteur y ajoute des caractères d'une valeur plus grande, car cela pourrait à la rigueur être considéré comme dépendant de l'âge ou de la saison. Le nombre anormal des orifices mâles est particulièrement à noter, on ne rencontre une semblable disposition que dans le genre précédent des *Acanthodrilus*, Perr., mais ceux-ci présentent des soies copulatrices remarquablement développées, qui manquent chez les *Moniligaster*, et un gésier simple.

(1) Ce mode de préparation, qui peut être fort utile dans des cas analogues, consiste à fendre l'animal ou des fragments par la partie dorsale (mieux latéralement), et à les monter dans le baume du Canada, on parvient ainsi en s'aidant de coupes transversales à se faire une idée des caractères des animaux, surtout si l'on emploie en même temps les méthodes de coloration usitées dans les recherches histologiques.

Des caractères si tranchés ont engagé M. Claus à créer pour ce genre une famille des Moniligastridæ. Sans contester absolument la valeur de cette coupe, il me semble que dans l'état actuel de nos connaissances, il serait utile d'attendre, avant de l'adopter, que ces animaux fussent plus complètement connus, les recherches ayant été faites sur un individu unique déposé depuis longtemps dans les collections du Muséum.

Moniligaster Deshayesi.

Moniligaster Deshayesi, Perrier, 1872, p. 130; pl. IV, fig. 77 à 84.

Orifices mâles dans les VIIe et X[e] intersegments, la première paire un peu plus voisine de la ligne medio-ventrale que la seconde.

Soies très petites, géminées, très rapprochées dans chaque faisceau, ceux-ci quadrisériés.

Lobe céphalique allongé, cylindrique, n'entamant pas (?) le premier anneau.

Corps cylindrique atténué seulement en avant.

Longueur 150^{mm} ; largeur 6^{mm}.

Hab. — Ceylan.

La disposition du tube digestif diffère notablement de ce qu'on trouve en général chez les Lombriciniens. Après un court trajet l'œsophage débouche dans un gésier à peu près sphérique, fort analogue à ce qu'on connaît chez bon nombre d'animaux voisins, mais ensuite le tube se rétrécit de nouveau, formant en quelque sorte un nouvel œsophage, qui conduit à une dilatation musculeuse, allongée, étendue sur une longueur de dix anneaux (12° au 21°), dilatation divisée par trois étranglements en quatre portions renflées, ce qui donne à l'ensemble un aspect moniliforme. C'est après ce second gésier que commence l'intestin proprement dit.

Les organes génitaux mâles présentent une complication inusitée, non seulement par le nombre des appareils, qui correspond à celui des orifices externes, mais encore par l'agencement des parties qui composent chacun d'eux. On trouve en effet, outre le testicule et le canal déférent, des glandes prostatiques volumineuses aux appareils antérieurs et aux postérieurs une sorte de canal replié et d'organe lamelleux (? épididyme) plus une longue poche terminale (vésicule séminale).

Les organes génitaux femelles situés du 11° au 14° anneau sont plus simples. L'absence de poches copulatrices n'est pas un des faits les moins remarquables de l'anatomie du *Moniligaster*, les *Titanus* seuls présenteraient quelque chose d'analogue (voir p. 94 et 95).

Il serait toutefois désirable, que l'observation pût être répétée, des études de ce genre faites dans des conditions aussi défavorables, sur un seul exemplaire conservé depuis longues années dans l'alcool, ne peuvent être présentées qu'avec grandes réserves.

Cet animal avait été rapporté par Leschenault (1).

XII. Genre DIGASTER.

(Δίς, deux fois; γαστήρ, estomac.)

Digaster, Perrier.

Soies au nombre de 8 par anneau, géminées. Deux paires de poches copulatrices. Orifices mâles en arrière de la ceinture ou sur la partie postérieure de celle-ci. Organes segmentaires (?). Pores dorsaux nets. Deux gésiers distincts entre le pharynx et l'intestin.

Ce genre, dont l'unique espèce connue a été rapportée de la Nouvelle-Hollande, présente un caractère unique jusqu'ici chez les Lombriciniens, la présence d'un gésier double. En dehors de cette particularité, il se rapproche des *Plutellus*, cités plus loin, par l'aspect extérieur, toutefois la disposition des soies, le nombre des orifices répondant aux poches copulatrices, peuvent les en distinguer, mais ce sont là des différences plutôt spécifiques que génériques et sans le caractère fourni par la présence de deux dilatations stomacales peut-être conviendrait-il de réunir ces vers dans un même groupe.

Digaster lumbricoides.

Digaster lumbricoides, Perrier, 1872, p. 94; pl. II, fig. 24 et 25; pl. IV, fig. 64 et 65.

Ceinture renflée, sphéroïdale de 3 anneaux, du 13e au 15e, indistincts extérieurement.

Deux paires de poches copulatrices dans les 7e et 8e anneaux, pyriformes, simples, leurs canaux déférents ouverts aux inter-segments VIIe et VIIIe.

Orifices mâles au 16e anneau, immédiatement après la ceinture et comme compris dans celle-ci.

Soies semblables à celle des vrais Lombrics, géminées.

(1) La date ne peut être donnée d'une manière précise, l'étiquette étant, à l'époque où j'ai pu l'examiner, en grande partie effacée, on lisait toutefois fort bien 182., le dernier chiffre étant indistinct.

Lobe céphalique nul ; bouche entourée d'une sorte de frange lobée très distincte. Après le pharynx, le tube digestif se renfle en deux gésiers situés le premier dans le 4ᵉ, le second dans le 5ᵉ anneau.

Corps arrondi.

Longueur 150ᵐᵐ à 200ᵐᵐ ; 150 à 200 segments.

Hab. — Nouvelle-Hollande, Port Macquarie.

Les testicules auraient, d'après M. Perrier, l'aspect de glandes en grappe, ils sont placés dans les 9ᵉ et 10ᵉ anneaux ; la détermination de cet organe d'un aspect insolite et qu'on ne peut guère comparer sous ce rapport qu'à la glande énigmatique signalée par le même auteur sur l'*Acanthodrilus obtusus* (1), paraît ici probable car le canal déférent semble en partir. Celui-ci avant de déboucher à l'extérieur s'unit au conduit vecteur d'une prostrate à parois lobées.

Ces vers ont été rapportés au Muséum en 1846 par J. Verreaux.

XIII. Genre TYPHÆUS.

(*Typhæus*, nom mythologique.)

Typhæus, Beddard.

Soies au nombre de 8 par anneau. Orifice mâle intra-clitellien, muni de soies copulatrices spéciales, contenues dans une poche annexe du canal déférent; des glandes prostatiques. Pas d'organes segmentaires proprement dits.

Ce genre a été créé par M. Beddard, sans être défini d'une manière didactique, l'auteur s'est contenté de décrire l'espèce ci-après.

Typhæus orientalis.

Typhæus orientalis, Beddard, 1883, p. 219 ; pl. VIII, fig. 1, 2, 4, 9 à 12.

Clitellum de 4 segments étendu du 13ᵉ au 16ᵉ, mais commençant insensiblement sur le 12ᵉ. Papilles copulatrices au niveau des XIVᵉ, XVᵉ, XVIᵉ et XVIIIᵉ intersegments, disposées par paires ; en outre deux papilles impaires, la première à gauche sous le XIIIᵉ, la seconde à droite sous le XIXᵉ.

Une seule paire de poches copulatrices, chacune a la forme d'un sac ovalaire, simple, le canal efférent, qui s'ouvre dans le

____

(1) Voir page 173.

VIIe intersegment, présente à son origine un petit diverticulum trilobé.

Orifices mâles sous le 16e anneau, dans un area que limite un bord élevé. Une poche renfermant des soies copulatrices spéciales.

Soies au nombre de 8 par anneau, géminées, quadrisériées, rassemblées sur la moitié inférieure du corps ; à la ceinture, les séries externes manquent.

Corps cylindrique, de même grosseur en avant qu'en arrière.

Longueur 254^{mm} ; diamètre 8^{mm}.

Hab. — Environs de Ceylan.

M. Beddard a fait connaître en détail l'anatomie de cet animal. Les appareils vasculaires et nerveux n'offrent rien de particulier à noter. Le tube digestif présente un peu avant la terminaison du tiers moyen du corps, cinq organes glanduleux, placés à la partie supérieure de l'intestin, l'auteur compare ces organes à ce qu'il a désigné sous le nom de poches glandulaires chez le 1 *Megascolex* (*Pleurochæta*) *Moseleyi* et aux diverticulums signalés chez la plupart des autres animaux de ce même genre.

Les testicules très développés sont au nombre de deux, occupant les 12°, 13° et 14° segments. Le canal déférent descend directement s'ouvrir au 17° et reçoit, près de son embouchure, d'une part le canal vecteur d'une prostate, composée d'un tube entortillé sur lui-même, d'autre part celui du sac pyriforme à soies copulatrices. Ces dernières, vers l'extrémité ont une ornementation spéciale consistant, d'après la figure donnée par M. Beddard, en des stries partant comme les barbes d'une plume d'une ligne médiane, la pointe serait lisse.

Il est bon de remarquer que le défaut de symétrie dans la disposition des papilles copulatrices tient à des particularités individuelles, comme d'ailleurs dans beaucoup d'autres espèces. Sur les trois individus étudiés par M. Beddard, l'auteur signale certaines variations, la description est faite d'après l'animal le plus adulte.

On n'observe pas d'organes segmentaires, ils paraissent remplacés par des touffes de tubes qu'on rencontre dans les segments de la partie antérieure du corps.

XIV. Genre ANTÆUS.

(*Antæus*, nom mythologique.)

Anteus, Perrier.
Microchæta, Perrier, Beddard.

Soies au nombre de 8 par segment, géminées ; celles de la ceinture simples ou nulles. Pas d'appareil copulateur. Orifices mâles intraclitelliens au nombre de deux. Vers la partie antérieure le vaisseau dorsal se dilate parfois en un cœur impair moniliforme, duquel ne partent pas de branches latérales. Pores dorsaux nuls. Orifices des organes segmentaires placés près du faisceau dorsal.

Ce genre a été fondé par M. Perrier, qui ne l'a pas défini et s'est contenté de décrire en détail l'unique espèce, connue par un seul exemplaire.

Je crois qu'on peut y joindre le *Lumbricus microchæta,* Rapp, espèce mieux étudiée aujourd'hui. Si cette réunion est justifiée, il faut changer un peu la diagnose en ce qui concerne le vaisseau dorsal. Chez ce dernier ver, il n'est pas moniliforme en avant, mais toutefois se modifie d'une façon singulière à ce même endroit, car il devient double d'une façon évidente dans les 4°, 5° et 6° segments, dans les 3° et 8°, il est en apparence simple, un examen attentif montre toutefois qu'il est divisé par une cloison verticale, dans ce dernier anneau il est renflé, sphérique. Aux intersegments correspondants, le vaisseau est unique et en ce point naissent des branches dorso-ventrales.

Le clitellum a dans les deux espèces une longueur remarquable.

En admettant la réunion de ces deux Vers, l'un serait américain, l'autre d'Afrique.

1. ANTÆUS GIGAS.

Anteus gigas, PERRIER, 1872, p. 50; pl. I, fig. 13, 14.

Ceinture étendue, de 18 segments au moins, mal limitée en avant, paraissant commencer vers le 7ᵉ anneau, n'étant bien nette que vers le 11ᵉ et finissant avec le 28ᵉ. On observe en dessous deux bandelettes également fort allongées.

Poches copulatrices imparfaitement connues, il en existerait une paire dans le 6ᵉ anneau.

Deux paires de testicules dans les 10ᵉ et 11ᵉ, non enveloppés dans une poche commune, mais séparés par des dissépiments très épais ; ils ne communiquent avec l'extérieur que par les orifices des organes segmentaires, qui s'ouvrent sur toute la longueur du corps en avant de la soie supérieure. On ne voit pas trace d'autre canal déférent.

Soies semblables à celles des *Lumbricus* proprement dits.

Longueur 1ᵐ,160 sur 20ᵐᵐ et 30ᵐᵐ de diamètre.

HAB. — Cayenne.

Suivant M. Perrier, les cloisons très bombées en arrière, qui limitent les anneaux renfermant les testicules, ne permettraient pas au produit de ces glandes de passer dans les anneaux voisins. Il ne paraît cependant guère admissible que le fluide cavitaire soit ainsi enfermé sur un point du corps, tout au moins le cas serait unique chez les Annélides et l'observation n'ayant porté que sur un exemplaire conservé dans l'alcool, il est prudent d'attendre un examen fait dans de meilleures conditions, avant de se prononcer sur l'absence de canaux déférents réels.

Ce ver ne peut donc être mis qu'avec certaines réserves parmi les Lombrics intraclitelliens.

2. ANTÆUS MICROCHÆTUS.

Lumbricus microchætus, RAPP, 1848, p. 142; pl. III.
   Id.   id.   SCHMARDA, 1861, p. 13 (citation dans le texte).
Microchæta, sp., PERRIER, 1881, p. 239 (note).
Microchæta Rappii, BEDDARD, 1886, p. 63; pl. XIV et XV.

Ceinture d'environ 20 anneaux commençant avec le 10e, surtout distincte par sa coloration plus vive que celle du reste du corps, n'existant pas à la partie ventrale.

Poches copulatrices (?) très petites, au nombre de 1 à 4 dans les 12e, 13e, 14e et 15e anneaux. Testicules dans les 9e et 10e anneaux, enveloppés dans les replis péritonéaux d'où émergent les canaux déférents, qui débouchent au 17e.

Ovaires dans le 12e, oviductes dans le 11e anneau.

Les organes segmentaires d'un volume considérable s'ouvrent en face des faisceaux supérieurs.

Couleur d'un vert olive en dessus, plus brillant sur la ceinture, rougeâtre en dessous.

Longueur 1m,20 à 1m,50 à l'état de vie, mesurant encore 0m,96 à l'état de contraction dans l'alcool.

HAB. — Cap de Bonne-Espérance.

Cette espèce a été découverte primitivement par Rapp, qui en a donné une description très complète pour l'époque. Dans ces derniers temps, M. Beddard aussi bien au point de vue zoologique qu'au point de vue anatomique, a complété l'étude de ce ver, actuellement bien mieux connu que le type du genre.

Il n'est pas toutefois bien certain qu'il doive rester dans cette division et M. Perrier, d'après la description de Rapp, l'a regardé comme un genre distinct sous le nom de *Microchæta* adopté par M. Beddard. Cette dénomination n'est pas heureuse, car elle obligerait sous peine de dire *Microchæta microchæta*, à changer l'épithète, ce qu'a fait le zoologiste anglais, qui l'a appelé *Microchæta Rappii;* mieux aurait valu *Rappia microchæta.* Cette difficulté synonymique serait résolue, si l'espèce devait rester dans le genre *Antæus.*

XV. Genre EUDRILUS.

(Εὐ, bien ; ὁρῖλος, ver de terre.)

Eudrilus, Perrier.

Soies 8 par anneau (1), elles sont géminées, quadrisériées. Un appareil copulateur, développé, érectile, au point où débouche le canal déférent, pas de soies spéciales sur la ceinture. Orifices mâles en arrière de celle-ci ou compris dans ses derniers anneaux. Organes segmentaires débouchant en avant des faisceaux de soies de la rangée supérieure.

Ce genre, établi par M. Perrier pour l'*Eudrilus decipiens,* d'après l'examen d'animaux vivants, réclamerait cependant de nouvelles recherches pour fixer certains points d'anatomie, le nombre des sujets étudiés n'ayant pas été suffisant et les animaux conservés dans l'alcool ne pouvant fournir que des données peu certaines sur ces points délicats d'histologie.

La position de l'orifice mâle relativement au clitellum n'est pas absolue, car suivant que celui-ci s'étend plus ou moins loin en arrière, l'orifice est intraclitellien ou post-clitellien.

Un fait très remarquable serait la réunion en un même appareil des poches copulatrices et de l'ovaire, débouchant par un canal commun en avant du faisceau supérieur des soies comme les organes segmentaires. M. Perrier a figuré pour l'*Eudrilus peregrinus* des éléments retirés de l'une des vésicules, lesquels ont bien en effet l'aspect d'ovules, mais il s'agit d'un animal conservé depuis longtemps dans l'alcool et cette assimilation histologique ne peut être proposée qu'avec certaines réserves. Dans le cas où cet organe correspondrait réellement à l'ovaire, l'examen du contenu de la seconde poche serait non moins intéressant, pour savoir si c'est bien là un réservoir de la semence, ou si ce n'est pas une glande annexe, un vitellogène par exemple. Quoi qu'il en soit, et quand bien même il faudrait chercher ailleurs l'ovaire en un point et avec une disposition plus analogues à ce qu'on connaît chez d'autres Lombriciniens, cet appareil, en tant que poche copulatrice

(1) « Il m'a semblé que, assez souvent chaque faisceau contenait plus de deux soies parfaitement développées; mais il faudrait examiner sur plus d'un individu si ce fait présente quelque constance; nous ne l'inscrivons ici qu'à titre de renseignement » (Perrier, 1872, p. 79).

montrerait une complication aussi grande que chez le 15 *Megascolex Houlleti,* comme M. Perrier en a fait la remarque.

Les trois espèces connues sont toutes américaines.

1. Eudrilus decipiens.

Eudrilus decipiens, PERRIER, 1871, p. 1175.
    Id.   id.   PERRIER, 1872, p. 78; pl. II, fig. 26 à 30.

Ceinture de 3 anneaux, étendue du 11e au 13e.

Une paire de poches copulatrices, avec les orifices au XIIe intersegment en avant des soies de la rangée supérieure; chacune se compose d'un canal tubuleux replié en S, terminé par un renflement en massue, et de deux appendices débouchant à un même niveau dans ce canal à une certaine distance de l'orifice externe, l'un est un tube formant de nombreuses circonvolutions, l'autre une ampoule sphérique munie d'un canal court (1).

Orifices mâles au 16e anneau, avec un appareil copulateur en crochet très développé, pouvant faire saillie hors d'une poche dans laquelle il est contenu.

Soies semblables à celles des Lombrics, géminées; dans certains cas exceptionnels, un faisceau peut être composé de 3 ou 4 soies.

Lobe céphalique très aigu.

Longueur 150mm.

HAB. — Antilles.

Ce ver a été étudié sur un exemplaire recueilli vivant dans la terre venue avec des plantes envoyées aux serres du Muséum.

Les testicules au nombre de trois paires occupent les 8e, 9e et 10e anneaux; le canal déférent s'étend jusque vers le 17e ou 18e, forme là quelques replis et revient sur lui-même pour déboucher sur une sorte de bourse, située au 16e anneau, à laquelle aboutit également une longue glande prostatique, qui s'étend en arrière sur cinq segments, la bourse renferme le pénis en forme de faucille, avec un renflement à sa base, fort bien décrit et figuré par M. Perrier.

2. Eudrilus peregrinus.

Eudrilus peregrinus, PERRIER, 1872, p. 77; pl. IV, fig. 76.

Ceinture de 5 anneaux, du 13e au 17e, l'apparence glanduleuse est nette en dessus pour tous, mais en dessous le 1er

______

(1) C'est cette ampoule que M. Perrier regarde comme constituant l'ovaire.

et même 2e anneaux conservent l'aspect habituel du tégument.

Poches copulatrices affectant la disposition compliquée décrite pour l'espèce précédente et de même en connexion avec l'ovaire. Orifices mâles sous le 17e anneau ; organe copulateur en Y à branches très inégales.

Soies surtout distinctes aux anneaux antérieurs.

Lobe céphalique nettement séparé du segment buccal qu'il entame.

Longueur 150^{mm}; 200 segments.

Hab. — Rio-Janeiro.

Cet animal n'est connu que par l'unique exemplaire déposé dans les collections du Muséum en 1833, par Gaudichaud. Les caractères sont empruntés tant aux notes, que j'avais pu prendre lorsque M. de Lacaze Duthiers m'autorisa à examiner cette collection, que de l'examen ultérieur fait par M. Perrier, qui a cru devoir disséquer en partie cet individu.

Il y aurait deux paires de testicules nettes dans les 10e et 11e anneaux, peut-être une troisième dans le 9e. C'est également sur cet animal que M. Perrier a observé les œufs, il en a donné une figure.

3. Eudrilus Lacazii.

Eudrilus Lacazii, Perrier, 1872, p. 75.

Ceinture de 5 anneaux, du 13e au 17e, elle n'est réellement distincte qu'au côté dorsal, les anneaux conservant en dessous leur aspect ordinaire. Poche copulatrice, avec ovaire annexé, dans le 13e anneau, débouchant en avant du faisceau supérieur de soies. Orifice mâle sous le 17e avec un appendice copulateur en forme d'Y à branches égales.

Lobe céphalique simple n'entamant pas le segment buccal.

Longueur environ 150^{mm}.

Hab. — La Martinique.

Deux exemplaires rapportés au Muséum par Plé en 1826.

XVI. Genre GEOGENIA.

(Γῆ, terre; γίνομαι, naître.)

Geogenia, Kinberg.
Rhinodrilus, Perrier.

Soies 8 par anneau, géminées, quadrisériées. A la ceinture les soies inférieures particulièrement grandes et ornementées d'une manière spéciale. Orifices mâles sous la ceinture. Organes segmentaires s'ouvrant à la partie dorsale ; près des faisceaux de soies supérieures.

Ce genre a-t-il bien la compréhension que je crois devoir lui donner ici, c'est ce à quoi il est difficile de répondre. D'une part, la diagnose de Kinberg est assez brève, d'un autre côté les *Rhinodrilus* ne sont connus que par une seule espèce représentée par un exemplaire unique, encore en assez médiocre état.

La réunion des deux genres me paraît suffisamment justifiée, jusqu'à nouvel ordre, par la présence sous la ceinture des orifices mâles avec des soies spéciales et par la situation des orifices des organes segmentaires à la partie dorsale ; au moins pour ces derniers, est-ce ainsi qu'il convient, ce me semble, interpréter la phrase : *foramina lateralia in sulcis pone setas dorsuales ;* de la diagnose donnée par Kinberg.

Cependant, il faut remarquer que dans le tableau synoptique de cet auteur (1) les soies sont indiquées comme *alternes* sur les anneaux antérieurs, caractère important dont il n'est plus question dans la diagnose détaillée du genre. Si, cependant, il en était ainsi, la réunion proposée provisoirement ici des *Geogenia*, Kinb. et *Rhinodrilus*, Perr. ne pourrait être maintenue.

Deux espèces seraient comprises dans ce genre ; la mieux connue, bien que ne pouvant être considérée comme le type réel, vient des parties septentrionales de l'Amérique du Sud, l'autre de l'Afrique australe.

1. GEOGENIA NATALENSIS.

Geogenia natalensis, KINBERG, 1867, p. 100.

Ceinture avec deux fossettes ventrales (? orifices mâles).

Soies géminées, rapprochées ; ces organes existent également à la ceinture ; celles placées en ce point à la face ventrale beaucoup plus développées que les autres, striées transversalement.

Lobe céphalique grêle, transverse.

Anneaux antérieurs courts, à l'exception du segment buccal et des deux suivants, de profonds sillons annulaires les partagent en deux ; anneaux postérieurs plus longs.

Orifices des organes segmentaires placés en arrière des faisceaux des soies dorsales.

______

(1) Voir plus haut, page 48.

Longueur 85^{mm} ; 121 segments.

Hab. — Port-Natal.

Les caractères ci-dessus donnés sont pris, en grande partie, à la diagnose générique, l'espèce n'étant pas décrite en détail. On peut ajouter, également d'après Kinberg, que les trois premiers segments sont inermes et les suivants, jusqu'à la ceinture, étroits et divisés chacun par un sillon profond ; les anneaux postérieurs sont plus développés.

2. Geogenia paradoxa.
(Pl. XXI, fig. 14, 15, 16.)

Rhinodrilus paradoxus, Perrier, 1872, p. 66; pl. I, fig. 9 à 12 (1).

Ceinture de 3 anneaux étendue du 17e ou 18e au 20e ; elle est constituée par deux sortes de masses latérales, qui ne se réunissent pas à la partie dorsale et en dessous forment de chaque côté une bandelette très saillante occupant toute la longueur du clitellum, ces bandelettes concaves en dedans circonscrivent une sorte d'écusson ventral. C'est dans cet espace que se trouvent les orifices mâles sur le XVIIIe intersegment.

Soies géminées, quadrisériées. Celles du corps (fig. 15) recourbées en S et présentant un système d'ornementation, qui consiste en une série d'arcs chitineux assez régulièrement disposés, cette ornementation ne se voit qu'à un fort grossissement (2). A la partie inférieure de la ceinture se trouvent des soies (fig. 16) beaucoup plus longues, droites, lisses dans leur portion interne, ornementées comme les précédentes, mais d'une manière beaucoup plus distincte, par des lamelles arquées, à concavité tournée vers le bord libre de la soie, donnant une apparence que M. Perrier compare à la forme connue sous le nom de *nid de pigeon*.

Lobe céphalique formant une sorte de trompe allongée, de 3^{mm} ou 4^{mm} (3).

(1) Cette figure 12 correspond sans doute à la figure 11 *bis* de l'explication des planches, dans laquelle se trouve signalée une figure 12, relative à l'appareil vasculaire, qui n'aura pas été gravée.

(2) La figure, reproduite ici, donnée par M. Perrier et représentant cette soie grossie 90 fois ne fait rien voir de cette ornementation.

(3) D'après mes notes, ce ne serait pas une véritable trompe, mais une extroversion de la partie antérieure du tube digestif, elle paraissait entourée à la base par la bouche, ornée d'une sorte de lèvre frangée.

Orifices des organes segmentaires placés en avant des faisceaux de soies dorsales.

Corps cylindrique.

Longueur 150^{mm} ; 152 segments environ.

Hab. — Caracas.

M. Perrier a fait connaître en partie l'anatomie de cet animal et entre autres le système vasculaire, dont la portion fondamentale est constituée par quatre vaisseaux situés dans le plan médian, deux supérieurs, deux inférieurs au tube digestif et des cœurs latéraux avec oreillettes et ventricules distincts (1). Il y a une paire de testicules en arrière du gésier, comme chez les Lombrics, ils sont de chaque côté renfermés avec l'entonnoir vibratile du canal déférent dans un sac commun. On n'a pas observé les poches copulatrices.

XVII. Genre PLUTELLUS.

(Diminutif de *Pluto*, nom mythologique.)

Plutellus, Perrier.

Soies au nombre de 8 par anneau, disposées de la même manière sur toute la longueur du corps, équidistantes. Orifices mâles en arrière de la ceinture ou sur la partie postérieure de celle-ci. Plus de deux paires de poches copulatrices. Organes segmentaires, dans les anneaux normaux, en rapport alternativement sur deux segments successifs ou bien avec les soies médio-dorsales ou bien les soies latéro-ventrales. Pores dorsaux visibles. Gésier distinct, simple.

Ce genre, quoiqu'imparfaitement connu par des exemplaires conservés depuis longtemps dans l'alcool, a été étudié avec grand soin par M. Perrier. La position des orifices mâles, leur nombre et celui des soies, joints à la présence d'un gésier simple, le distinguent suffisamment des genres voisins, mais le caractère, sans aucun doute le plus important, est fourni par la disposition alterne des organes segmentaires, fait qui mérite d'attirer l'attention non-seulement en ce qui concerne ce type pris en lui-même, mais encore au point de vue de la morphologie générale des Lombriciniens, d'autant qu'il a été depuis observé, comme on l'a vu, sur certains *Acanthodrilus,* tels que le 3 *A. Novæ-Zelandiæ.*

(1) Le texte (p. 69) pour cette disposition vasculaire exceptionnelle chez les Lumbricidæ renvoie à cette figure 12, qui malheureusement manque sur les planches.

PLUTELLUS HETEROPORUS.

Plutellus heteroporus, PERRIER, 1873, p. 250; une figure dans le texte.

Ceinture vers le quart antérieur de la longueur du corps, de 4 anneaux, étendue du 13ᵉ au 16ᵉ, sans ventouses copulatrices visibles.

Poches copulatrices au nombre de cinq paires respectivement placées dans les 4ᵉ, 5ᵉ, 6ᵉ, 7ᵉ et 8ᵉ anneaux, leurs canaux s'ouvrent dans les intersegments antérieurs correspondants ; chaque poche est formée d'un réservoir arrondi, dont le canal reçoit, près de son embouchure, un petit tube court, légèrement renflé en massue.

Orifices mâles au 17ᵉ segment.

Soies au nombre de 8 par anneau, parfaitement équidistantes, sauf en arrière où les deux soies médio-dorsales sont un peu plus écartées.

Organes segmentaires placés, suivant les anneaux, tantôt en rapport avec la soie médio-dorsale, tantôt avec la soie médio-ventrale, en arrière l'alternance de position paraît régulière d'anneau en anneau. Pores dorsaux visibles à partir du VIᵉ intersegment.

Lobe céphalique arrondi antérieurement, coupant en entier le segment buccal. Corps cylindrique, légèrement renflé dans la portion préclitellienne, atténué et peu déprimé en arrière.

Longueur 150ᵐᵐ, largeur 3ᵐᵐ.

HAB. — Pensylvanie.

Cette espèce a été rapportée au Muséum par Lesueur en 1822.

L'alternance dans la disposition des organes segmentaires tantôt joints aux soies supérieures, tantôt accompagnant les soies inférieures, est troublée en avant, là où se trouvent les poches copulatrices et, en général, dans les anneaux renfermant les organes de la génération. Un gésier simple dans le 6ᵉ segment.

Les testicules, en glandes en grappe, occupent le 11ᵉ anneau ; il n'en existe qu'une paire. Les canaux déférents n'ont pu être observés. On trouve une glande prostatique en tube renflé, contourné, dans le 17ᵉ segment.

Dans le 9ᵉ anneau se voit une paire d'autres glandes en grappe, les ovaires, sans doute, et auprès de chacune d'elles un entonnoir vibratile, dont le canal débouche à la face inférieure de ce même anneau.

Bon nombre de ces détails anatomiques demanderaient à être revus sur des individus observés dans des conditions plus favorables à l'étude.

XVIII. Genre PONTODRILUS.

(Πόντος, mer ; ὁρῖλος, ver de terre.)

Pontodrilus, Perrier.

Soies au nombre de 8 par anneau, disposées de la même manière sur toute la longueur du corps, les ventrales géminées, les dorsales écartées. Orifices mâles, une seule paire, en arrière de la ceinture. Organes segmentaires conjoints à la soie latéroventrale. Pas de pores dorsaux distincts. Pas de gésier, le pharynx se continuant directement dans l'intestin.

Ce genre est parmi les Lumbricidæ le seul qui, avec les *Pontoscolex* Schmar., ait été jusqu'ici, rencontré dans les régions marines ; son organisation est très particulière et participe à la fois de celle des Lumbricidæ, des Enchytræidæ, des Naididæ et jusqu'à un certain point des Annélides polychætes. Grube, qui l'a observé le premier, avait nettement indiqué cette coupe spéciale, à laquelle il donnait comme caractère distinctif l'absence de pores dorsaux ; toutefois, n'ayant pu avoir à sa disposition que des animaux ne présentant pas le développement complet de leurs organes reproducteurs et jugeant qu'il ne pouvait, par suite, donner une description parfaite, il ne se crut pas autorisé à créer une dénomination générique pour ce ver, qu'il plaça provisoirement parmi les *I umbricus*, réserve qu'on ne saurait trop louer. Les études plus complètes, faites sur des animaux frais par M. Perrier, ont montré la nécessité d'établir un genre.

Les *Pontodrilus*, malgré leur habitat si particulier, peuvent, comme ce dernier auteur en avait fait la remarque et comme je l'ai observé moi-même, être conservés très longtemps en captivité. On observe aussi qu'ils résistent plus que beaucoup d'autres animaux marins à l'immersion dans l'eau douce.

Pontodrilus littoralis.

Lumbricus littoralis, Grube, 1855, p. 127 ; pl. V, fig. 5 à 10.
Pontodrilus Marionis, Perrier, 1874, p. 1582.
    Id.   id.   Perrier, 1874, p. 334.
    Id.   id.   Perrier, 1881, p. 175 ; pl. XIII à XVIII.

Ceinture de 5 anneaux, étendue du 12e au 16e ; ventouses copulatrices en arrière de celles-ci sous les 19e, 20e ou 21e anneaux.

Annelés. Tome III.   13

Deux paires de poches copulatrices s'ouvrant aux VIe et VIIe intersegments, arrondies, avec un petit prolongement latéral en cul-de-sac. Orifices mâles au 18e segment. Prostate en sac contourné dans ce même anneau.

Soies rectilignes, non courbées en S, au nombre de 8 par anneau, les ventrales géminées, les dorsales écartées partageant l'espace, qui sépare le faisceau précédent de la ligne dorsale, en trois arcs égaux. Organes segmentaires débouchant auprès de la soie latéro-ventrale. Pas de pores dorsaux.

Lobe céphalique mal limité en arrière, s'étendant à peine sur le tiers de l'anneau buccal. Bouche festonnée. Intestin faisant directement suite au pharynx, pas de gésier.

Couleur rougeâtre plus pâle ou brun jaunâtre en arrière.

Longueur 80^{mm} à 100^{mm}, largeur 3^{mm} à 4^{mm} ; 100 à 115 segments.

Hab. — Villefranche, plage du Prado à Marseille.

Grube, qui paraît n'avoir étudié que des individus conservés dans l'alcool, avait toutefois donné, avec la description très exacte des caractères extérieurs, certains renseignements anatomiques ; depuis, M. Perrier (1881) a fait connaître d'une manière détaillée l'organisation de ce Lombricinéen.

Les testicules se trouvent dans les 10e et 11e anneaux ; chose remarquable, les entonnoirs vibratiles des canaux déférents seraient dans les anneaux antécédents, à chacune des paires de glande, c'est-à-dire dans les 9e et 10e. Les ovaires sont dans le 12e anneau avec un entonnoir vibratile, dont le canal, après avoir traversé le XIIIe dissépiment, vient déboucher, sans doute, dans le 14e ; l'orifice n'a pu toutefois être vu clairement.

On ne trouve ni typhlosolis, ni vaisseau sous-nervien.

Il peut y avoir quelques doutes sur la réunion du *Lumbricus littoralis* de Grube et du *Pontodrilus Marionis* de M. Perrier ; ce dernier auteur les regarde comme distincts. Le seul caractère différentiel est tiré de la disposition des ventouses copulatrices au nombre de trois paires dans la première espèce, respectivement placées sur les 19e, 20e et 21e anneaux, tandis que chez le *Pontodrilus Marionis* on ne trouve qu'une ou deux ventouses médianes, l'une sur le 19e, l'autre, qui peut manquer, sur le 20e anneau (1).

Ce caractère peut ne pas paraître suffisant pour justifier la distinction, car Grube n'a eu à sa disposition que des individus non à l'état

---

(1) La figure 1, pl. XIII, donnée par M. Perrier les indique comme placées sur les intersegments XIXe et XXe.

de maturité, ainsi qu'il résulte de l'absence de clitellum sur les sujets qu'il étudiait. Ajoutons que M. Perrier a reçu de Villefranche même de véritables *Pontodrilus Marionis*. La probabilité serait donc, qu'il n'y a qu'une seule espèce.

XIX. GENRE TRITOGENIA.

(Τριτογένεια, nom mythologique (1).)

Tritogenia, KINBERG.

Partie antérieure du corps ayant les soies au nombre de 6, les supérieures isolées, les ventrales géminées, ces organes manquent en arrière. Orifice mâle unique.

Ce genre est fort incomplètement connu; toutefois, le nombre et la disposition des soies le différencient suffisamment. Kinberg ajoute à ces caractères certaines particularités du lobe céphalique, lesquelles doivent être considérées simplement comme propres à distinguer l'espèce. La disposition générale des soies n'est pas sans présenter quelque analogie avec ce qu'on connaît chez les *Pontodrilus*, Perr.

TRITOGENIA SULCATA.

Tritogenia sulcata, KINBERG, 1867, p. 98.

Orifice mâle étendu du 17ᵉ au 19ᵉ anneau.
Lobe céphalique transverse, court, strié longitudinalement. La plupart des segments bi-annuliculés.
Longueur 55ᵐᵐ ; 80 segments.

HAB. — Port-Natal.

Il serait nécessaire d'avoir des détails plus complets sur cet orifice mâle si étendu (*segmenta 17-19 præbens*).

XX. GENRE PHREORYCTES.

(Φρέαρ, puits ; ὀρύσσω, je creuse.)

Haplotaxis (2), HOFFMEISTER.
Phreoryctes, HOFFMEISTER, GRUBE, LEYDIG, etc.
Georyctes, SCHLOTTHAUBER.
Nemodrilus, CLAPARÈDE.

---

(1) L'un des surnoms de Minerve : τριτώ, tête ; γίνομαι, naître.
(2) Ce nom avait été déjà employé pour désigner un genre de plantes de la famille des Composées cynérocéphales.

Soies au nombre de 4 par anneau, isolées ; organes segmentaires distincts, en rapport avec les soies ventrales. Orifices mâles (?) en avant de la ceinture. Corps très allongé.

Ce ver, quoiqu'imparfaitement connu en ce qui concerne les organes reproducteurs, est suffisamment caractérisé par sa forme et la disposition des soies. Il serait toutefois nécessaire que des études ultérieures permissent de donner de ses différents appareils, une description plus précise.

Les *Phreoryctes* présentent dans leur genre de vie, leur aspect extérieur et même certains détails anatomiques, tels que la disposition de l'appareil des vaisseaux clos, des rapports évidents avec les Naidineæ, c'est un genre de passage.

Se fondant sur ce que l'habitat n'est pas exclusivement l'eau des puits, où Menke avait trouvé les exemplaires remis par lui à Hoffmeister, M. Schlotthauber a proposé de substituer le nom de *Georyctes* à celui de *Phreoryctes* précédemment donné, cette modification est inadmissible.

Dans l'exposé des caractères de l'espèce unique connue jusqu'ici, on trouvera les raisons qui m'ont porté à penser que le genre *Nemodrilus* (1) de Claparède ne doit pas être conservé.

Phreoryctes Menkeanus.

(Pl. XXI, fig. 19.)

Haplotaxis Menkeanus, Hoffmeister, 1843, p. 193; pl. IX, fig. VII.
Phreoryctes Menkeanus, Hoffmeister, 1845, p. 40.
Georyctes Menkei, Schlotthauber, 1860, p. 122.
? *Georyctes Lichtensteinii*, Schlotthauber, 1860, p. 122.
Nemodrilus filiformis, Claparède, 1862, p. 275 ; pl. III, fig. 16 *a, b*.
Phreoryctes Menkeanus, Leydig, 1865, p. 249; pl. XVI à XVIII.
Phreoryctes Heydeni, Noll, 1874, p. 260 ; pl. VII.
Phreoryctes filiformis, Vejdovsky, 1875.
    Id.   *id.*   Vejdovsky, 1883, p. 13 (tirage à part).
Phreoryctes Menkeanus, Levinsen, 1884, p. 238.
Phreoryctes filiformis, Vejdovsky, 1884, p. 49 ; pl. XII, fig. 3 à 9.

Ceinture nulle ou de 2 anneaux, les 31ᵉ et 32ᵉ (?). Poches copulatrices au nombre de trois paires, respectivement placées

(1) Cette modification a été proposée dans mon travail paru en 1868 (*Ann. Sc. nat.* 5ᵉ Sér. t. X, p. 249), mais par erreur le nom de *Pachydrilus* a été mis au lieu de celui de *Nemodrilus*. Il est vrai que cette confusion est suffisamment rectifiée dans le texte par les détails donnés sur la dimension différente des soies dorsales et ventrales, détails empruntés à la diagnose de Claparède pour le genre *Nemodrilus*, en second lieu, parce que le genre *Pachydrilus* n'est pas supprimé dans le tableau qui accompagne le mémoire, il s'y trouve placé auprès des *Enchytræus*.

dans les 6ᵉ, 7ᵉ et 8ᵉ anneaux, leurs canaux excréteurs débouchent aux intersegments VIᵉ, VIIᵉ et VIIIᵉ.

Orifices mâles (?) sous le 10ᵉ anneau.

Soies droites dans leur partie basilaire, courbes à l'extrémité libre, simples, au nombre de quatre par anneau, deux dorsales et deux ventrales. Organes segmentaires ayant leur orifice efférent en rapport avec ces dernières.

Lobe céphalique séparé par une sorte d'étranglement du segment buccal. Pharynx et gésiers distincts par la structure des parois de chacun d'eux, mais à cavités confondues, intestin commençant dès le 5ᵉ ou 6ᵉ anneau.

Corps excessivement allongé, d'une belle couleur rouge.

Longueur pouvant aller jusqu'à 300ᵐᵐ, mais n'étant d'ordinaire que moitié; diamètre 0ᵐᵐ,75 à 1ᵐᵐ; 200 à 300 segments.

Hab. — Allemagne, environs de Montpellier, dans les puits et au voisinage des sources et des ruisseaux.

Le *Phreoryctes (Georyctes) Lichtensteinii*, Schlott., ne différant de l'espèce typique que par la forme des anneaux plus globuleux et la petitesse des soies relativement au diamètre du corps, n'étant d'ailleurs connu que par un individu incomplet, il me paraît impossible de le regarder comme réellement distinct.

Leydig a publié une monographie fort intéressante de cette espèce, où l'anatomie est traitée en grand détail. Malheureusement, les individus qu'il a observés, n'étaient pas parvenus à leur état complet de maturité génésique, et il n'a pu reconnaître ni la position de la ceinture, ni celle des orifices sexuels; cela ne m'a pas non plus été possible sur des exemplaires trouvés en mai 1867 aux environs de Montpellier, sur les bords de la Mosson. M. Schlotthauber aurait été plus heureux sur l'individu observé par lui; c'est à cet auteur que sont empruntés certains détails donnés à ce sujet dans la diagnose.

La situation des testicules n'est toutefois pas douteuse; on en trouve de deux à quatre paires dans les anneaux placés en arrière de ceux qui contiennent les poches copulatrices, c'est-à-dire à partir du 8ᵉ. J'y ai trouvé des cellules-mères de 0ᵐᵐ,052 de diamètre, couvertes de cellules-filles déjà pourvues du filament caudal flagelliforme.

Tourmenté du désir de régulariser la nomenclature, M. Schlotthauber a cru devoir substituer le nom de *Phreoryctes Menkei* à celui de *P. Menkeanus,* Menke ayant, en effet, directement participé à la connaissance de l'espèce. Cette rectification qui, en principe, peut avoir sa raison d'être, ne doit pas, en fait, être admise et surcharge sans utilité la synonymie de cette espèce.

En janvier 1868, j'ai trouvé dans la vase, sur les bords de la Mosson également, des vers longs de 70^mm à 90^mm, larges de 0^mm,3 à 0^mm,4, répondant fort bien à la description donnée par Claparède du *Nemodrilus filiformis;* toutefois, les soies dorsales et ventrales ne présentaient pas la différence de taille indiquée par cet auteur, et le renflement médian de ces organes ne se voyait pas sur le frais, mais apparaissait après action de l'acide acétique. Ces particularités me semblent pouvoir se rapporter à l'âge de l'animal, d'autant plus que ces exemplaires, aussi bien que celui observé par le savant zoologiste génevois, n'étaient pas adultes, ne présentant aucune trace des organes reproducteurs. Comme, d'autre part, l'aspect est absolument celui des *Phreoryctes*, que la disposition des soies, de l'appareil des vaisseaux clos, etc., rappelle ce qu'on trouve chez ces derniers, on doit regarder comme très probable que les *Nemodrilus* sont des *Phreoryctes* en voie de développement, opinion généralement admise aujourd'hui par les auteurs.

XXI. Genre PONTOSCOLEX.

(Πόντοσ, mer; σκώληξ, lombric.)

Pontoscolex, Schmarda.

Quatorze séries de soies alternantes. Un clitellum. Habitent la mer.

« Chaque anneau porte 7 soies, qui s'alignent avec celles de l'anneau anté-précédent de telle sorte, qu'on voit quatorze rangées longitudinales. L'intestin de l'unique espèce est tordu en hélice, excepté à sa partie antérieure, qui est droite et dans laquelle débouchent, de chaque côté, quatre organes piriformes (glandes salivaires ou foie). » (Schmarda).

PONTOSCOLEX ARENICOLA.

Pontoscolex arenicola, Schmarda, 1861, p. 11; pl. XVIII, fig. 157; une figure dans le texte.

Corps cylindrique, obtus aux deux extrémités. Clitellum ordinairement en arrière du milieu du corps.

Longueur 70^mm, largeur 3^mm; 150 segments.

Hab. — Jamaïque, dans le sable de la plage, aux environs de Kingston et de Port-Royal.

Ce ver est très remarquable au double point de vue de la disposition des soies alternant d'un anneau à l'autre et de l'habitat maritime, deux caractères exceptionnels parmi les Lombricinéens proprement dits.

La couleur est d'un gris blanchâtre ou gris jaune-pâle. Les soies élargies en leur milieu, analogues à celles des Lombrics, sont plus saillantes aux parties postérieures. La ceinture, ordinairement située en arrière du milieu du corps, peut cependant remonter jusqu'au 15ᵉ anneau. D'une étendue variable, elle comprend sur un individu 15 segments. Sur le premier et le second existe de chaque côté un orifice (*vagina*) arrondi, large, entouré d'un bourrelet ; sur le 9ᵉ et le 10ᵉ anneau se voient trois ouvertures. (Schmarda).

La disposition quinconciale des soies rappelle ce qu'on connaît chez les *Urochæta* des mêmes localités ; ces derniers toutefois n'offrent ce caractère que sur la partie postérieure du corps et le nombre de ces appendices est différent ; d'ailleurs, entre autres caractères plus importants, ils ont un tube digestif compliqué, plus analogue à ce qu'on connaît dans la plupart des autres Lombricinéens. Le ver observé par Schmarda demanderait cependant de nouvelles études, car il ne peut être regardé comme complètement connu.

II. Fam. LUMBRICULIDÆ.

Lombricinéens de petite taille avec les soies géminées, quadrisériées, simples, parfois dimères et fourchues. N'ayant jamais de tronc vasculaire sous-nervien ; branches dorso-ventrales, le plus souvent au nombre de deux par anneau, les branches viscérales ne communiquent cependant pas visiblement avec le tronc ventral ; on trouve en outre presque toujours des appendices vasculaires, contractiles, en cœcums ramifiés, lorsque ceux-ci manquent, le nombre des branches dorso-ventrales augmente et est généralement de quatre (1). Canaux déférents doubles de chaque côté, d'ordinaire divergents, se réunissant sur une seule paire d'orifices. Le plus souvent aquicoles.

Ce groupe fait une transition très naturelle entre les Lumbricineæ et les Naidineæ, très voisin de ces derniers par l'aspect extérieur, le genre de vie et même quelques détails d'organisation.

La disposition du système vasculaire, muni, sur certains points au moins, de ramifications contractiles en cul de sac, est dans le plus grand nombre des cas le caractère le plus frappant. Parfois ces organes d'impulsion supplémentaires n'existent pas sur toute la longueur du corps, ainsi chez les *Eclipidrilus*, Eis. on ne les voit qu'à la partie pos-

(1) Les *Ocnerodrilus* et les *Stylodrilus*, que l'on doit ranger dans cette famille, n'ont cependant que deux branches latéro-dorsales sans cœcums ramifiés.

térieure. Les *Phreatotrix*, Vejd. offrent une autre modification, les branches partant du vaisseau dorsal sont au nombre de quatre et, à une certaine distance, se divisent en deux petits prolongements aveugles, la ramification est ainsi réduite à sa plus grande simplicité. Enfin les *Trichodrilus*, Clap. ne présentent sur aucun point les cœcums contractiles, seulement ils ont dans chaque anneau de cinq à six branches émanant du vaisseau dorsal, toutes viscérales. Dans les autres genres, il n'y a généralement que deux branches vasculaires transverses, une pariétale, qui communique avec le vaisseau ventral, l'autre viscérale, qui au contraire est sans liaison directe avec ce dernier.

Les soies sont le plus souvent simples comme chez les LUMBRICIDÆ, d'autres fois fourchues (1), les *Lumbriculus*, Gr. par exemple; dans ce cas, elles sont *dimères*, formées de deux pièces ; on retrouve cette même complication, mais avec une extrémité simple (2), chez les *Rhynchelmis*, Hoffm.

L'appareil de la reproduction, en ce qui concerne les organes mâles, qui sont les mieux connus, offre des particularités intéressantes. Dans les genres qu'on peut regarder comme typiques, les canaux déférents de chaque côté offrent deux entonnoirs vibratiles et, dépendant de chacun de ceux-ci, deux tubes, lesquels se réunissent sur une seule ouverture vers le 10e anneau. Cette composition des canaux vecteurs établit un lien au premier abord entre les LUMBRICULIDÆ et les Lombrics proprement dits, pour les *Ocnerodrilus* Eis., le rapprochement est même complet, mais d'ordinaire la disposition est assez différente, l'un des entonnoirs étant antérieur à l'orifice externe, l'autre postérieur, en sorte que le premier des tubes vecteurs marche d'avant en arrière, le second d'arrière en avant. Dans les *Eclipidrilus*, Eis. se voit un arrangement très spécial dont il sera question en traitant de ces animaux.

Les LUMBRICULIDÆ sont des vers de petite taille, jamais d'une longueur excessive, parfois assez ramassés comme par exemple les *Ocnerodrilus*, Eis. Ces animaux sont presqu'exclusivement aquatiques se rapprochant en cela des véritables NAIDIDÆ, on verra pour les *Eclipidrilus*, Eis. les singulières conditions d'altitude dans lesquelles ces animaux peuvent parfois se rencontrer.

On a signalé ces Vers dans différentes parties de l'Europe, M. Leidy et M. Eisen ont fait connaître quelques espèces de la Sibérie et de l'Amérique du Nord. Ceci suffit pour porter à croire que l'extension géographique de ces êtres est très vaste et qu'on pourra en découvrir un grand nombre dans les différentes régions du globe.

L'espèce la plus anciennement connue est l'un des *vers d'eau douce* de Bonnet, désigné plus tard par Müller sous le nom de *Lumbricus variegatus*, la description du premier de ces auteurs ne laisse aucun

(1) Pl. XXIII, fig. 5.
(2) Pl. XXIII, fig. 8.

doute sur la présence de ramifications branchues partant du vaisseau dorsal et les figures achèvent, on peut dire, la démonstration. C'est toutefois seulement à partir des travaux d'Hoffméister que l'on commence à mieux distinguer les animaux de ce groupe et pour l'un d'eux ce savant helminthologiste créa en 1843 le genre *Rhynchelmis*.

Presqu'à la même époque, 1844, dans un travail fort remarquable, Grube, ignorant sans doute le mémoire du précédent auteur, établit le genre *Euaxes,* qui fait double emploi avec les *Rhynchelmis,* et le genre *Lumbriculus,* pour l'espèce ancienne de Müller. Sans parler des *Acestus* de Leidy (1852), qui ne sont, comme l'auteur lui-même l'a reconnu depuis, que des *Lumbriculus,* il faut arriver à 1862 pour trouver un travail digne d'être mentionné, c'est le mémoire de Claparède, qui établit deux nouvelles coupes génériques : *Trichodrilus* et *Stylodrilus;* en faisant connaître sous le nom de *Lumbriculus variegatus,* un animal, que M. Vejdovsky (1884) considère comme distinct du ver de Müller et devant former un genre *Claparedilla.* C'est de cette époque que date en réalité l'étude anatomique positive des LUMBRICULIDÆ, mais les travaux de M. Vejdovsky, sur le *Phreatotrix pragensis* (1876), de M. Eisen, sur l'*Ocnerodrilus occidentalis* (1879) et l'*Eclipidrilus frigidus* (1883), ont complété et étendu nos connaissances à ce sujet en révélant des types aberrants fort singuliers.

Pour compléter cette énumération, je citerai encore les deux genres *Lycodrilus* (1873) et *Bythonomus* (1878) de Grube, le premier, qui ne paraît pas différer sensiblement du genre *Rhynchelmis,* auquel on peut le réunir; le second trop incomplétement caractérisé pour qu'il soit possible de fixer exactement sa position dans la série. Cette dernière réflexion peut s'appliquer au genre *Archæodrilus* (1880) de M. Czerniavsky.

Bien que les genres énumérés plus haut forment un ensemble assez naturel, leur réunion en un groupe distinct n'a été proposée que tardivement. Claparède et Udekem les confondaient avec les *Naïs,* ce dernier les faisant entrer dans sa famille des TUBIFICIDÆ. M. Claus, le premier (1) tout en admettant cette manière de voir, subdivise le groupe en deux sous-familles dont la seconde, celle des LUMBRICOLINES, correspond fort exactement à la famille des LUMBRICULIDÆ adoptée ici, sauf les adjonctions faites depuis cette époque. Il faut toutefois reconnaître que l'étude et les rapports des genres ont été beaucoup mieux établis par M. Eisen, lors de la publication de son travail sur l'*Ocnerodrilus,* c'est à lui réellement que revient l'honneur d'avoir nettement défini ce groupe, qu'il regarde comme une famille à laquelle il a donné

---

(1) La première édition française, que j'ai entre les mains, porte la date de 1878. Le travail de M. Eisen est de 1878, le volume des *N. Act. Ups.* dans lequel il a été publié n'a toutefois paru qu'en 1879.

le nom qu'elle doit conserver. Le tableau suivant, tiré de ce travail, fera comprendre l'esprit dans lequel celui-ci est conçu :

LUMBRICULIDÆ.
(Eisen 1879).

A. Les canaux déférents en partie rapprochés l'un de l'autre, non entourés de glandes prostatiques à la base. Ces canaux et la poche copulatrice ouverts dans le même pore. Pas d'atrium; un cœur. Vaisseau dorsal partagé en trois branches en avant. Vaisseau ventral non fourchu.

OCNERODRILUS, Eis.

B. Canaux déférents libres, prostate distincte. Poche copulatrice ouverte dans un pore spécial. Vaisseau dorsal entier en avant, le ventral fourchu. Un atrium; pas de cœur.

I. Glandes prostatiques entourant complètement l'atrium; poche copulatrice en avant des canaux déférents.

1. Tous les vaisseaux secondaires pennés (1); pas de pénis externe.

LUMBRICULUS, Gr.

2. Vaisseaux secondaires pennés et non pennés; pas de pénis externe.

RHYNCHELMIS, Hoffm.

3. Vaisseaux secondaires non pennés; un pénis externe.

STYLODRILUS, Clap.

II. Glandes prostatiques entourant l'atrium seulement au sommet; poche copulatrice en arrière des canaux déférents.

4. Vaisseaux latéro-dorsaux fourchus. Une paire de poches copulatrices.

PHREATOTRIX, Vejd.

5. Vaisseaux latéro-dorsaux non fourchus, entiers. Deux paires de poches copulatrices.

TRICHODRILUS, Clap.

Le genre *Eclipidrilus* que M. Eisen a fait connaître depuis est pour lui le type d'une famille distincte, et M. Vejdovsky en admet de plus une autre les OCNERODRILIDÆ, ce qui partagerait en trois le groupe des LUMBRICULIDÆ. Il est certain que la disposition des canaux déférents diffère assez entre ces divisions, surtout pour ce qui concerne la première, cependant il est au moins aussi naturel, en ayant égard à la disposition du système vasculaire, de réunir ces différents genres que le tableau synoptique suivant pourra aider à reconnaître.

(1) D'après ce caractère emprunté, sans doute, à la description de Claparède, il s'agirait plutôt ici du genre *Claparedilla*, Vejd.

II. Fam. LUMBRICULIDÆ.

Canaux déférents

avec des entonnoirs vibratiles. Tronc dorsal

  partagé en trois branches en avant. . . . . I. Ocnerodrilus, Eis.

simple en avant. Branches vasculaires latéro-dorsales, dans chaque anneau, au nombre de

quatre au moins,

  en anneaux simples, sans culs-de-sac. . . . . II. Trichodrilus, Clap.

  bifides, chaque division terminée en cul-de-sac. . III. Phreatotrix, Vejd.

deux au plus. Glande albuminipare

nulle. Pénis

  non rétractile. . . . . IV. Stylodrilus, Clap.

  rétractile. . . . . V. Claparedilla, Vejd.

distincte. Poches copulatrices au nombre de

  quatre paires. . . . . VI. Lumbriculus, Gr.

  une paire. . . . . VII. Rhynchelmis, Hoffm.

sans entonnoirs vibratiles. . . . . VIII. Eclipidrilus, Eis.

Incertæ sedis.

IX. Bythonomus, Gr.

X. Archæodrilus, Czern.

C'est dans l'Europe moyenne et surtout centrale que le plus grand nombre des genres ont été trouvés, ce qu'explique l'importance des recherches faites dans ces régions. En Suisse et en Bohême, on a signalé les *Phreatotrix* Vejd., *Stylodrilus* Clap., *Claparedilla* Vejd., *Bythonomus* Gr. Les *Trichodrilus* Clap. sont des mêmes contrées, toutefois une espèce, mais douteuse, est citée de l'Amérique du Nord ; de la Russie méridionale on a décrit les *Archæodrilus*, Czern. Les *Rhynchelmis* Hoffm. et les *Lumbriculus* Gr., ont une aire d'extension très vaste, ils se rencontrent non seulement dans toute l'Europe, mais encore en Sibérie et le second passerait même dans le Nord du Nouveau Continent. C'est à la faune de ce dernier qu'appartiennent les genres anormaux *Ocnerodrilus* Eis. et *Eclipidrilus* Eis., de Californie.

I. Genre OCNERODRILUS.

(Ὀχνηρός, lent ; δρῖλος, ver de terre.)

Ocnerodrilus, Eisen.

Corps médiocrement allongé, lobe céphalique arrondi, non sensiblement prolongé. Segment pygidial simple.

Soies au nombre de 8 par anneau, légèrement courbées en S, à extrémité pointue ou un peu obtuse.

Tube digestif sans dilatation stomacale proprement dite, l'intestin faisant directement suite à l'œsophage.

Sang coloré. Vaisseau dorsal contractile, ainsi que deux branches dorso-ventrales dans les 8e et 9e anneaux (cœurs) ; le vaisseau dorsal lui-même *divisé antérieurement en trois rameaux*, lesquels avec le vaisseau ventral simple en constituant un quatrième, sont reliés par des branches transversales et forment une sorte de treillis en urne, dans les 6 ou 7 premiers anneaux. Vaisseaux partant du tronc dorsal de deux sortes, pariétaux et viscéraux, ces derniers seuls en connexion avec le vaisseau ventral.

Des organes segmentaires dans tous les anneaux sétigères, sauf les 13e et 16e.

Pas d'yeux.

Deux paires de testicules respectivement placées dans les 8e et 10e segments. Canaux déférents doubles de chaque côté, *s'ouvrant par deux entonnoirs ciliés dans les 9e et 10e anneaux*, s'accolant ensuite exactement l'un à l'autre pour venir s'ouvrir en arrière, sans atrium ni glandes prostatiques, au 16e. Dans ce même anneau, et par le même orifice, débouche *la poche copulatrice, qui, sous forme de cul-de-sac simple, s'étend jusqu'au 25ᵉ anneau*. Une paire d'ovaires dans le 11ᵉ, le pavillon de l'oviducte se trouve dans l'anneau suivant et le canal s'ouvre dans le 13ᵉ. *Pas de glande albuminigène.*

Ce genre, qui ne comprend actuellement qu'une seule espèce, est l'un de ceux qui se rapprochent peut-être le plus des véritables *Lumbricus*, toutefois, il est encore beaucoup plus voisin des *Lumbriculus*, auprès desquels le place M. Eisen, qui en a publié une description fort complète, accompagnée de figures, c'est à ce travail que sont empruntés les détails ici donnés. Il n'y a pas, il est vrai, de faisceaux vasculaires en cœcums, contractiles, mais les branches viscérales ne communiquent pas avec le tronc ventral, sauf peut-être par des ramifications capillaires.

Ces vers sont aquatiques, on les trouve souvent enfoncés dans la vase par leur partie antérieure, ils se meuvent avec beaucoup de lenteur, contrairement à ce qu'on observe pour la plupart de leurs congénères.

OCNERODRILUS OCCIDENTALIS.

Ocnerodrilus occidentalis, Eisen, 1879, p. 10 ; pl. I et II.
      Id.   id.   Vejdovsky, 1884, p. 51.

Couleur rouge-brun.
Longueur 20ᵐᵐ, largeur 2ᵐᵐ, à l'état de contraction.

Hab. — Comté de Fresno (Californie), dans un canal d'irrigation.

Les caractères énumérés plus haut pour le genre et dont quelques-uns sont plutôt spécifiques, suffisent pour faire reconnaître l'espèce. Sur la figure d'ensemble (1) donnée par M. Eisen, il paraît exister un clitellum un peu en avant du quart antérieur ; je n'en vois pas mention faite dans le texte.

On trouve autour de l'œsophage, dans les cinq ou six premiers anneaux, des glandes lobées comme celles qu'on rencontre chez les *Enchytræus*. Deux diverticulums assez allongés dans le 7ᵉ anneau ; l'intestin proprement dit fait suite à l'œsophage dans le 10ᵉ, il est dilaté, rétréci seulement en arrière près de sa terminaison.

C'est à la fin d'octobre qu'on trouve les individus à l'état de maturité sexuelle.

(1) Eisen, 1879, pl. I, fig. 1.

II. Genre TRICHODRILUS.

(Θτὶξ, cheveu ; δρῖλος, ver de terre.)

Trichodrilus, Claparède, Vaillant, Eisen.

Vers de forme allongée.

Ceinture nulle; *deux paires de poches copulatrices*, s'ouvrant à l'extérieur en arrière des orifices mâles. Soies au nombre de 8 par anneau, géminées, formant quatre séries le long du corps. Lobe céphalique confondu avec le segment buccal.

Tronc dorsal entier, le ventral bifurqué en avant, *en général cinq branches latérales simples dans chaque anneau*, toutes périgastriques.

Organes segmentaires avec un amas glanduleux, près du pavillon vibratile interne.

Pas d'yeux.

Deux canaux déférents, l'un antérieur, l'autre postérieur, se rendant isolément dans un atrium entouré au sommet de nombreuses glandes prostatiques et qui débouche dans le 9° anneau, *ils sont munis d'entonnoirs vibratiles. Pas de pénis extérieur*.

Oviductes... (?). *Pas de glande albuminipare.*

Par leur aspect général, par la disposition des canaux déférents, ces vers s'éloignent plus que les précédents des vrais Lombrics, toutefois ils n'offrent pas encore ces vaisseaux en cœcums, qui caractérisent surtout les Lumbriculidæ, en revanche, la multiplicité des branches périgastriques permet de les distinguer de tous les genres voisins.

Plusieurs points de l'anatomie de ces animaux restent d'ailleurs obscurs, malgré les remarquables recherches de Claparède sur l'espèce typique, cet auteur est d'ailleurs le seul, à ma connaissance, qui ait observé ces vers, la diagnose donnée par M. Eisen semble lui être empruntée.

On ne peut regarder comme bien connue que l'espèce des lacs de Suisse, et c'est avec réserve, que je crois devoir y joindre le *Lumbricus lacustris*, Verr., de l'Amérique du Nord.

1. Trichodrilus allobrogum.

Trichodrilus allobrogum, Claparède, 1862, p. 267; pl. III, fig. 6 à 9 et 15; IV, fig. 3.

Deux paires de poches copulatrices, respectivement placées dans les 10° et 11° segments, s'ouvrant un peu en arrière des soies de la rangée ventrale.

Orifices mâles sous le 9ᵉ anneau.

Soies simples, avec un renflement vers le tiers externe, géminées.

Lobe céphalique conique, très allongé, n'étant séparé du segment buccal par aucun sillon. Corps cylindrique, filiforme.

Couleur d'un beau jaune.

Long de 20ᵐᵐ à 25ᵐᵐ; 70 segments environ.

Hᴀʙ. — La Seime (canton de Genève), dans la vase.

Les testicules au nombre de quatre paires occupent les 9ᵉ, 10ᵉ, 11ᵉ et 12ᵉ segments; les deux paires d'entonnoirs vibratiles des canaux déférents sont placées à la face antérieure des dissépiments IXᵉ et Xᵉ; les canaux eux-mêmes se réunissent pour s'ouvrir, comme on l'a vu, sous le 9ᵉ anneau. Ovaires dans le 10ᵉ, les voies efférentes de cet organe ne sont pas connues.

Le système des vaisseaux colorés, contractile dans toutes ses parties, sauf le vaisseau ventral, offre des branches anastomotiques périintestinales en nombre variable suivant les anneaux, deux dans les antérieurs, jusqu'à cinq dans les moyens et les postérieurs.

Les organes segmentaires, distincts dans le 6ᵉ anneau, s'interrompent dans les 8ᵉ, 9ᵉ, 10ᵉ, 11ᵉ pour reparaître dans le 12ᵉ et les suivants.

2. Tʀɪᴄʜᴏᴅʀɪʟᴜs? ʟᴀᴄᴜsᴛʀɪs.

Lumbricus lacustris, Vᴇʀʀɪʟʟ, 1871, p. 449.
   Id.   *id.*   Sᴍɪᴛʜ, 1874, p. 697.

« Soies sétiformes, fortement courbées, aiguës, bisériées, rapprochées dans chaque paire.

Tête courte, conique, en pointe obtuse. Corps cylindrique, annélation distincte.

Couleur brun rougeâtre.

Longueur 42ᵐᵐ environ, 1ᵐᵐ de diamètre.

Hᴀʙ. — Lac Supérieur (Etats-Unis), avec les tiges de *Cladophora,* trouvé également dans l'estomac du *Coregonus albus* » (Verrill).

Cette description succincte ne permet pas de se faire une idée exacte des rapports de cet animal que son habitat et la forme générale du corps rapprochent plutôt des *Criodrilus* ou des *Trichodrilus,* que des Lombrics proprement dits.

III. Genre PHREATOTHRIX.

(Φρέαρ, puits; θρίξ, poil.)

Phreatothrix, Vejdovsky, Eisen.

Corps allongé, filiforme, lobe céphalique et anneau pygidien n'offrant rien de particulier.

Soies au nombre de 8 par anneau, géminées, formant quatre séries longitudinales : dimères, composées de deux parties bout à bout, l'interne claviforme, l'externe placée sur l'extrémité renflée de celle-ci, subulée, courbe, à pointe simple.

Tube digestif sans renflement gastrique proprement dit.

Tronc dorsal simple en avant, le ventral bifurqué à partir du 3e anneau; *dans chaque anneau cinq à sept paires de branches latérales*, la première viscérale, les autres pariétales, celle-là seule en communication avec le vaisseau ventral, les autres *ramifiées dichotomiquement, chaque rameau terminé en cul-desac*. Point de cœurs.

Organes segmentaires avec un renflement glanduleux dans le voisinage du pavillon cilié. Ils commencent dans le 6e anneau et n'ont pu être suivis, dans les cas les plus favorables, au-delà du 9e.

Pas d'yeux.

Une paire de testicules remplissant tout le corps, du 5e au 14e anneau. De chaque côté, deux canaux déférents, l'un antérieur, l'autre postérieur, munis d'entonnoirs ciliés et se réunissant dans un atrium entouré de nombreuses glandes prostatiques, lequel débouche dans le 9e anneau. *Un pénis externe rétractile.*

Une paire de poches copulatrices dans le 10e segment.

Ovaires dans le même anneau que les précédents organes. Oviductes très petits au 12e. *Pas de glande albuminipare.*

Ce genre se rapproche beaucoup du genre *Trichodrilus*, dans lequel M. Vejdovsky avait d'abord placé l'unique espèce qui le compose; comme lui, il offre cette particularité d'avoir un nombre relativement considérable de branches latéro-dorsales dans chaque anneau, seulement ici elles ne sont pas en cercles périgastriques simples, mais se bifurquent à une certaine distance de leur origine pour se terminer en deux culs de sac. C'est un acheminement à la disposition compliquée des *Lumbriculus* et genres voisins.

PHREATOTHRIX PRAGENSIS.

Trichodrilus pragensis, VEJDOVSKY, 1875.
Phreatotrix pragensis, VEJDOVSKY, 1876, p. 541 ; pl. XXXIX.
    Id.   *id.*   VEJDOVSKY, 1884, p. 54 ; pl. XI, fig. 17 à 19.

Lobe céphalique conique, obtus, du double plus long que l'anneau buccal. Les cinq segments suivants partagés en deux annulicules inégaux, dont les antérieurs portent des soies délicates, appointies, légèrement renflées.

Couleur rouge rosé, pâle ou blanche, rarement rouge vif.

Longueur 30^{mm} à 40^{mm}, largeur 0^{mm},6 à 0^{mm},7 ; 60 à 80 segments.

HAB. — Les puits aux environs de Prague.

IV. GENRE STYLODRILUS.

(Στῦλος, colonne ; δρῖλος, ver de terre.)

Stylodrilus, CLAPARÈDE, VAILLANT, EISEN, VEJDOVSKY.

Ver allongé, ne présentant rien de spécial soit pour le lobe céphalique, soit pour l'anneau pygidien. Segments bi-annuliculés.

Soies au nombre de 8 par anneau, géminées, sur quatre séries, présentant vers le milieu un renflement, extrémité simple ou faiblement fourchue.

Vaisseau dorsal simple, le ventral bifurqué en avant à partir du 4e anneau ; *deux branches latérales simples,* l'antérieure viscérale, la postérieure pariétale.

Organes segmentaires à orifices intérieur et extérieur rapprochés, le tube vecteur glanduleux au voisinage du pavillon vibratile. Ils manquent dans les cinq premiers anneaux, et du 7e au 11e, on les trouve dans tous les autres.

Pas d'yeux.

Au moment de la reproduction, il existe un Clitellum bien distinct, occupant trois anneaux, du 9e au 11e. Trois testicules impairs, respectivement placés dans les 7e, 9e, 10e anneaux, le dernier s'étendant dans le 11e, parfois jusqu'au 13e. De chaque côté deux canaux déférents, l'un antérieur, l'autre postérieur, *munis d'entonnoirs vibratiles,* se réunissant dans un atrium très développé, entièrement entouré d'un amas glandulaire prostatique et débouchant au 9e segment ; *un pénis extérieur développé.*

Poches copulatrices, une paire dans le 8ᵉ anneau, s'ouvrant en arrière des soies ventrales.

Une paire d'ovaires dans le 10ᵉ anneau, parfois, mais rarement, une seconde dans l'anneau précédent, pavillon de l'oviducte engagé dans le XIᵉ dissépiment, le tube ouvert dans l'anneau qui suit. *Pas de glande albuminipare.*

La disposition des conduits vecteurs des organes mâles est ce qui doit surtout faire rapprocher ces vers des *Lumbriculus*, car le système vasculaire rappelle plutôt celui des *Nais*. La présence de pénis non rétractiles, chose fort exceptionnelle chez les Lombriciniens, permet au premier coup d'œil de reconnaître les *Stylodrilus*.

Deux espèces, toutes deux européennes, ont été décrites, ni l'une ni l'autre ne paraissent jusqu'ici avoir une aire d'extension bien vaste.

1. Stylodrilus Heringianus.

Stylodrilus Heringianus, CLAPARÈDE, 1862, p. 263; pl. III, fig. 11; pl. IV, f. 2, 13 à 17.
     Id.   *id.*   VEJDOVSKY, 1884, p. 53.

Lobe céphalique obtus, plus long que l'anneau buccal.
Vaisseau dorsal sans dilatations sensibles.
Pénis n'ayant guère que la moitié du diamètre du corps. Un cristal de forme octaédrique parfaite dans chaque poche copulatrice.
Couleur rougeâtre tirant sur le jaune ou l'orangé.
Longueur 25ᵐᵐ à 30ᵐᵐ; 70 à 80 segments.

HAB. — Genève, dans la vase des eaux douces; Bohême, dans des tourbières, près d'Hirschberg.

Claparède, qui le premier a fait connaître cette espèce, donne de nombreux détails sur son organisation. M. Ratzel (1) a plus tard décrit sur ce ver un organe sensoriel ayant l'aspect d'une glande cutanée.

2. Stylodrilus Gabretæ.

? *Enchtræus annellatus*, KESSLER, 1868.
Stylodrilus Gabretæ, VEJDOVSKY, 1883, p. 13 (tirage à part).
     Id.   *id.*   VEJDOVSKY, 1884, p. 53; pl. XI, fig. 9 à 16; XII, fig. 1.

Lobe céphalique en pointe conique, plus long que l'anneau buccal.

____

(1) Ratzel, 1868, p. 572, pl. XLII, fig. 7.

Vaisseau dorsal formant des dilatations, cœurs dans les 6ᵉ et 7° anneaux.

Pénis presqu'égal en longueur au diamètre du corps.

Couleur d'un rouge-rose vif.

Longueur 30ᵐᵐ à 40ᵐᵐ.

Hab. — Bohême.

Cette espèce, très voisine de la précédente, ne s'en différencie que par les caractères sus-énoncés, dont le second, il est vrai, n'est pas sans valeur.

La forme des soies varie d'une façon régulière suivant les différentes parties du corps. A la partie dorsale et pour les anneaux postérieurs à la partie ventrale, on trouve des soies faiblement bifurquées. Aux parties antérieures, en avant des organes reproducteurs, on ne voit que des soies faiblement courbées en crochet simple ; sur les anneaux en arrière des organes reproducteurs, commence à se montrer à la pointe de la soie une fente peu distincte, qui çà et là devient une véritable fourche.

M. Vejdovsky, auquel est empruntée cette description, n'a jamais observé dans cette espèce de cristal octaédrique dans les poches copulatrices.

V. Genre CLAPAREDILLA.

(Dédié à Claparède.)

Lumbriculus, Claparède, Eisen.
Claparedilla, Vejdovsky.

« Soies simples, quadrisériées. *Deux paires de lacis contractiles dans chaque segment avec des prolongements en cul-de-sac.*

Une paire de poches copulatrices dans le 9ᵉ anneau, *une paire de canaux déférents doubles*, qui débouchent au dehors dans le 10ᵉ par des *pénis courts, extroversiles. Pas de glandes albuminipares.* » (Vejdovsky).

Ce genre est très voisin des *Lumbriculus*, parmi lesquels Claparède rangeait l'espèce typique sous le nom de *Lumbriculus variegatus*, Müll. Suivant la remarque de M. Vejdovsky, il se distingue facilement par la présence de rameaux en cul de sac aux deux branches latéro-dorsales dans chaque anneau, tandis que chez les *Lumbriculus*, la branche antérieure seule en est pourvue.

Cette différence dans la disposition de l'appareil vasculaire pourrait n'être regardée que comme accessoire et susceptible seulement de justifier une distinction spécifique, mais les organes reproducteurs offrent d'autres particularités.

Deux espèces, de l'Europe centrale, sont admises par M. Vejdovsky.

1. CLAPAREDILLA MERIDIONALIS.

? *Lumbriculus variegatus,* CLAPARÈDE, 1862, p. 255; pl. III, fig. 1 à 5 et
14; IV, fig. 4.
Claparedilla meridionalis, VEJDOVSKY, 1883, p. 14 (tirage à part).
Id.   id.   VEJDOVSKY, 1884, p. 53; pl. XI, fig. 20 à 25;
XII, fig. 2.

Lobe céphalique aussi long que l'anneau buccal, atténué, avec un pore à l'extrémité antérieure.

Branches latéro-dorsales antérieures dans chaque anneau couvertes de pigment, leurs cœcums forment une houppe, sur les branches postérieures les cœcums sont disposés comme les barbes d'une plume.

Couleur d'un beau rouge clair.

Longueur 25^{mm} à 35^{mm}; 56 à 80 segments.

HAB. — Les eaux douces, aux environs de Genève et de Trieste.

2. CLAPARIDELLA LANKESTERI.

Lumbriculus Lankesteri, VEJDOVSKY, 1877.
Id.   id.   VEJDOVSKY, 1883, p. 14 (tirage à part).
Claparedilla Lankesteri, VEJDOVSKY, 1884, p. 54; pl. XII, fig. 10 à 15.

Lobe céphalique obtusément conique, du double aussi long que l'anneau buccal, celui-ci petit. Les trois anneaux suivants partagés en deux annulicules inégaux.

Les branches latéro-dorsales toutes deux élégamment pennées.

Couleur rouge sang; entièrement transparent.

Longueur 40^{mm}; diamètre 1^{mm},3.

HAB. — Podebrad, amené d'un puits profond.

Cette espèce, d'après la disposition des branches vasculaires latéro-dorsales, paraît bien appartenir au genre *Claparedilla,* toutefois, M. Vejdovsky n'ayant observé qu'un exemplaire non encore à l'état de maturité, de nouvelles recherches seraient nécessaires pour bien connaître cet animal et fixer sa valeur zoologique.

VI. Genre LUMBRICULUS.

(Diminutif de *Lumbricus*.)

Lumbricus (pars) Muller, Dalyell.
Lumbriculus, Grube, Udekem, Ratzel, Vaillant, Vejdovsky, Czerniavsky.
Acestus, Leidy.
Sænuris, Johnston.

Ver de forme allongée. Segment buccal non prolongé.

Quatre faisceaux de soies par anneau ; ces soies, ordinairement réunies deux par deux, rarement au nombre de quatre dans les anneaux antérieurs, sont bifurquées, crochues (simples par exception), dimères.

Tube digestif peu compliqué.

Système vasculaire composé d'un *tronc dorsal simple* et d'un tronc ventral bifurqué en avant, réunis dans chaque anneau par *une branche latéro-antérieure pariétale rameuse, contractile à ramuscules terminés en cœcums.* Il n'y a pas de cœurs distincts.

Pas d'yeux.

De chaque côté *une paire de canaux déférents à entonnoirs vibratiles*, réunis dans un atrium commun, lequel s'ouvre à l'extérieur dans le 9ᵉ anneau par un pore latéral. *Poches copulatrices, quatre paires. Pas de pénis extérieur. Une glande albuminipare* située entre la première et la seconde paire de poches copulatrices.

Ovaires dans le 9ᵉ, oviductes dans le 11ᵉ anneau.

Les caractères de ce genre sont assez difficiles à formuler. A l'époque où Grube l'a établi, les moyens d'investigation, dont on pouvait disposer, ne permettaient pas une étude complète de l'organisation et les principaux helminthologistes, Udekem, M. Vejdovsky, qui s'en sont occupés depuis n'ont pu pousser ces recherches aussi loin qu'il serait désirable. Si l'on joint à cela que, dans la plupart des descriptions comparatives, les détails anatomiques ont d'ordinaire été empruntés à Claparède, lequel avait sous les yeux le 1 *Claparedilla meridionalis*, Vejd., on comprendra la confusion, qui a dû exister relativement à ce groupe.

L'espèce type du genre, connue de Bonnet et de Muller, n'a cependant été bien déterminée que depuis les recherches de Grube, en 1844. C'est ensuite en Amérique, que M. Leidy fit connaître quelques espèces, le *Lumbriculus limosus*, vers 1850, puis les *Lumbriculus spiralis* et *L. hyalinus*, ces dernières établies d'abord sur de jeunes individus, pour lesquels il avait cru devoir créer le genre *Acestus*.

Le même auteur a décrit un peu plus tard, vers 1855, un *Lumbriculus tenuis*, mais ce ver me paraît plutôt devoir être rapporté au genre *Clitellio*, Sav. Je citerai pour mémoire le *Lumbriculus lacustris* de M. Czerniavsky.

Enfin M. Forel (1) a indiqué, sans détermination spécifique, un *Lumbriculus* trouvé dans les profondeurs du lac de Genève.

En résumé, on ne peut guère admettre que cinq espèces au plus :

1. *Lumbriculus*		*variegatus*, Müll.	Europe, Sibérie.
2.	»	*limosus*, Leidy.	Amérique N.
3.	»	*spiralis*, Leidy.	id.
4.	»	*hyalinus*, Leidy.	id.
5?	»	*lacustris*, Czerniavsky.	Mingrélie.

L'extension géographique de ce genre paraît très grande, on l'a trouvé jusqu'ici dans toute la partie moyenne et nord de l'Ancien Continent, Europe, Sibérie, et dans l'Amérique septentrionale.

1. LUMBRICULUS VARIEGATUS.

(Pl. XXIII, fig. 3, 4, 5, 6).

Vers de la première espèce, BONNET, 1745, p. 6; pl. I, fig. 1 à 5.
Lumbricus variegatus, MULLER, 1774, p. 26.
? *Tubifex gentilinus*, DUGÈS, 1837, p. 32; pl. I, fig. 26.
Lumbriculus variegatus, GRUBE, 1844, p. 207; pl. VII, fig. 2, 2^a, 2$_b$, 2^c, 2^d.
     Id.   *id.*   GRUBE, 1851, p. 101.
Lumbricus teres, DALYELL, 1853, p. 140; pl. XVII, fig. 10 à 12.
Lumbriculus variegatus, UDEKEM, 1859, p. 12.
     Id.   *id.*   BUCHHOLZ, 1862, p. 108, fig. 16.
Sænuris variegata, JOHNSTON, 1865, p. 65 et 333.
Lumbriculus variegatus, RATZEL, 1868, p. 585; pl. XLII, fig. 6, 10, 11, 14
                        et 19.
     Id.   *id.*   VEJDOVSKY, 1875.
     Id.   *id.*   VEJDOVSKY, 1876, pl. VIII, fig. 6.
     Id.   *id.*   VEJDOVSKY, 1883, p. 14 (tirage à part).
     Id.   *id.*   TAUBER, 1879, p. 60.
     Id.   *id.*   LEVINSEN, 1884, p. 228.
     Id.   *id.*   VEJDOVSKY, 1884, p. 56; pl. XII, fig. 16 à 32.

Corps allongé, arrondi, très légèrement déprimé, ovalaire à la partie postérieure. Lobe céphalique conique, médiocrement allongé.

Soies quadrisériées, les faisceaux supéro-externes, très peu au-dessous du diamètre transversal du corps ; chacune d'elles est sigmoïde, formée d'une portion basilaire renflée, qui occupe

(1) Voir en particulier le travail de 1878 résumant les recherches de cet auteur depuis 1869.

près des trois quarts de la longueur, et d'une portion rétrécie, bifide à l'extrémité, les deux bandes de la fourche étant à peu près égales ; leur longueur est d'environ $0^m,18$, la plus grande épaisseur de $0^{mm},01$.

Tube digestif sans dilatation stomacale, l'intestin très coloré par les amas de glandes chloragéniques.

Système vasculaire singulièrement développé. Les huit premiers anneaux sont parcourus par un riche réseau formé de nombreuses anastomoses entre les branches dorso-ventrales, lequel se continue, en diminuant toutefois, dans les 5 ou 6 anneaux suivants. Vers le 14e ou 15e commencent les branches ramifiées dorsales, dont les extrémités sont terminées en cul-de-sac ; elles sont contractiles et d'ordinaire fortement chargées de granulations chloragéniques ; leur nombre maximum est de 6 ou 8 de chaque côté.

Des organes caliciformes (? organes de sens spéciaux) ont été observés dans la matrice de la cuticule, sur chaque anneau.

Organes reproducteurs imparfaitement connus. Quatre paires de poches copulatrices respectivement placées dans les 8e, 10e, 11e et 12e anneaux ; dans le 9e se trouve une glande albuminipare. Ces vers se rompent avec la plus grande facilité et la reproduction par bourgeonnement paraît habituelle.

Couleur généralement riche, variant du rose ou du rouge vif au brun foncé, la partie postérieure, toujours plus pâle, jaune ou rouge jaunâtre.

Longueur 50^{mm} à 80^{mm}, épaisseur 1^{mm} ; 150 à 200 segments et plus.

Hab. — Toute l'Europe moyenne et septentrionale, depuis le Midi de la France (Montpellier); Sibéric.

Cette espèce est la plus anciennement et la mieux connue; cependant, bien qu'elle soit très répandue et qu'elle ait été étudiée par de nombreux observateurs, plusieurs points de son anatomie restent douteux. Cela dépend en premier lieu de ce que l'abondance des amas glandulaires chloragéniques rend ces vers moins transparents que la plupart des animaux analogues, et secondement qu'il est très rare de rencontrer des individus à l'état de maturité sexuelle.

M. Vejdovsky pense que ces organes doivent acquérir leur plein développement en hiver. On peut regarder comme probable que la multiplication par bourgeons joue un rôle important dans la propagation de cette espèce, sur laquelle Bonnet a réalisé les principales de ses célèbres expériences.

M. Vejdovsky a fait d'intéressantes remarques sur l'influence de l'habitat relativement à la coloration de ces vers. Ceux qu'on rencontre dans la vase des marais sont bruns ou brun noirâtre, ceux qui vivent sur des fonds sablonneux ou au milieu des plantes aquatiques sont rosés ou rouges.

Le *Tubifex gentilinus* trouvé par Dugès dans les environs de Paris appartient-il à cette espèce? La description et la figure sont trop imparfaites pour permettre une détermination tant soit peu exacte. L'opacité de ce ver et ses dimensions sont cependant des caractères qu'on peut invoquer pour justifier le rapprochement.

2. Lumbriculus limosus.

Lumbriculus limosus, Leidy, 1850-1854, p. 49; pl. II, fig. 16 *a* et *b*.
    Id.   id.   Udekem, 1859, p. 13.

Corps très allongé, à peu près cylindrique, en pointe antérieurement, assez uniforme en arrière. Pas de ceinture. Lobe céphalique triangulaire.

Soies locomotrices sur quatre rangs, deux par faisceaux, sans compter les soies de remplacement, qui sont souvent presqu'aussi développées que les soies en action à la partie postérieure du corps ; elles sont sigmoïdes, allongées brusquement, rétrécies vers l'extrémité périphérique et bifides à la pointe, leur longueur est de $0^{mm},17$.

Pas de gésier.

Les cœcums vasculaires sont au nombre de quinze de chaque côté par segment.

Au 9e anneau se voient deux pores et les organes de la génération s'étendent jusqu'au 20e.

Couleur jaunâtre, peau transparente, le tronc dorsal et le ventral d'une belle nuance écarlate ; les cinq ou six premiers anneaux bordés de noir bleuâtre, la partie centrale du corps d'un bleu iridescent.

Longueur 51^{mm} à 102^{mm} ; épaisseur $0^{mm},8$; 170 à 220 segments.

Hab. — Environs de Philadelphie; sous les pierres, les feuilles mortes et les fragments de bois, sur les bords vaseux des ruisseaux.

La forme plus allongée du corps, le nombre des cœcums contractiles différencieraient surtout cette espèce du *Lumbriculus variegatus*, Müll.

Ces vers étaient infestés d'un infusoire parasite : *Leucophrys clavata*, Leidy.

3. LUMBRICULUS SPIRALIS.

Acestus spiralis, LEIDY, 1852, p. 226.
Lumbriculus spiralis, LEIDY, 1852, p. 285.

Corps long et ténu, filiforme, cylindrique, obtusément arrondi en arrière. Lobe céphalique comprimé, conique.

Soies locomotrices, 3 à 5 par faisceau antérieurement, 2 à 3 postérieurement.

Des corpuscules globuleux, qui remplissent l'intervalle entre les viscères, donnent aux anneaux, par transparence au travers du tégument, une teinte blanche opaline, verdâtre ou bleuâtre.

Longueur 25^{mm} à 75^{mm} ; épaisseur 0^m,3 à 0^m,4 ; 200 à 276 anneaux.

HAB. — Environs de Philadelphie, au milieu des racines de diverses plantes croissant dans les fossés.

L'épithète fait allusion à la disposition qu'offre souvent le corps de l'animal, qu'on trouve enroulé à l'aisselle des feuilles de plantes aquatiques.

4. LUMBRICULUS HYALINUS.

Acestus hyalinus, LEIDY, 1852, p. 226.
Lumbriculus hyalinus, LEIDY, 1852, p. 286.

Corps filiforme, lobe céphalique sub-aigu ; segment pygidien obtus.

Soies locomotrices de 3 à 8 par faisceau, fourchues.

Couleur rouge, jaunâtre dans le 5e postérieur.

Longueur environ 51^{mm} ; 120 à 180 segments.

HAB. — Environs de Philadelphie, dans les fossés.

Cette description est trop incomplète pour qu'on puisse juger de la place réelle de cet animal dans la série.

Il vit la portion antérieure du corps enfoncée dans la vase, agitant l'extrémité caudale au dehors comme les *Tubifex*. On le trouverait surtout dans les mois d'août et de septembre.

5. Lumbriculus ? lacustris.

Lumbriculus lacustris, Czerniavsky, 1880, p. 341 ; pl. III (2), fig. 4.
    Id.   id.   Vejdovsky, 1884, p. 51.

Corps cylindrique, à segments plus courts que larges, téguments pellucides.

Soies locomotrices remarquablement robustes, non dimériques mais renflées vers leur tiers externe, bifurquées, la branche inférieure de la fourche, la plus forte et la plus longue, presqu'à angle droit sur la tige.

Sang très rouge.

Longueur 16^{mm} ; largeur à peine 0^{mm},25.

Hab. — Lac Palæostom (Mingrélie).

La forme des soies est pour les *Lumbriculus* si caractéristique, qu'on peut se demander, si cette espèce appartient bien à ce genre, car elles ne présentent pas ici une trace de rétrécissement ou d'articulation ; d'après les figures données, leurs dimensions ne seraient que de 0^{mm},07 à 0^{mm},09 de long sur 0^{mm},008 de large.

M. Vejdovsky ne cite l'espèce qu'avec doute.

VII. Genre RHYNCHELMIS.

(ʻΡύγχος, bec ; ἔλμίνς, ver.)

Rhynchelmis, Hoffmeister, Vejdovsky.
Euaxes, Grube, Menge, Udekem, Vaillant.
Lycodrilus, Grube.

Corps allongé. Lobe céphalique distinct, de forme variable suivant les espèces.

Soies 8 par anneau, géminées, dimères, formées de deux parties placées bout à bout, à extrémité simple.

Tube digestif sans dilatations sensibles.

Outre les vaisseaux pariétaux tortueux ordinaires, reliant le *vaisseau dorsal simple* au ventral bifurqué en avant, on voit dans chaque segment encore une paire de branches viscérales *pinnees, libres*. Trois gros vaisseaux s'étendent sur les organes de la reproduction et s'y ramifient en un réseau vasculaire serré.

Deux testicules du 13e au 50e (ou 54e) anneau ; *quatre canaux déférents* glanduleux, *munis d'entonnoirs vibratiles*, ils se réunissent par paires dans deux atriums occupant le 9e anneau ; des glandes prostatiques s'étendent sur chaque atrium ; *pénis nul. Une paire de poches copulatrices* dans le 7ᵉ anneau. Deux ovaires au 50ᵉ (54ᵉ) anneau ; deux oviductes infundibuliformes débouchant au XIᵉ intersegment, *une glande de l'albumen s'ouvrant au milieu du 8ᵉ anneau.*

Ce genre a été l'un des premiers établi, mais sa synonymie s'est trouvée dès l'abord embrouillée par l'appellation d'*Euaxes*, qu'avait donné Grube à ce même animal, déjà décrit, d'une manière, il est vrai, fort imparfaite, par Hoffmeister sous le nom de *Rhynchelmis ;* aussi beaucoup d'auteurs ont-ils adopté la première dénomination produite dans un travail plus étendu, accompagné d'excellentes figures. Ce qu'on s'explique moins, c'est que Grube, en 1851, ait conservé son nom générique de 1844, alors qu'il donne en synonymie celui de *Rhynchelmis* avec la date de 1843.

Le même auteur a, trente ans plus tard, établi un nouveau genre, *Lycodrilus*, dont l'unique caractère distinctif se tire de la force de crochets remplaçant les soies à la région ventrale sur un certain nombre d'anneaux. Cela ne doit être considéré que comme un caractère spécifique ; Grube, il est vrai, se demande lui-même, s'il ne conviendrait pas plutôt de regarder cette coupe comme une simple subdivision des *Euaxes*.

Au reste, le genre *Rhynchelmis* est si voisin du genre *Lumbriculus*, qu'il y aurait peut-être quelque raison de les réunir.

D'après les études de Menge sur le *Rhynchelmis limosella* (1845, p. 30, pl. III, fig. 15 et 16), les œufs sont renfermés dans une sorte de capsule portée sur un pédicule, qui se fixe par un épâtement aux plantes submergées ; l'ensemble est tout à fait comparable au cocon de quelques Hirudinées.

Quatre espèces toutes de l'ancien monde, trois de l'Europe et une de Sibérie, sont signalées. L'une d'elles, le *Rhynchelmis limosella* Hoffm., peut être regardée comme parfaitement connue au point de vue non seulement zoologique, mais encore anatomique ; le développement en a même été étudié en détail par M. Kowalevski. Les trois autres n'ont été décrites que par comparaison à celle-ci et très brièvement. Les caractères distinctifs se tirent surtout de la forme de la section du corps, de celle du lobe céphalique, du nombre des segments, de la présence de soies spéciales sur certains points du corps, etc.

1. *Rhynchelmis limosella*,	Hoffm.		Europe moyenne.
2.	»	*obtusirostris*, Menge.	id.
3.	»	*baicalensis*, Grube.	Lac Baikal.
4.	»	*Dybowskii*, Grube.	id.

1. RHYNCHELMIS LIMOSELLA.
(Pl. XXIII, fig. 7, 8, 9, 10).

Rhynchelmis limosella, HOFFMEISTER, 1843, p. 192.
Euaxes filiformis, GRUBE, 1844, p. 204; pl. VII, fig. 1, 1ª, 1ᵇ, 1ᶜ, 1ᵈ.
    Id.   *id.*   MENGE, 1845, p. 24 ; pl. III, fig. 14 à 17.
    Id.   *id.*   GRUBE, 1851, p. 101 et 146.
    Id.   *id.*   UDEKEM, 1859, p. 13.
    Id.   *id.*   A. KOWALEWSKI, 1870-1871, p. 12; pl. III à V.
Rhynchelmis limosella, VEJDOVSKY, 1876, p. 332; pl. XXI à XXIV (anatomie
    Id.   *id.*   LEVINSEN, 1884, p. 228.
    Id.   *id.*   VEJDOVSKY, 1884, p. 57; pl. XII, fig. 33, 34; XIII,
                1 à 10 *bis* et 11; XVI, 1 à 6.

Vers ayant une tendance marquée à prendre une forme quadrangulaire trapézoïde, aplati en arrière, la partie dorsale un peu concave; anneaux très petits. Lobe céphalique prolongé en une sorte de trompe.

Soies réduites à une par faisceau dans les anneaux postérieurs.

Tube intestinal couvert par les corpuscules bruns chloragéniques à partir du 6ᵉ anneau.

Couleur d'un rouge rosé, à reflets violets.

Longueur 100ᵐᵐ à 120ᵐᵐ à l'état d'extension ; 150 segments environ.

HAB. — Les eaux stagnantes d'une grande partie de l'Europe : Allemagne, Belgique, Bohême, Russie.

2. RHYNCHELMIS OBTUSIROSTRIS.

Euaxes obtusirostris, MENGE, p. 31 ; pl. III, fig. 1 à 13.
    Id.   *id.*   GRUBE, 1851, p. 101 et 146.
    Id.   *id.*   UDEKEM, 1856, p. 61.
    Id.   *id.*   UDEKEM, 1859, p. 14.
    Id.   *id.*   VEJDOVSKY, 1884, p. 51.

Corps transparent, de forme plutôt arrondie. Lobe céphalique obtus.

Pas de reflets violets.

Longueur 55ᵐᵐ ; 100 segments.

HAB. — Environs de Dantzig et de Louvain, parmi les conferves.

Bien que Menge et Udekem, qui ont étudié cette espèce, aient l'un et l'autre observé en même temps le 1 *Rhynchelmis limosella,* Hoffm., ils ont donné d'une manière assez incomplète les caractères distinctifs, qui se réduiraient, en somme, à la forme différente du lobe céphalique, les autres étant réellement très secondaires.

3. RHYNCHELMIS BAICALENSIS.

Euaxes baicalensis, GRUBE, 1873, p. 67.

Extrémité caudale nettement arrondie, non déprimée, s'atténuant graduellement. Lobe céphalique en cône surbaissé.

Deux très petites papilles sous le 9e anneau, deux fentes transversales entourées d'une cupule sous le 10e.

Longueur 62ᵐᵐ à 85ᵐᵐ, épaisseur 3ᵐᵐ,5 à 4ᵐᵐ; 181 à 240 segments.

HAB. — Lac Baïkal, dans les profondeurs.

M. Grube regarde les deux papilles et les fentes transversales comme représentant respectivement les orifices mâles et femelles; ce sont plutôt, pourrait-on croire, les orifices des poches copulatrices et des canaux déférents. D'ailleurs, cet animal, étudié d'après des individus dans l'alcool et sur un petit nombre d'exemplaires intacts, car ils se fragmentent avec une excessive facilité, ne peut être regardé que comme très imparfaitement connu.

4. ?RHYNCHELMIS DYBOWSKII.

Lycodrilus Dybowskii, GRUBE, 1873, p. 67.

Deux crochets courbés, très saillants, remplacent du 2e au 10e anneau, la paire de soies peu courbes et peu saillantes de la rangée inférieure, ces crochets sont remarquablement fragiles.

Lobe céphalique court, conique (comme celui du 3 *Rhynchelmis baicalensis*, Gr.).

Longueur 19ᵐᵐ; 40 segments.

HAB. — Lac Baïkal.

Animal imparfaitement connu par deux exemplaires vraisemblablement incomplets et n'offrant pas les organes reproducteurs.

VIII. GENRE ECLIPIDRILUS.

('Εχλιπής, incomplet ; δρῖλος, ver de terre.)

Eclipidrilus, EISEN.

Corps allongé, anneaux plus larges que longs.
Lobe céphalique peu prolongé.

Quatre faisceaux par anneau, de 2 soies chacun, celles-ci courbées en S, renflées vers leur tiers externe, à extrémité simple.

Tube digestif sans dilatations, transparent dans les anneaux 1 à 5, couvert du tissu glandulaire opaque habituel dans le reste de son étendue.

Un *vaisseau dorsal simple*, pulsatile; un vaisseau ventral non contractile, divisé en avant pour se joindre au précédent; dans les 30 derniers segments ces vaisseaux ne sont point reliés entre eux, le dorsal émettant des *branches latérales au nombre de deux par anneau, simples ou ramifiées, terminées en cœcum*; dans la partie antérieure du corps, les vaisseaux sont réunis par des branches viscérales ou pariétales, une branche par anneau.

Pas d'yeux.

Les canaux déférents ne sont pas joints aux testicules, et leur extrémité interne libre n'est munie *d'aucun entonnoir vibratile*, ils sont par contre considérablement allongés et renferment une vésicule ou réservoir séminal mâle en forme de sac. L'atrium du canal déférent présente trois petits orifices pour l'entrée des spermatozoaires. *Penis exsertile*, à extrémité simple ou en hélice. *Deux poches copulatrices.* Les oviductes sont au nombre de 2, non reliés directement au canal efférent ni invaginés dans celui-ci.

Le genre *Eclipidrilus* est évidemment des plus aberrents, surtout en ce qui concerne la disposition des organes génitaux mâles. La terminaison en cœcum des branches dorsales à la partie postérieure du corps les rapproche cependant des LUMBRICULIDÆ. M. Eisen en fait une famille spéciale des ECLIPIDRILIDÆ. Malgré l'autorité de ce savant helminthologiste, je pense qu'il est plus simple, dans l'état actuel de nos connaissances sur ce Lombricin étrange, de le placer, au moins provisoirement, auprès des *Lumbriculus*.

Une seule espèce est connue, aussi remarquable par son habitat que par son organisation.

ECLIPIDRILUS FRIGIDUS.

Eclipidrilus frigidus, EISEN, 1883, p. 3; pl. I et II.
    Id.   *id.*   VEJDOVSKY, 1884, p. 52.

Longueur 40^{mm}, largeur 1^{mm} ; 80 à 85 segments environ.

HAB. — Sierra Nevada de Californie, à une hauteur de 3,000 mètres à 3,500 mètres et plus.

Cette espèce étant jusqu'ici la seule connue, les caractères donnés pour le genre s'y appliquent spécialement; elle a été fort bien étudiée par M. Eisen, qui en a fait connaître l'anatomie en détail.

Les organes reproducteurs présentent surtout des particularités remarquables. Il y aurait une ceinture située vers le quart antérieur de la longueur. Les testicules, au nombre de deux, s'étendent sous la forme de masses allongées du 9e au 13e anneau. Leur communication avec les canaux déférents est encore moins directe que chez la plupart des Lombriciniens. Ces canaux, en effet, forment de chaque côté un boyau allongé, terminé en cul-de-sac dans le 14e anneau, aboutissant à l'orifice mâle dans le 9e; il présente vers son milieu un étranglement entouré de fibres musculaires en hélice, ce qui permet de lui reconnaître deux portions, l'une antérieure, l'autre postérieure. Dans ce sac s'en trouve inclus un second, de même forme, mais moins long en avant, de sorte que, si son fond répond à celui du sac externe, son orifice antérieur est à une certaine distance de l'orifice mâle. La paroi du sac extérieur est percée de trois orifices arrondis, par lesquels pénètrent les faisceaux de spermatozoïdes, que le testicule verse dans la cavité viscérale; ils arrivent ainsi dans l'espace libre entre les deux sacs, le mouvement des cils vibratiles les ferait pénétrer dans le sac interne, dans la portion antérieure de celui-ci d'abord, puis, après avoir franchi la portion rétrécie, dans le cul-de-sac postérieur, où ils s'accumulent et achèvent d'atteindre leur parfait développement. La fécondation est assurée par un organe copulateur, que forme la portion terminale de la tunique interne du sac extérieur.

Le reste des organes génitaux diffère moins de ce qu'ils sont dans les genres voisins.

Il existe dans le 8e anneau une paire de poches copulatrices; les ovaires sont au nombre de trois paires, respectivement placées dans les 8e, 9e et 10e anneaux; c'est dans l'avant-dernier de ceux-ci que se voient les oviductes sous forme de deux entonnoirs, n'ayant de cils vibratiles que dans la portion canalisée et non sur le pavillon; leurs orifices débouchent dans le IXe intersegment.

Les organes segmentaires existent dans tous les anneaux, à partir du 9e au moins; le pavillon engagé dans le dissépiment présente des portions renflées en sphères; le tube est d'abord dilaté, puis se rétrécit pour aboutir en avant et assez près du faisceau de soies ventral dans l'anneau suivant.

Un fait remarquable des mœurs de l'*Eclipidrilus frigidus*, c'est son habitat à des hauteurs où, pendant une grande partie de l'année, l'eau est à l'état de congélation ou à une température qui, le reste du temps, ne dépasse guère 4°.

INCERTÆ SEDIS

IX. Genre BYTHONOMUS.

(Βυθός, abîme ; νομή, partage.)

Bathynomus, Grube.
Bythonomus, Grube, Vejdovsky.

Lobe céphalique non prolongé.

Soies quadrisériées, les faisceaux supérieurs difficiles à apercevoir par suite de la brièveté des soies, celles-ci réunies deux par deux, faiblement bidentées, car un fort grossissement est nécessaire pour distinguer les deux pointes.

Sang rouge. Des vaisseaux latéraux en culs-de-sac en outre des branches dorso-ventrales, lesquelles sont en lacets.

Grube n'a fait connaître ce genre que d'une manière très sommaire et avait primitivement placé l'unique espèce qui le compose, dans le genre *Clitellio*. L'absence de ceinture, cette considération que toutes les espèces connues de ce dernier groupe sont marines, l'a engagé à en faire un genre à part.

On pourrait admettre, d'après la conformation des soies, que les *Bythonomus* seraient mieux placés parmi les Naididæ, à côté des *Tubifex*. D'autre part, la présence de culs-de-sac vasculaires les rapproche évidemment des Lumbriculidæ. Il est difficile de décider cette question avec le peu de renseignements qu'on possède sur ce Ver.

BYTHONOMUS LEMANI.

Bathynomus Lemani, Grube, 1879, p. 116.
Bythonomus Lemani, Grube, 1880, p. 228.
     Id.   id.   Vejdovsky, 1884, p. 50.

Pas de gésier.

Une paire de culs-de-sac à orifices extérieurs (? poches copulatrices) au 9e anneau ; des amas blanchâtres sur l'intestin du 8e au 13e anneau, appartiennent sans doute aux organes reproducteurs.

Longueur 20^{mm} ; 40 à 62 segments dont les 7 ou 8 premiers sont très courts.

Hab. — Lac de Genève, dans les profondeurs.

X. Genre ARCHÆODRILUS.

('Αρχαῖος, antique; Δρῖλος, ver de terre.)

Archæodrilus, Czerniavsky.

« *Setarum fasciculi utrinque biseriati, uncinis binis fortiter sygmoideis et incrassatione mediana insignibus formati.*
Caput processu posteriore non instructum.
Clitellum nullum. « (Czerniavsky).

M. Czerniavsky ajoute à cette diagnose que le corps est long et étroit, les segments profondément divisés et très courts; il existe enfin un gésier (*ventriculum*) distinct.

Malheureusement, l'auteur n'a pu donner aucun détail sur les organes de la génération, les organes segmentaires, etc. Son silence autorise à croire qu'il n'y a pas de points oculiformes. Il regarde ce genre comme intermédiaire entre les *Helodrilus* Hoffm. et les *Euaxes* Gr. (= *Rhynchelmis,* Hoffm.), les rapprochant de ces derniers sans doute à cause du renflement des soies, car il n'est pas fait mention de la disposition des vaisseaux sanguins, ces soies ne sont pas d'ailleurs composées de deux parties chez les *Archæodrilus.*

D'un autre côté les deux espèces citées ne sont que très imparfaitement connues, de l'une on n'a qu'un fragment. Il est donc difficile, la place du genre *Helodrilus* (1) étant elle-même incertaine, de se faire une idée des rapports réels de ce genre, si même il mérite d'être maintenu, et, comme M. Vejdovsky, je le range parmi les *Incertæ sedis* des Lumbriculidæ.

Les *Archæodrilus* sont marins.

1. Archæodrilus cavaticus.

Archæodrilus cavaticus, Czerniavsky, 1880, p. 342; pl. IV (2), fig. 5 *a, b, c* (soies).

Ceinture nulle.

Soies fortes, contournées en S, la partie basilaire plus courbe, un renflement vers le milieu de la longueur, pointe graduellement atténuée, mais obtuse; longues d'environ 0mm,14.

Lobe céphalique moins long que large, mais beaucoup plus allongé que le segment buccal, sans prolongement postérieur, largement arrondi en avant. Corps mou élastique très rétractile, transparent. Anneaux très courts.

(1) Voir p. 168.

Couleur d'un blanc jaunâtre, l'intestin apparaît au travers de la paroi en brun rougeâtre. Cuticule iridescente.

Longueur 55ᵐᵐ (en extension), largeur 1ᵐᵐ à 1ᵐᵐ,5; 112 segments.

Hᴀʙ. — Grotte de Prozenzo (*prope Suchum in Abchasia*) dans la vase humide.

L'auteur ajoute que la peau, marbrée, renferme de petits spicules internes translucides et que l'estomac, allongé, s'étend du 12ᵉ au 19ᵉ anneau; l'intestin est en chapelet.

On n'en connaît, paraît-il, qu'un individu.

2. Aʀᴄʜæᴏᴅʀɪʟᴜs ᴍᴀᴇᴏᴛɪᴄᴜs.

Archæodrilus maeoticus, Cᴢᴇʀɴɪᴀᴠsᴋʏ, 1880, p. 343; pl. III (1), fig. 26; IV (2), fig. 6 *a, b.*

Soies robustes, contournées plus ou moins fortement en S, surtout à la base, renflées vers le tiers externe, pointe un peu aiguë et légèrement courbe; longues de 0ᵐᵐ,2.

Anneaux du milieu du corps excessivement courts.

Peau semi-transparente, cendrée.

Hᴀʙ. — Golfe de Tahanroh, sur le rivage sous les pierres.

Espèce très imparfaitement connue par un fragment long de 13ᵐᵐ, comprenant 45 segments de la partie médiane du corps.

III. Fᴀᴍ. ENCHYTRÆIDÆ.

Lombricinéens de petite taille. Distinctement annelés. Soies quadrisériées (1), d'ordinaire en alène, droites et au nombre de 3 ou plus par faisceau; elles peuvent manquer et sont remplacées dans ce cas par des glandes cellulaires cutanées. Tronc vasculaire dorsal sans ramifications latérales en cul-de-sac. Organes segmentaires manquant dans les anneaux sexués. Un seul canal déférent de chaque côté. Reproduction exclusivement sexuelle.

Habitent dans la terre humide, sous les feuilles et la mousse, plus rarement dans les eaux douces, saumâtres ou salées.

Les vers, qui composent ce groupe, se rapprochent beaucoup, par leur aspect et leurs mœurs, des Lombrics proprement dits; au pre-

(1) Except. *Distichopus,* Leidy.

mier abord on serait tenté de les regarder comme de jeunes individus d'une quelconque des espèces de ceux-ci, surtout en ce qui concerne le genre principal, les *Enchytræus*, Henle. Cependant il est facile de les distinguer à leur teinte toujours pâle, tandis que les Lombrics, même au sortir de l'œuf, sont plus ou moins, mais toujours distinctement, rouges; enfin, leur taille est petite et excède rarement 20^{mm} ou 30^{mm}.

Le corps est nettement annelé, le nombre des segments sétigères atteint au plus une soixantaine; ceux-ci, en général un peu plus larges que longs, sont subdivisés en annulicules. Le lobe céphalique, plus ou moins conique, est simple, c'est-à-dire sans prolongement, ni incisures régulières. La ceinture se distingue aisément chez les individus adultes. Le segment pygidien est également simple.

Les soies locomotrices, dans la grande majorité des espèces, forment par anneaux quatre faisceaux rapprochés de la face ventrale; dans les *Distichopus*, Leidy, il n'y en aurait que deux. Enfin, chez les *Anachæta*, Vejd., ces organes seraient remplacés par des séries correspondantes de grosses glandes, dont il sera parlé à propos de ce genre. Ces soies, dans chaque faisceau, sont plus nombreuses que chez les Lombrics; il est rare qu'on n'en rencontre que deux, elles vont d'ordinaire quatre par quatre, et il peut y en avoir jusqu'à six ou huit. Le nombre parfois varie dans les faisceaux dorsaux et ventraux et suivant le rang des segments. Leur forme est très simple, le plus souvent cylindrique, avec les extrémités obtuses, parfois l'extrémité adhérente est crochue, chez l'*Enchytræus Leydigii* Vejd. elles sont renflées en leur milieu. Il est fréquent de les trouver inégalement longues dans un même faisceau, celles du centre étant souvent les moins développées. Ces particularités peuvent fournir de bons caractères spécifiques.

Le tube digestif se montre relativement peu compliqué et, sauf pour certaines parties secondaires, ne paraît pas, dans l'ensemble du groupe, présenter de modifications notables. La bouche, placée en-dessous et à une certaine distance de l'extrémité antérieure, forme une simple perforation, la lèvre inférieure est souvent festonnée, parfois une ligne ou fente peu profonde part de son bord libre et se dirige directement en arrière, divisant toute la longueur de l'anneau buccal. A la bouche fait suite une portion du tube digestif, renflée en raison du développement considérable de la couche épithéliale qui constitue sa paroi supérieure; de nombreux muscles extrinsèques s'y insèrent, mais dans la paroi même, le tissu contractile n'est que médiocrement abondant. On peut la désigner sous le nom de pharynx, cependant M. Vejdovsky penche plutôt pour la regarder comme une partie de l'œsophage. Ce dernier consiste en un tube étroit, tapissé de cils vibratiles, lesquels deviennent remarquablement plus rigides et plus gros à l'orifice, qui termine cette partie au point d'abouchement avec le canal gastro-intestinal, comme pour former ainsi une barrière qui s'opposerait au reflux des aliments. A partir de ce point, le tube digestif peut être considéré comme remplissant à la fois les fonctions d'estomac et d'intestin; c'est un tube membraneux, également revêtu à l'intérieur d'un épithélium à cils vibratiles, il sera question plus loin des rapports de cette partie avec le lieu d'origine du système des vaisseaux clos. Ce gastro-intestin est, comme d'habitude, étranglé à son passage au travers de chaque dissépiment et, lorsqu'il est gorgé des matières terreuses, qui d'ordinaire le remplissent, l'aspect moniliforme devient des plus frappants. Dans les derniers anneaux, peu distincts entre eux, qui terminent le corps, le tube digestif se rétrécit, le mouvement des cils vibratiles y est plus distinct, peut-être par suite de la transparence plus grande des parois; c'est le court intestin qui aboutit à un anus placé tout à fait à l'extrémité et dans l'axe du corps.

Parmi les annexes du tube digestif, M. Vejdovsky a particulièrement fait connaître des glandes, désignées comme glandes salivaires, lesquelles débouchent à la partie antérieure de l'œsophage en arrière du pharynx. Ces organes présentent des différences considérables, suivant les espèces; nous aurons à y revenir en décrivant celles-ci. Elles peuvent même faire complètement défaut dans certains genres, tels que les *Pachydrilus*, animaux plus essentiellement aquatiques que les *Enchytræus* proprement dits; on peut voir là une relation de cause à effet, qui parlerait en faveur de l'usage physiologique attribué à ces organes. Les glandes salivaires, suivant cet auteur, doivent être considérées comme des organes segmentaires modifiés.

Autour du gastro-intestin se trouvent en abondance des glandules chloragéniques ou hépatiques, généralement peu colorés.

Enfin, M. Vejdovsky a encore fait connaître des modifications qui doivent être ici signalées comme se rapportant sans doute à des sécrétions intestinales. Chez l'*Enchytræus albidus*, Henle (= *E. ventriculosus*, Udek.), la partie postérieure de l'œsophage présente un renflement dont les parois épaissies sont manifestement glanduleuses. Pour l'*Enchytræus leptodera*, Vejd., ce sont deux glandes distinctes, munies postérieurement de canaux excréteurs, qui aboutissent dans le gastro-intestin, très peu en arrière de l'orifice terminal de l'œsophage. Ces deux appareils remplissent très probablement le rôle d'organes hépatiques.

L'examen des matières contenues dans le tube intestinal montre que le mode d'alimentation chez les *Enchytræus* est analogue à celui des Lombrics proprement dits; au moins y trouve-t-on une quantité considérable de particules terreuses provenant de l'humus qu'ils engloutissent.

Le liquide cavitaire renferme des corpuscules de formes variées. Le plus souvent ils sont en fuseau, parfois très allongés comme dans les *Enchytræus Buchholzii*, Vejd., *E. vermicularis*, Müll., plus rarement arrondis, par exemple, chez l'*E. leptodera*, Vejd. Le plus ordinairement on n'en rencontre que d'une seule espèce; cependant M. Vejdovsky, auquel on doit des remarques particulièrement intéressantes sur ce sujet, en signale chez l'*Anachæta Eisenii* Vejd. de deux sortes, les uns petits de la forme allongée habituelle, d'autres beaucoup plus grands, irréguliers, rappelant l'aspect de cellules épithéliales pavimenteuses. Ces corpuscules sont pourvus d'un noyau, souvent d'un nucléole. On peut trouver dans leurs différentes formes des caractères spécifiques, comme l'a fait remarquer M. Ratzel.

Le système des vaisseaux clos est d'une grande simplicité et, chez les *Enchytræus* et les *Anachæta* au moins, d'une étude fort difficile par suite de la nature du liquide inclus, lequel n'est que peu ou pas coloré. Le tronc dorsal naît d'un plexus situé dans le paroi même de l'intestin, soit avec le diamètre qu'il devra conserver (*Pachydrilus*), soit par une série de dilatations contractiles, immédiatement appliquées sur le tube digestif. Ces renflements peuvent être très reculés, se trouvant au 14e ou 16e anneau, *Enchytræus vermicularis,* Mull. (= *E. humicultor,* Vejd.), elles se placent plus habituellement du 5e au 9e, suivant les espèces. Dans les anneaux antérieurs seulement le tronc dorsal émet un certain nombre de branches, nombre toujours restreint; elles contournent le tube digestif pour se réunir en un vaisseau ventral, qui regagne le sinus ou plexus, péri-intestinal.

Le liquide contenu dans le système des vaisseaux clos est, cela a été dit plus haut, incolore ou faiblement teinté chez les *Enchytræus* et les *Anachæta,* au contraire dans le genre *Pachydrilus,* qui, à tant d'égards, se rapproche des Naididæ, il est d'un rouge vif.

Les organes segmentaires sont toujours bien développés et, suivant les genres ou même les espèces, commencent plus ou moins en avant, car ils manquent toujours dans les anneaux antérieurs. Chez les *Pachydrilus* ils apparaissent dès le 2e anneau, au 5e chez les *Anachæta,* au 7e pour la plupart des *Enchytræus.* Ils manquent dans les 11e et 12e anneaux, où se trouvent les organes de la reproduction, quoiqu'ils coexistent avec les spermathèques. On a vu plus haut qu'on a regardé les glandes dites salivaires comme se substituant à eux, ce serait à ce fait qu'il faudrait attribuer leur absence dans les premiers anneaux. A l'appui de cette manière de voir, on peut invoquer l'exception fournie dans le genre *Enchytræus* par l'*E. albidus,* Henle, chez lequel ces glandes salivaires sont moins développées et qui présente, par contre, les organes segmentaires dès le 3e anneau, d'après M. Vejdovsky.

Quant à la composition de ces organes, importante à connaître pour les distinctions spécifiques, elle est assez uniforme et l'on peut distinguer dans chacun d'eux trois parties. La première, portion antérieure ou interne, placée en avant du dissépiment, est munie de cils vibratiles à son orifice, renflée ou tubuleuse, parfois très courte. La portion moyenne ou glanduleuse est épaissie, quelquefois divisée en lobes; dans le parenchyme, qui la constitue, serpente un tube vecteur de faible diamètre. Enfin, la troisième, portion postérieure ou externe, toujours tubuleuse, part soit de l'extrémité de la précédente, c'est-à-dire à l'opposé du point d'attache à la première portion, soit de son origine, c'est-à-dire près de ce même point; dans le premier cas, les portions extrêmes sont écartées, *disposition polaire*, dans l'autre, elles sont rapprochées, *disposition en siphon*.

On doit signaler encore des amas glanduleux placés par paires devant quelques-uns des dissépiments antérieurs, *glandes septales*, qui par leur nombre et leur situation peuvent fournir d'excellents caractères.

En dehors du toucher, on ne connaît chez ces animaux, pas plus que chez les Lombrics, aucun appareil que l'on puisse regarder comme se rapportant aux fonctions d'un sens spécial, encore ce sens du toucher ne paraît-il pas devoir donner à ces animaux des notions bien complètes sur les objets qui les entourent.

Le lobe céphalique très mobile, quoique toujours peu prolongé, revêtu de cellules épithéliales d'une forme spéciale, parfois, comme chez l'*Enchytræus leptodera*, Vejd., muni de papilles glanduleuses, doit être considéré comme le siège spécial du tact.

Ainsi que chez les Lombrics, il existe des perforations medio-dorsales, qui mettent la cavité viscérale en rapport avec le milieu ambiant. Chez les *Enchytræus*, on les trouve sur tous les anneaux post-clitelliens, un peu en arrière de chaque dissépiment; dans les *Anachæta* et les *Pachydrilus*, animaux plus aquatiques, elles manquent. En revanche, on trouve chez tous un pore céphalique, tantôt placé à l'extrémité antérieure, *Anachæta*, tantôt rapproché du premier dissépiment. L'usage physiologique des pores dorsaux ne peut être encore déterminé positivement, pas plus que chez les animaux précédemment étudiés; toutefois leur absence dans les genres précités serait en faveur de l'opinion, qui les fait regarder comme donnant issue à un liquide lubréfiant la peau. La présence constante du pore céphalique est-elle en rapport avec la sortie des spermatozoïdes? M. Vejdovsky en émet l'idée.

On trouve un appareil nerveux construit d'après le type habituel chez les Lombriciniens. Les premiers ganglions de la chaîne ventrale sont comme dédoublés en un petit et un gros ganglion dans chaque anneau. Quant au ganglion cérébroïde sus-œsophagien, il est constitué par une masse unique, que sa structure et souvent certains détails de forme indiquent cependant comme résultant de la fusion de deux parties latérales. Les connectifs naissent de ses angles antérieurs, des muscles spéciaux s'insèrent à sa partie postérieure.

M. Eisen, l'un des premiers, a insisté sur les différences de forme que présente ce ganglion cérébroïde. Bien que ces variations soient légères et ne méritent pas, je crois, d'être regardées comme pouvant servir à des distinctions génériques, elles donnent des caractères excellents pour le groupement des espèces. Cet organe, toujours plus ou moins allongé, quadrilatère ou élargi en arrière, est tantôt obtus à ses deux extrémités (*Enchytræus Perrieri*, Vejd.), d'autres fois échancré en avant, obtus en arrière (*Enchytræus galba*, Hoffm.) ou, au contraire, obtus en avant, échancré en arrière (*Enchytræus humicultor*, Vejd.); enfin il peut être échancré aux deux extrémités (*Enchytræus puteanus*, Vejd.).

D'après M. Vejdovsky, l'appareil d'innervation gastro-intestinal est constitué de chaque côté par un tronc naissant du connectif péri-œsophagien et se ramifiant sur le tube digestif, analogue, par conséquent, à l'appareil de même ordre connu chez les Lombrics.

Ce même auteur a fait connaître en grands détails la structure histologique du système nerveux.

Les organes de la reproduction chez les ENCHYTRÆIDÆ se rapprochent du type connu chez les Lombrics, mais présentent déjà de non moins grandes similitudes avec ce qui existe chez les NAIDIDÆ.

On trouve toujours une ceinture dans laquelle sont placés les orifices mâles et femelles. Ceci porte à penser qu'elle comprend plus d'un anneau; elle occuperait généralement une partie du 11° et tout le 12° (Eisen). Sa couleur sur le vivant est d'un blanc laiteux; comme chez les Lombrics elle résulte du développement de cellules dépendant de la matrice de la cuticule. Sa surface est ordinairement lisse, parfois on y observe des papilles, chez l'*Enchytræus vermicularis*, Mull., par exemple.

Les organes mâles sont constitués par une paire de testicules invaginés, suivant Udekem, dans l'ovaire, ce qui n'a pas été confirmé par M. Vejdovsky, et un canal déférent. Les testicules se trouvent placés à la face antérieure de la XI° cloison, dans le 10° anneau par conséquent, les spermatozoïdes tombent dans la cavité générale. Le canal déférent est toujours composé d'un entonnoir vibratile assez volumineux, auquel fait suite un tube, qui, après avoir perforé cette même cloison XI°, se prolonge et se contourne plus ou moins suivant les espèces pour venir déboucher dans le XII° intersegment; cet orifice est souvent entouré par un ensemble de glandes tubuleuses unicellulaires, disposées d'une façon rayonnante, qu'on désigne sous le nom de prostate.

Les vésicules copulatrices sont d'ordinaire au nombre de deux paires placées dans le 4° anneau, mais pouvant se prolonger plus ou moins dans les anneaux suivants, au fur et à mesure qu'elles se développent davantage; le canal vecteur se dirige en avant et son orifice est situé dans l'intersegment antérieur. Chez l'*Enchytræus puteanus*, Vejd. il en existe une paire supplémentaire dans l'anneau précédent, c'est-à-dire le 3°.

Ces vésicules, à l'origine, sont un simple enfoncement en cul-de-sac formé par les téguments ; plus tard, elles se composent d'un tube vecteur et d'une portion renflée plus ou moins compliquée par l'adjonction de poches accessoires. Le renflement est parfois simple, allongé (*Enchytræus ventriculosus,* Udek.) ou sphérique (*Enchytræus adriaticus,* Vejd.). Plus ordinairement, on voit les poches accessoires composées elles-mêmes d'un tube et d'une partie renflée ; ces poches sont en nombre variable, suivant les espèces 2 (*Enchytræus Perrieri,* Vejd., *E. Leydigii*), 3 à 5 (*E. galba,* Hoffm.), jusqu'à 15 ou 20 (*E. hegemon,* Vejd.). La présence de ces poches accessoires paraît en relation avec ce fait, que la portion renflée n'est pas d'ordinaire entièrement creuse et ne peut recevoir qu'une faible quantité de la liqueur spermatique, qui s'accumulerait dans ces réservoirs supplémentaires. D'autres variations s'observent dans le canal vecteur, lequel souvent présente sur son trajet des glandes plus ou moins développées. Toutes ces particularités peuvent être employées utilement pour la distinction des espèces.

Les organes femelles sont plus simples. On trouve un ovaire qui prend son origine à la partie postérieure de la XIe cloison ; les ovules, en se développant, s'étendent au-delà du 11e anneau dans les deux ou trois suivants, l'ovule, d'ailleurs, arrivé à un certain point de maturité, se détache et achève son évolution, libre dans la cavité viscérale. La sortie des œufs se fait par une perforation ou une fente placée sur le côté du 12e anneau, et vers la partie postérieure de celui-ci, cet orifice efférent mérite à peine le nom d'oviducte. Il ne peut, d'ailleurs, y avoir aucun doute sur l'usage physiologique de cette fente, M. Vejdovsky ayant pu saisir l'œuf lors de son passage à l'extérieur, comme il l'a figuré dans son grand ouvrage (1). Le même auteur a trouvé des orifices du même aspect et en même situation sur les deux ou trois anneaux suivants, c'est-à-dire en arrière de la ceinture, chez l'*Enchytræus galba,* Hoffm. ; il les regarde comme des voies supplémentaires pour la sortie des œufs. Le fait est d'autant plus singulier, qu'il n'a pu trouver rien d'analogue dans aucune autre des espèces.

Hoffmeister a décrit avec soin et figuré l'accouplement (2) qu'il avait observé vers les mois de juin et juillet sur l'*Enchytræus vermicularis* Müll. Comme chez les Lombrics, les deux individus se placent en sens inverse, mais les ceintures des deux individus sont appliquées l'une contre l'autre. La fécondation serait réciproque.

Le produit consiste en un cocon assez volumineux, ovoïde, qui ne contient qu'un œuf. La coque est lisse, à chaque pôle se voit un orifice fermé par une sorte de bouchon, qui fait à l'extérieur une petite saillie hémisphérique. Ce cocon est libre, comme celui des vers de terre.

(1) Vejdovsky, *Monogr. Enchytræid.* 1879; pl. **V**, fig. 9.
(2) Hoffmeister, 1842, pl. **I**, fig. 29.

Les animaux qui composent ce groupe, sont depuis fort longtemps connus, puisque le *Lumbricus vermicularis* de Müller lui appartient sans aucun doute ; toutefois, c'est dans ces dernières années seulement et surtout depuis les grands travaux de M. Eisen et de M. Vejdovsky, que les espèces ont été convenablement décrites et réparties en un certain nombre de genres.

Henle, en 1837, reconnut la nécessité de créer une coupe générique spéciale pour le ver décrit par Müller, en justifiant cette manière de voir par une étude anatomique qui, pour l'époque, ne laisse rien à désirer.

C'est beaucoup plus tard, en 1861, que Claparède proposa le genre *Pachydrilus*, renfermant certains vers marins observés par lui aux Hébrides. Il ne saisit pas toutefois, semble-t-il, les rapports qui unissaient ces animaux aux *Enchytræus*, et je crois être le premier à avoir attiré sur ce point l'attention en 1868.

Une dizaine d'années après M. Vejdovsky fit connaître le curieux genre *Achæta*, dont il changea ultérieurement le nom en celui d'*Anachæta*, genre des plus anormaux parmi les LUMBRICINI, comme étant absolument privé de soies.

En Amérique, d'un autre côté, M. Verrill et M. Leidy faisaient connaître l'un le genre *Halodrilus* (1873) dont la place est encore douteuse, l'autre le genre *Distichopus* (1882) assez incomplètement caractérisé, comme on le verra plus loin, mais qui, jusqu'à plus ample informé, peut être maintenu.

Pour compléter cette énumération, je citerai encore le genre *Analycus*, établi dans ces dernières années par M. Levinsen, il ne paraît réellement pas distinct des *Pachydrilus*.

En résumé, les espèces peuvent être réparties dans quatre genres dont le tableau suivant résume les caractères les plus saillants.

III. FAM. ENCHYTRÆIDÆ.

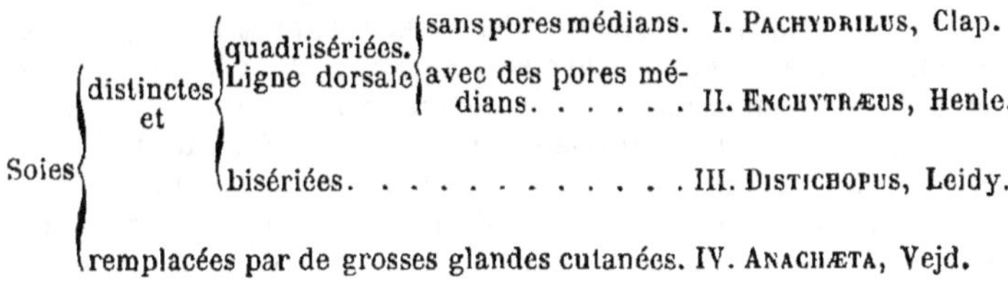

I. Genre PACHYDRILUS.

(Παχύς, épais ; δρῖλος, ver de terre.)

Pachydrilus, Claparède, Vaillant, Vejdovsky, Tauber, Levinsen, etc.
Analycus, Levinsen.

Pas de pores dorsaux médians.

Soies locomotrices le plus souvent courbées en S, et simplement obtuses aux deux extrémités, sans crochet basilaire, toujours sur quatre rangées, 3 à 9 par faisceau, rarement 2.

Sang d'ordinaire coloré plus ou moins fortement en jaune ou en rouge.

Testicule composé de glandes réunies en faisceau.

Habitent les eaux marines, plus rarement les eaux douces.

Ce genre est si voisin des *Enchytræus*, Henle, que plusieurs auteurs, M. Eisen entre autres, ne croient pas devoir l'adopter et les confondent. Les seuls caractères réellement positifs seraient l'absence de pores dorsaux et la constitution du testicule. Le premier est difficile à reconnaître, ni l'un ni l'autre n'ont été constatés sur toutes les espèces. La couleur du sang, qui donne dans bien des cas un moyen facile de distinction, est malheureusement loin d'être absolue, on peut en dire autant de l'habitat.

Le nombre des espèces paraît considérable, si on a égard à toutes celles qui ont été publiées par les différents auteurs, mais il est probable que beaucoup d'entre elles sont purement nominales et, sauf trois ou quatre, toutes les autres, y compris les véritables types du genre, ne peuvent être regardées comme connues dans tous les détails de leur organisation.

C'est à Claparède que l'on doit en 1861 l'établissement de ce groupe, il fit connaître dans un premier travail quatre espèces (une cinquième, *Pachydrilus lacteus*, étant plutôt un *Enchytræus*, n° 39) observées par lui dans les Hébrides : 1 *Pachydrilus semifuscus*, 2 *P. crassus*, 3 *P. verrucosus*, 4 *P. ebudensis;* toutes étaient marines, avec le sang coloré. Une cinquième espèce, 5 *Pachydrilus Krohnii*, qu'il décrivit huit ans plus tard, semblait confirmer ceci comme règle générale, car, si ce ver a été trouvé dans l'Europe centrale, près de Kreusnach, encore habite-t-il les eaux mères des célèbres salines de cette contrée.

Vers la même époque, M. Ratzel décrivait un ver, qui serait l'animal appartenant à ce genre le plus anciennement connu si, comme le suppose M. Vejdovsky (1879), c'est bien le *Lumbricus Jordani* Will. Ce 6 *P. Pagenstecheri* serait terrestre et peut se rencontrer dans des localités fort éloignées de la mer. L'étude anatomique en a été faite avec grand soin, car, aux détails déjà donnés par l'auteur de l'espèce,

M. Eisen, M. Vejdovsky ont ajouté un grand nombre de faits curieux en publiant des figures d'une exécution parfaite.

Ce dernier savant a fait connaître en même temps (1877), deux nouveaux types également des eaux douces : 7 *Pachydrilus fossor* et 8 *P. sphagnetorum*, qui n'ont toutefois été bien déterminés qu'après la publication de son grand ouvrage en 1879.

M. Tauber, à ce moment, découvrait le 9 *Pachydrilus fossarum*, et M. Joseph un an plus tard le 10 *P. cavicola*. Malheureusement les descriptions sont loin d'être suffisantes.

On peut faire la même remarque pour sept espèces indiquées par M. Czerniavsky dans sa faune pontique : 11 *Pachydrilus gracilis*, 12 *P. proximus*, 13 *P. similis*, 14 *P. affinis*, 15 *P. lacustris*, 16 *P. charkoviensis*, 17 *P. opacus*. Ces vers ne peuvent être cités que pour mémoire dans l'espérance d'appeler de nouvelles recherches.

Plus récemment M. Levinsen a créé, on l'a vu, un genre *Analycus* sur l'importance duquel il est difficile de se prononcer. Il se rapprocherait des *Pachydrilus*, par les soies distinctement sigmoïdes, les glandes salivaires nulles ou rudimentaires et en différerait par le nombre des soies plus considérable dans les faisceaux ventraux que dans les supérieurs, le renflement basilaire de celles-ci, enfin la disposition du canal efférent de l'organe segmental, les organes reproducteurs n'ont pu être observés. Bien que ces caractères puissent ne pas être sans valeur, je ne pense pas devoir ici distinguer ce genre des *Pachydrilus*. Dans un tableau synoptique, la diagnose est brièvement donnée pour trois espèces : 18 *Pachydrilus glandulosus*, 19 *P. armatus*, 20 *P. flavus*.

Enfin M. Remy Saint-Loup vient de publier la description du 21 *P. enchytræoides*.

Dans l'état actuel de nos connaissances, il serait difficile de se faire une idée de la répartition géographique d'animaux aussi imparfaitement connus pour la plupart; il n'est guère non plus possible de les grouper méthodiquement et je me contenterai de les énumérer suivant l'ordre chronologique.

1. PACHYDRILUS SEMIFUSCUS.

Pachydrilus semifuscus, CLAPARÈDE, 1861, p. 76 ; pl. II, fig. 1 à 5.
    Id.   id.   VEJDOVSKY, 1879, p. 8.
    Id.   id.   VEJDOVSKY, 1884, p. 40.

Corps assez mince.

Soies (?)

Portion intestinale du tube digestif chargée de glandules hépatiques très foncés.

Corpuscules cavitaires arrondis, transparents, fort minces, ayant 0^mm,035 de diamètre, un noyau nucléiforme ne mesurant pas plus de 0^mm,005.

Organe segmental en siphon, l'entonnoir vibratile et le tube qui y fait suite, moitié moins longs que le lobe glandulaire, qui est fortement renflé, piriforme; portion externe remarquablement courte.

Entonnoir vibratile du canal déférent olivaire, tube efférent mince, prostate énorme, ovoïde, le petit diamètre étant supérieur à la longueur de l'entonnoir et le grand plus du double. Poche copulatrice à réservoir ovalaire, canal vecteur deux fois plus long que celui-ci, sa portion externe entourée d'une masse musculeuse fort développée.

Incolore dans la partie antérieure, brunâtre en arrière par suite de la présence des glandules hépatiques.

Longueur 8^mm à 10^mm.

Hab. — Ile de Sky (Hébrides) sur les côtes.

Les énormes prostates occupent toute la largeur du corps et se voient, même à l'œil nu, comme deux gros points placés l'un devant l'autre.

2. Pachydrilus crassus.

Pachydrilus crassus, Claparède, 1861, p. 79; pl. II, fig. 6 à 9.
 Id. *id.* Tauber, 1879, p. 71.
 Id. *id.* Vejdovsky, 1879, p. 8.
 Id. *id.* Vejdovsky, 1884, p. 40.

Corps rigidule, médiocrement effilé, téguments épais, peu transparents, lisses, légèrement striés en travers.

Soies au nombre de 3 ou 4 par faisceau, rarement 2 ou 5.

Glandes septales par paires, du 3e au 7e anneau.

Corpuscules cavitaires de deux sortes, les uns mesurant 0^mm,02, arrondis, remplis de granules réfringents, avec un noyau pâle, les autres fusiformes, parfois courbés en S, ayant jusqu'à 0^mm,04 de long, transparents, incolores, aplatis.

Entonnoir du canal déférent en coupe à bords réfléchis, long de 0^mm,170, ayant comme plus grande largeur, 0^mm,068, tube efférent étroit, long, entortillé; prostate sphérique, son diamètre un peu plus grand que la longueur de l'entonnoir. Poche copulatrice formée d'un réservoir piriforme, en rapport par sa portion élargie avec le canal vecteur, orifice externe entouré de petites glandes.

Couleur rosée uniforme sur toute la longueur du corps.
Longueur 15^{mm}, épaisseur 1^{mm}; 40 à 48 anneaux.

HAB. — Manse of Sleat à Sky (Hébrides), sur la côte.

Suivant M. Levinsen (1884, p. 231), l'espèce désignée sous ce nom par M. Tauber doit être regardée comme une espèce nouvelle, *Pachydrilus rivalis*.

3. PACHYDRILUS VERRUCOSUS.

Pachydrilus verrucosus, CLAPARÈDE, 1861, p. 82; pl. I, fig. 1 à 6.
  Id.   id. TAUBER, 1879, p. 71.
  Id.   id. VEJDOVSKY, 1879, p. 8.
  Id.   id. VEJDOVSKY, 1884, p. 40.

Peau couverte de petites papilles opaques, aplaties, munies d'un noyau diaphane et disposées en rangées transversales, elles mesurent 0^{mm},009 à 0^{mm},012. Quelques-unes plus saillantes sur le lobe céphalique.

Soies 3 à 5 par faisceau, légèrement courbées en S.

Corpuscules cavitaires aplatis, incolores, très allongés, 0^{mm},034 sur 0^{mm},010, un noyau très petit, bien distinct.

Entonnoir vibratile du canal déférent cylindrique, long de 0^{mm},28 à 0^{mm},34, large de 0^{mm},10 à 0^{mm},13, plus distinctement coupé par des diaphragmes obscurs, transversaux, que dans aucune autre espèce; prostate arrondie, son diamètre est environ moitié de la longueur de l'entonnoir. Poche copulatrice réduite au réservoir, tant le canal vecteur est court, en revanche, ce réservoir très long.

Couleur jaunâtre, pâle.
Longueur 12^{mm}, largeur 0^{mm},8; 40 segments.

HAB. — Sky (Hébrides), sur le rivage.

Les testicules et les ovaires sont formés de masses claviformes, au nombre de 6 à 8 réunies en bouquet.

4. PACHYDRILUS EBUDENSIS.

Pachydrilus ebudensis, CLAPARÈDE, 1861, p. 85; pl. I, fig. 8.
  Id.   id. VEJDOVSKY, 1879, p. 8.
  Id.   id. VEJDOVSKY, 1884, p. 40.

Organe segmental très développé.

Entonnoir vibratile du canal déférent sous la forme d'un boyau cylindrique très allongé, environ dix fois plus long que large.

Couleur jaunâtre.

Longueur 12^{mm}; 47 segments.

HAB. — Entre Kilmore et Armadale, île de Sky (Hébrides).

Claparède, faute de matériaux, n'a pu examiner complètement cette espèce, la forme de l'entonnoir du canal déférent permettrait, sans doute, de la reconnaître.

5. PACHYDRILUS KROHNII.

Pachydrilus Krohnii, CLAPARÈDE, 1869, p. 571 (note).
    Id.   *id.*   VEJDOVSKY, 1879, p. 10.
    Id.   *id.*   VEJDOVSKY, 1884, p. 40.

Corps cylindrique.

Soies un peu crochues à la pointe.

Couleur blanchâtre, légèrement teintée de rose-jaune.

Longueur 5^{mm} à 9^{mm}, largeur 0^{mm},5; environ 50 segments.

HAB. — Salines de Kreusnach (Prusse rhénane).

Quelques autres caractères, donnés par Claparède, sont communs à toutes les espèces du genre, ceux qui se trouvent ici énumérés ne suffisent pas pour déterminer convenablement le ver. Celui-ci est curieux par son habitat, les précédents *Pachydrilus* sont marins et côtiers, le *Pachydrilus Krohnii*, trouvé en plein continent, rencontrerait les conditions favorables à son existence, dans les eaux-mères des salines. Le fait aurait plus d'importance si les *Pachydrilus* ne nous montraient, dans l'état actuel du genre, un mélange d'espèces soit terrestres, soit des eaux douces ou des eaux marines.

6. PACHYDRILUS PAGENSTECHERI.

? *Lumbricus Jordani*, WILLIAMS., 1858, p. 100; pl. II, fig. 3 A, 3 B.
Enchytræus Pagenstecheri, RATZEL, 1868, p. 587; pl. XLII, fig. 2, 13,
           20^{b}, 21.
    Id.   *id.*   EISEN, 1872-1873, p. 122; pl. II, fig. 1 à 7.
Archienchytræus profugus, EISEN, 1879, p. 73.
Enchytræus (Archienchytræus) profugus, EISEN, 1877-1879, p. 22; pl. VII,
                fig. 12^{a} à 12^{l}; XIV, f. 34; XV,
                f. 54.
Pachydrilus Pagenstecheri, VEJDOVSKY, 1879, p. 7 et 53; pl. XIV, fig. 1 à 12.
Enchytræus Pagenstecheri, TAUBER, 1879, p. 72.
Pachydrilus Pagenstecheri, VEJDOVSKY, 1882, p. 51.
Pachydrilus profugus, LEVINSEN, 1884, p. 231.
Pachydrilus Pagenstecheri, VEJDOVSKY, 1884, p. 40.

Corps cylindrique obtus aux deux extrémités, peu atténué.

Lobe céphalique en triangle, très nettement séparé de l'anneau buccal, pore céphalique dans un enfoncement circulaire.

Soies régulièrement cylindriques, obtuses aux deux extrémités, fortement courbées en S, au nombre de 3 à 5 aux faisceaux dorsaux, de 7 à 9 aux ventraux, toutes égales.

Il n'y a pas trace de glandes salivaires.

Sang très nettement rosé; corpuscules cavitaires très allongés, naviculaires.

Organe segmental à disposition polaire, entonnoir vibratile très court, lobe glanduleux en ovoïde allongé, portion externe large, de la longueur du lobe. Ces organes existent, à l'état rudimentaire il est vrai, dès le 2ᵉ anneau.

Ganglion cérébroïde presqu'aussi large que long, un peu renflé en arrière, échancré aux deux extrémités.

Entonnoir vibratile du canal déférent cylindro-conique, allongé, prostate énorme, aussi volumineuse que lui. Poches copulatrices composées d'un réservoir plus ou moins sphérique; tube vecteur de longueur au moins double du réservoir, entouré sur toute sa hauteur de glandules allongés, claviformes, une rosette de grosses cellules glandulaires dermiques autour de l'orifice.

Couleur brunâtre ou rougeâtre par suite de la teinte du liquide des vaisseaux clos.

Longueur 15ᵐᵐ à 20ᵐᵐ, largeur 1ᵐᵐ; 50 à 60 segments.

Hab. — Allemagne, Bohême, Groenland.

M. Eisen dans ses derniers travaux, abandonnant l'idée d'assimiler le ver qu'il avait sous les yeux à l'*Enchytræus Pagenstecheri* de M. Ratzel, en a fait une espèce distincte sous le nom d'*Enchytræus profugus*. Malheureusement ce savant n'insiste pas assez, à mon avis, sur la caractéristique différentielle de ces deux vers, et la diagnose donnée par M. Ratzel laissant dans le doute plusieurs points d'anatomie, auxquels on attache aujourd'hui une grande importance, il est difficile de savoir exactement sur quoi est basée cette opinion nouvelle. En tous cas le *Pachydrilus Pagenstecheri* décrit et figuré par M. Vejdovsky en 1879 est certainement identique à l'*Archienchytræus profugus*, Eis., il suffit, pour s'en convaincre, de comparer les figures du cerveau, des poches copulatrices, des organes segmentaires, je crois donc devoir les réunir, admettant que le savant professeur de Prague a pu établir l'identité de l'espèce qu'il avait sous les yeux avec le type vu par M. Ratzel.

7. Pachydrilus fossor.

Pachydrilus fossor, Vejdovsky, 1877.
    Id.   *id.*   Vejdovskx, 1879, p. 52 ; pl. XIII, fig. 7 à 10.
    Id.   *id.*   Vejdovsky, 1883, p. 10 (tirage à part).
    Id.   *id.*   Vejdovsky, 1884, p. 41.

Lobe céphalique en dôme arrondi, chargé de glandes cutanées, grosses et nombreuses.

Soies fortement courbées, aiguës à l'extrémité libre, composées de deux pièces articulées bout à bout, au nombre seulement de 2 ou 3 par faisceau.

Sang jaune d'ocre.

Organe segmental en siphon, à portion interne excessivement courte, lobe glandulaire claviforme, allongé, le tube externe mesure à peine moitié de sa longueur.

Ganglion cérébroïde deux fois aussi long que large, en forme de poire, atténué plus fortement en avant qu'en arrière.

Longueur au moins 10^{mm}, largeur $0^{mm},4$ à $0^{mm},5$; 46 à 50 segments.

Hab. — Turnau (Bohême), dans les mares, sous les plantes aquatiques.

M. Vejdovsky a trouvé cette espèce au mois d'avril 1876 ; les organes reproducteurs n'étant pas développés, on n'a pu reconnaître un certain nombre de caractères importants, toutefois la forme sïngulière du cerveau doit faire penser qu'il s'agit d'une espèce bien distincte. La constitution des soies composées de deux pièces chez ce ver et le suivant, rappelle ce qu'on a vu chez plusieurs Lumbriculidæ.

8. Pachydrilus sphagnetorum.

Pachydrilus sphagnetorum, Vejdovsky, 1877.
    Id.   *id.* .   Vejdovsky, 1879, p. 52; pl. XIII, fig. 1 à 6.
    Id.   *id.*   Vejdovsky, 1883, p. 10 (tirage à part).
    Id.   *id.*   Vejdovsky, 1884, p. 41.

Lobe céphalique avec de nombreuses glandes cutanées.

Soies fortement courbées en S, aiguës à leur extrémité libre, composées de deux pièces articulées bout à bout, au nombre de 2 à 4 par faisceau, égales.

Quatre paires de glandes septales du 2e au 5e anneau.

Organe segmental en siphon ; première portion médiocrement allongée, lobe glandulaire en cylindre irrégulier et bosselé, se terminant par une calotte hémisphérique; tube externe étroit, plus long que le lobe.

Ganglion cérébroïde plus long que large, dilaté en arrière, fortement échancré aux deux extrémités.

Longueur 10^{mm} à 15^{mm}; 45 à 50 segments.

Hab. — Tourbières des environs de Hirschberg (Bohême).

M. Vejdovsky, qui a examiné cette espèce en juin 1877, n'a pas trouvé d'individus pourvus de leurs organes reproducteurs.

9. Pachydrilus fossarum.

Pachydrilus fossarum, Tauber, 1879, p. 71.
    Id.   *id.*   Levinsen, 1884, p. 231.
    Id.   *id.*   Vejdovsky, 1884, p. 41.

Corps atténué en arrière.

Soies petites légèrement courbées vers la pointe, 4 à 9 par faisceau.

Fluide du système des vaisseaux clos, rouge.

De couleur blanche en avant, rouge en arrière; une variété plus rare entièrement blanche.

Longueur 20^{mm} à 40^{mm}; 40 à 80 segments.

Hab. — Danemarck, dans les fossés et près des côtes.

M. Tauber ajoute, que le vitellus est rouge et que les œufs, réunis en certain nombre dans une même capsule, sont déposés d'avril à juin.

M. Levinsen a trouvé des différences dans la structure du tégument d'individus pris dans des lieux divers, ce qui lui fait supposer qu'un examen plus approfondi amènera sans doute à reconnaître dans ce type deux espèces distinctes.

10. Pachydrilus cavicola.

Enchytræus cavicola, Joseph, 1880, p. 358.
Pachydrilus cavaticus, Vejdovsky, 1884, p. 41.

Corps transparent, pore céphalique bien distinct.

Soies faibles, courbées en crochet, au nombre de 3 par faisceau.

Sang rougeâtre.

Ganglion cérébroïde réniforme, convexe en avant, faiblement échancré en arrière, un léger sillon supérieur et un inférieur, indices de la commissure.

Poches copulatrices simples.

Longueur 30^{mm}.

Hab. — Tourbières des environs de Potiskavez (Basse-Carniole).

L'auteur se borne à dire que les glandes sécrétantes (appareil segmental sans doute) ne présentent rien d'intéressant à noter et ne donne aucun détail sur la disposition du canal déférent. Cette description insuffisante, et cependant postérieure au grand travail de M. Vejdovsky, ne permet pas de juger la valeur de cette espèce en l'absence de diagnose différentielle, ni même de savoir si elle appartient au genre *Enchytræus* ou bien au genre *Pachydrilus*, auquel le rapporte ce dernier auteur en modifiant l'épithète, c'est une erreur typographique sans doute.

11. Pachydrilus gracilis.

Pachydrilus gracilis, Czerniavsky, 1880, p. 315.

Corps allongé, grêle; anneaux beaucoup moins longs que larges, l'anal sub-quadrangulaire, inerme.

Faisceaux de soies au nombre de quatre sur tous les anneaux sétigères, composés de 2 à 9 soies, simples, robustes, plus ou moins courbées en S (4 sur le premier segment sétigère, 5 sur les second et troisième, 6 sur les quatrième et cinquième,... sur l'antepenultième 4, sur le penultième 3, sur le dernier 2).

Tête obtusément conique, aussi longue que large, lobe céphalique distinct, bi-annuliculé; bouche au milieu de la tête petite, arrondie. Pharynx très large, piriforme, gésier nul, intestin à dilatations nombreuses, médiocres, en partie irrégulières.

Sang rouge. Corpuscules cavitaires périviscéraux imparfaitement formés, la plupart disciformes de 0^{mm},0074 à 0^{mm},018 de diamètre, d'un vert jaunâtre; noyau développé, mesurant 0^{mm},0018 de diamètre. Corpuscules du second genre plus ou moins allongés, de formes variables, longs de 0^{mm},025 à 0^{mm},055, larges de 0^{mm},011 à 0^{mm},018; noyau mesurant 0^{mm},0018 de diamètre.

Moitié antérieure du corps incolore, sauf l'artère dorsale rougeâtre, moitié postérieure colorée en rouge jaunâtre par suite de la présence des cellules hépatiques intestinales.

Organes de la génération énormes.

Longueur 8^{mm} à 14^{mm}; 38 à 42 segments.

Hab. — Différents golfes de la mer Noire (*sinus Jaltensis et sinus Kerczensis*), zones supra-littorale et littorale sous les pierres.

Espèce voisine du 1 *P. semifuscus*, Clap.

12. PACHYDRILUS PROXIMUS.

Pachydrilus proximus, CZERNIAVSKY, 1880, p. 317; pl. IV (1), fig. 16, *a, b, c.*
    Id.   id.   VEJDOVSKY, 1884, p. 41.

Corps transparent; tégument sans papilles.

Soies courtes, épaisses, droites, fortement crochues à la base, extrémité obtuse, 4 soies par faisceau aux dix anneaux antérieurs, 3 aux autres segments.

Sang incolore. Corpuscules cavitaires disciformes.

Couleur blanc de lait.

Longueur 15^{mm} à 30^{mm}, largeur 0^{mm},5 à 1^{mm}; 62 segments.

HAB. — Mer Noire (*sinus Jaltensis*), sous les pierres dans la zone supra-littorale.

La forme des soies, la coloration du sang, sembleraient plutôt rapprocher cette espèce des *Enchytræus*.

13. PACHYDRILUS SIMILIS.

Pachydrilus similis, CZERNIAVSKY, 1880, p. 318.
    Id.   id.   VEJDOVSKY, 1884, p. 41.

Très voisin du 11 *P. gracilis*, Czer.

Soies légèrement courbées en S, à base graduellement atténuée et arrondie ou sub-aiguë, 6 à 8 par faisceau, sauf sur les derniers anneaux où l'on n'en trouve plus que 4 ou 5.

Couleur brun rougeâtre, tirant davantage sur cette dernière teinte en avant (1).

Longueur 13^{mm} à 16^{mm},5; 38 segments.

HAB. — Mer Noire (*sinus Jaltensis*) sous les pierres, zone supra-littorale.

Ce ver ne paraît pas avoir été observé à l'état de vie par M. Czerniavsky.

14. PACHYDRILUS AFFINIS.

Pachydrilus affinis, CZERNIAVSKY, 1880, p. 318.
    Id.   id.   VEJDOVSKY, 1884, p. 41.

Semblable au 12 *P. proximus*, Czer.

Corps peu transparent.

(1) D'après des exemplaires conservés dans la glycérine.

Soies moins courbes à la base que dans l'espèce analogue.
Sang rouge.

Couleur brun rougeâtre, partie antérieure rouge (1).

Longueur 15ᵐᵐ à 20ᵐᵐ.

Hab. — Mer Noire (*sinus Jaltensis*), sous les pierres dans la zone supra-littorale.

15. Pachydrilus lacustris.

Pachydrilus lacustris, Czerniavsky, 1880, p. 319; pl. IV (1), fig. 17 *a, b*.

Corps allongé (?), demi-diaphane, graduellement atténué en arrière.

Soies robustes, surtout les antérieures, épaissies en leur milieu, droites, mais fortement crochues à la base, 4 par faisceau en avant, puis 3, enfin 2 en arrière; dans les premiers faisceaux très inégales :: 1 : 2,5.

Sang fauve rougeâtre (?)

Longueur 12ᵐᵐ,5, largeur 2ᵐᵐ,5; 41 segments.

Hab. — Environs de Charkow, dans un lac marécageux.

16. Pachydrilus charkowiensis.

Pachydrilus charkowiensis, Czerniavsky, 1880, p. 319; pl. IV (1), fig. 18.
  Id.   id.   Vejdovsky, 1884, p. 41.

Corps renflé, solide; tégument demi-transparent, très finement et très légèrement strié.

Soies épaissies, droites, mais fortement courbées à la base, à pointe très obtuse; 4 à 7 par faisceau, les médianes plus courtes de moitié.

Sang rouge (?)

Longueur 11ᵐᵐ, largeur 0ᵐᵐ,5; 40 segments.

Hab. — Charkow, dans la vase des eaux douces. (Cette localité n'est pas certaine).

17. Pachydrilus opacus.

Pachydrilus opacus, Czerniavsky, 1880, p. 320.
  Id. id. Vejdovsky, 1884, p. 41.

Corps court, épais, très opaque; lobe céphalique arrondi; anneaux très courts, segment pygidien presqu'aussi long que

(1) D'après des exemplaires conservés dans la glycérine.

large, conique, tronqué, à extrémité arrondie, légèrement sinueuse au centre.

Soies spiniformes, obtuses, 4 à 5 par faisceau.

Sang rouge (?)

Couleur brun rougeâtre.

Longueur 7^{mm}, largeur 0^{mm},5 ; 40 segments.

HAB. — Lac Palàeostom, près Poti (Mingrélie), par une profondeur d'environ 0^{m},50.

18. PACHYDRILUS GLANDULOSUS.

? *Enchytræus albidus*, TAUBER, 1879, p. 72.
Analycus glandulosus, LEVINSEN, 1884, p. 232.

Espèce courte et lourde ; lobe céphalique et anneau buccal confondus, couverts de nombreux corpuscules cutanés ; des corpuscules analogues, irrégulièrement étoilés, forment sur le dos de chaque segment 2 ou 3 rangées transversales.

Soies dorsales 3, parfois 2, sur les dix-huit ou vingt premiers anneaux, 4, parfois 3, aux anneaux postérieurs.

Glandes septales au nombre de 7 paires 1/2.

Corpuscules cavitaires nombreux.

Poches copulatrices constituées par une paire de sacs allongés, sans glandes.

HAB. — Danemarck.

19. PACHYDRILUS ARMATUS.

? *Enchytræus albidus*, TAUBER, 1879, p. 72.
Analycus armatus, LEVINSEN, 1884, p. 232.

Espèce très grêle et délicate.

Au faisceau dorsal du 4° au 6° anneau de chaque côté, une soie, plus rarement deux, du double plus longue et plus forte que les autres ; aux treize ou quinze anneaux suivants 2 à 3 soies par faisceau supérieur ; plus en arrière 4 à 5.

Glandes septales au nombre de 3 paires.

Corpuscules cavitaires blancs.

HAB. — Danemarck, dans les bois, sous les feuilles humides.

20. PACHYDRILUS FLAVUS.

Analycus flavus, LEVINSEN, 1884, p. 232.

Les soies dorsales du 4° au 6° anneau ne sont pas d'une taille exceptionnelle.

Glandes septales au nombre de 3 paires.

Corpuscules cavitaires de couleur jaune.

Poches copulatrices formées d'un conduit long et étroit sans appendices glandulaires et d'un sac pyriforme.

Longueur 13^{mm} à 15^{mm}.

Hab. — Danemarck, sous la mousse.

21. Pachydrilus enchytræoides.

Pachydrilus enchytræoides, Saint-Loup, 1885, p. 485.

Corps atténué légèrement aux deux extrémités.

Soies presque droites, leur extrémité s'infléchit légèrement sans se recourber en crochet; au nombre de 2 à 8 par faisceau, sans qu'il paraisse y avoir rien de régulier dans la disposition suivant les points du corps.

Glandes chloragéniques moins nombreuses à la région postérieure du tube digestif qu'à la portion moyenne. Glandes septales en avant des Ve, VIe et VIIe dissépiments.

Appareil des vaisseaux clos très simple; vaisseau dorsal dilaté au niveau du clitellum, anastomosé en avant avec deux bifurcations du vaisseau ventral, qui occupent les premiers anneaux, dans lesquels se voient en outre trois anastomoses dorso-ventrales.

Des organes segmentaires dans tous les anneaux postérieurs.

Ceinture distincte occupant les 11e et 12e anneaux. Entonnoirs des canaux déférents en forme de C, au niveau du 9e anneau, débouchant à l'extérieur dans le suivant avec une portion pénienne extroversile; une vésicule séminale. Poches copulatrices en sac simple, avec une rosette de cellules glandulaires autour de l'orifice. Ovaires dans le premier anneau clitellin, à son niveau se trouvent les fentes vulvaires.

Longueur 12^{mm} à 15^{mm}; 34 segments.

Hab. — Marseille, le Vieux-Port.

II. Genre ENCHYTRÆUS.

(Εν, dans ; χυτρεῖα, vase de terre.)

Lumbricus, Muller.

Tubifex, Dugès.

Enchytræus, Henle, Hoffmeister, Frey et Leuckart, Grube, Udekem, Vaillant, Tauber, Vejdovsky, Levinsen, etc.

Une série de pores dorsaux médians.

Soies locomotrices le plus souvent droites, avec un crochet basilaire, plus rarement courbées en S, toujours sur quatre rangées, 3 à 10 par faisceau à la région moyenne.

Sang ordinairement incolore.

Testicule en glande simple, sans forme déterminée.

Habitent la terre humide, plus rarement les eaux douces ou salées.

Il est inutile de répéter ici ce qui a été dit à propos des *Pachydrilus* sur la difficulté de distinguer ces deux groupes l'un de l'autre. Toutefois, en ce qui concerne le genre *Enchytræus*, se trouve-t-on en face d'un caractère positif, qui lève toute espèce de doute lorsqu'on peut le reconnaître, la présence des pores dorsaux. Malheureusement cette constatation n'est pas toujours facile. M. Vejdovsky a indiqué un procédé qui, sur l'animal frais peut, pour cette étude, donner de bons résultats, il consiste à plonger le ver vivant dans une petite quantité d'eau à laquelle on a ajouté une ou deux gouttes d'une solution d'acide osmique. A l'heure actuelle, ce caractère fondamental est loin d'avoir été reconnu sur toutes les espèces.

Elles sont cependant aujourd'hui très nombreuses. Au début, on les a décrites d'une manière assez vague et, à s'en remettre aux caractères actuellement adoptés dans la classification de ces êtres, il n'est pas douteux que les anciens auteurs n'aient réuni sous une même dénomination des types regardés maintenant comme distincts. C'est, en particulier, le cas pour le *Lumbricus vermicularis* de Müller, l'*Enchytræus albidus* de Henle. Les auteurs modernes n'ont malheureusement pas cherché dans leurs distinctions à conserver cette nomenclature primitive, il me paraît cependant, comme on le verra plus loin, que la première espèce peut être assimilée à l'*Enchytræus humicultor*, Vedj., la seconde à l'*E. ventriculosus*, Udek.

Plus tard (1843) Hoffmeister fit connaître l'*Enchytræus galba* sur lequel n'existent plus les mêmes doutes. Par contre, il est assez difficile de pouvoir apprécier la valeur des *Enchytræus spiculus*, Fr. et L., et *E. socialis*, Leidy, bien que ces vers aient été décrits à une époque postérieure à la précédente.

Les espèces indiquées par Udekem, de 1855 à 1859, *Enchytræus ventriculosus, E. moniliformis*, sauf la première que l'on peut identifier, on l'a vu tout à l'heure, à l'*Enchytræus albidus* Henle, sont dans le même cas ; on peut en dire autant du *Pachydrilus lacteus* Clap., que certains caractères rapprochent des *Enchytræus*, et il faut arriver au travail de Buchholz (1862) pour avoir des descriptions où l'étude anatomique soit faite assez en détail et permette les comparaisons suivant les méthodes actuellement employées. Cet auteur, tout en fixant d'une manière plus positive les caractères des *Enchytræus vermicularis*, Müll., *E. albidus*, Henle (= *E. ventriculosus* Udek.) et *E. galba*, Hoffm., fait connaître une espèce nouvelle sous le nom d'*Enchytræus appendiculatus*.

On doit à M. Ratzel un travail fort bien fait au point de vue anatomique et qui n'a pas peu contribué à fixer la diagnose de plusieurs espèces antérieurement décrites. Quant à l'espèce nouvelle qu'il a fait connaître à cette époque (1868) *Enchytræus Pagenstecheri*, elle appartient au genre *Pachydrilus* (n° 6). Il faut rapprocher de cette étude les mémoires de M. Leydig, qui ont paru quelques années auparavant (1862-1864), dans lesquels le système nerveux de ces animaux a été traité en particulier avec grand soin; mais l'espèce que cet auteur a créée sous le nom d'*Enchytræus latus* ne paraît pas différer de l'*Enchytræus albidus*, Henle.

Quant aux *Enchytræus juliformis*, Kessl. et *E. jaltensis*, Tsch. parus vers 1869, je ne puis les citer que pour mémoire. L'*Halodrilus littoralis* Verr. doit aussi sans doute être rapporté au genre dont nous nous occupons ici.

L'étude des *Enchytræus* a d'ailleurs à cette époque complètement changé de face après les travaux de deux auteurs qui, en donnant une importance prépondérante aux caractères anatomiques, sont arrivés à limiter les espèces avec une précision beaucoup plus grande.

M. Eisen, le premier en date, a fait connaître de 1872 à 1879 un grand nombre d'espèces, en particulier celles des régions boréales provenant du voyage de M. Nordenskiöld. Cet auteur a établi dans ce groupe trois subdivisions, qu'il avait d'abord regardées comme de valeur générique, plus tard il les donne comme de simples sousgenres, ce qui, en effet, paraît plus rationnel. Ils sont fondés sur la forme du ganglion cérébroïde. Cet organe est rectiligne en arrière chez les MESENCHYTRÆUS : *Enchytræus primævus*, *E. mirabilis*, *E. falciformis*. Chez les ARCHIENCHYTRÆUS, le ganglion a son bord postérieur échancré, concave : *Enchytræus Levinsenii*, *E. tenellus*, *E. lampas*, *E. Dicksonii*, *E. gemmatus*, *E. ochraceus*, *E. nasutus*, *E. affinis*, *E. profugus* (= 6 *Pachydrilus Pagenstecheri*, Ratz.), *E. nervosus*. Enfin, ce même bord est convexe chez les NEOENCHYTRÆUS : *E. Ratzelii*, *E. fenestratus*, *E. Vejdovskyi*, *E. Stuxbergi*, *E. hyalinus*, *E. callosus*, *E. durus*. Toutes ces espèces sont nouvelles, sauf une qui même se rapporterait aux *Pachydrilus;* il faut rappeler que M. Eisen n'admet pas cette distinction générique comme légitime.

L'idée de grouper ces animaux d'après la forme du bord postérieur du ganglion cérébroïde est évidemment très scientifique, et l'auteur insiste même sur ce point que la saillie postérieure montrant la fusion plus intime des deux portions latérales composantes et augmentant le volume relatif de l'organe, les *Neoenchytræus* doivent être regardés comme les plus élevés, ce qui indique assez l'importance qu'il attache à ces dispositions. On doit toutefois le remarquer, cette comparaison ne serait juste que si la forme générale du ganglion était toujours identique, or il est loin d'en être ainsi, tantôt il a les bords parallèles, tantôt il se dilate en arrière, le bord antérieur est tantôt convexe, tantôt concave, ce qui fait varier dans des limites bien plus étendues qu'il ne semblerait au premier abord, soit la concentration, soit le volume. Dans la pratique, on n'est pas non plus sans éprouver certain embarras pour savoir à quel sous-genre appartient telle ou telle espèce ; ainsi pour le *Neoenchytræus fenestratus*, Eis., la convexité du bord postérieur est si peu marquée que cette espèce paraîtrait pouvoir être tout aussi bien placée parmi les *Mesenchytræus* ; si l'on compare les figures données du cerveau chez les *Archienchytræus ochraceus* Eis. et *Mesenchytræus primævus* Eis., les différences semblent bien légères, ce qui conduit à penser qu'il ne faut voir dans ce caractère qu'une distinction au plus subgénérique. Les descriptions données par M. Eisen sont faites avec beaucoup de méthode et accompagnées d'excellentes figures.

Des travaux non moins remarquables, et dont le plus important a paru en 1879 avec le dernier mémoire de l'auteur précité, sont dus à M. Vejdovsky. Les divisions subgénériques de M. Eisen y servent aussi à grouper les espèces ; le savant professeur de Prague, étudiant les *Enchytræus* de l'Europe centrale, a retrouvé bon nombre des types étudiés par ses prédécesseurs, types dont il s'est heureusement appliqué à définir les caractères, il est fâcheux toutefois que, regardant comme impossible de distinguer exactement les anciennes espèces, il ait cru devoir rejeter les dénominations classiques d'*Enchytræus vermicularis* Müll., *E. albidus* Henle. Cependant, de son propre aveu, il est possible de reconnaître que plusieurs des caractères donnés par ces zoologistes se retrouvent dans certaines espèces, lesquelles quoique confondues avec d'autres, avaient sans doute été vues par eux et peuvent avantageusement pour la nomenclature reprendre les dénominations primitives. Ces espèces anciennes, dont la diagnose se trouve définitivement fixée ou complétée sont : les *Enchytræus vermicularis* Müll. (= *E. humiculor* Vejd.), *E. albidus* Henle (= *E. ventriculosus* Udek.), *E. galba* Hoff., *E. appendiculatus* Buch. Les deux premiers appartenant aux *Archienchytræus*, le troisième aux *Neoenchytræus*, le dernier aux *Mesenchytræus*. Huit espèces sont nouvelles et se rangent soit parmi les *Archienchytræus : E. puteanus, E. leptodera, E. Buchholzii, E. lobifer ;* soit parmi les *Neoenchytræus : E. adriaticus, E. Perrieri, E. Leydigii, E. hegemon.*

Depuis cette époque, un petit nombre d'*Enchytræus* ont été décrits. M. Tauber a signalé l'*Enchytræus minutus* des côtes du Danemarck, M. Joseph l'*Enchytræus cavicola* des grottes de la Carniole (= 10 *Pachy-*

drilus cavicola), M. Michaelsen l'*Archenchytræus Möbii*, de la baie de Kiel. Ce dernier seul est étudié d'une manière complète. Il faut y joindre quelques types du Danemarck que M. Levinsen a fait connaître.

Pour terminer cette énumération il reste à signaler quelques espèces dont il a été négligé de faire mention plus haut, parce qu'elles sont ou très douteuses, ou doivent être rapportées à d'autres genres. L'une des plus intéressantes est le *Nais albida* décrit par Carter, il me paraît devoir entrer dans le genre *Enchytræus* et porterait le nom d'*Enchytræus Carteri*. Les autres sont :

Enchytræus triventralopectinatus, Minor = *Ophidonais uncinata* Œrst.

Enchytræus annelatus, Kessl. = *Stylodrilus Grabetæ* Vejd.

En somme, on peut énumérer actuellement dans cette coupe générique plus de quarante espèces et, même en éliminant celles qui sont insuffisamment connues, il en reste encore une trentaine scientifiquement décrites et figurées. On n'a d'ailleurs recherché ces animaux avec soin que depuis peu de temps et sur un très petit nombre de points, l'avenir nous réserve donc sans doute bien des découvertes.

Toutes ces espèces sont-elles légitimes? C'est une question à laquelle il est difficile de répondre d'une façon positive. Dans l'état actuel de nos connaissances et avec le cours des idées régnant aujourd'hui dans l'étude de ces vers, les caractères extérieurs paraissent insuffisants pour distinguer ces espèces, l'aspect général des animaux, la forme des soies, la composition des faisceaux qu'elles constituent, peuvent, dans certains cas, fournir quelques indications, mais elles ne permettraient pas d'arriver à des distinctions spécifiques, sauf de rares exceptions. On a donc eu recours à l'examen d'organes plus délicats et ceux dont on s'est spécialement servi sont : les organes segmentaires, qui présentent certaines variations, soit dans la forme, soit dans les dimensions comparatives des différentes parties qui les composent; le canal déférent, surtout son entonnoir vibratile et la prostate; les poches copulatrices, qui sont très diversifiées dans leur aspect. On peut y joindre l'étude histologique des cellules sous-cuticulaires de la ceinture et celle des corpuscules cavitaires, mais ces derniers caractères n'ont pas été aussi généralement employés.

Pour ce qui est des organes segmentaires, leur présence à toutes les périodes de l'existence chez l'adulte les rend précieux dans l'emploi taxinomique qu'on en peut faire, mais cet emploi est limité comme leur composition même, les caractères qu'on en tire peuvent cependant être considérés comme de première importance. L'appareil déférent, les poches copulatrices, le premier surtout, ne sont pas dans le même cas, leur état sur un individu varie en effet suivant la saison, il y a là une sorte de développement périodique, qui pourrait peut-être en modifier singulièrement l'aspect. Ainsi, en ce qui concerne les poches copulatrices, ce que M. Ratzel décrit et figure comme des états différents d'un même organe en voie d'évolution, M. Eisen, M. Vejdovsky le regardent, au moins en partie, comme constituant des types spéciaux de cet appareil. D'un autre côté, M. Eisen lui-même constate des variations importantes, soit dans la longueur du tube du canal déférent, soit dans la forme des poches copulatrices chez son *Enchytræus mirabilis*. On ne peut donc admettre les distinctions tirées de ces caractères qu'avec une certaine réserve, d'autant que les nécessités de l'examen obligeant de détruire les exemplaires, les comparaisons sont rendues par là fort difficiles.

Il est impossible de se faire une idée exacte de la répartition géographique dans l'état actuel de nos connaissances, tout ce qu'on peut dire, c'est que l'aire d'extension du genre *Enchytræus* doit être très vaste, car on les a trouvés partout où des études un peu suivies sur les Lombriciniens ont été faites. Cependant jusqu'ici la grande majorité des espèces habitent plutôt vers le Nord, on les connaît de l'Europe centrale et septentrionale, de la Nouvelle-Zemble, de la Sibérie, du Groënland, de l'Amérique du Nord. Si le *Nais albida* Carter (= *Enchytræus Carteri*) appartient bien à ce genre, celui-ci se retrouverait aux Indes-Orientales.

La plupart des espèces recherchent la terre humide et se trouvent sous les pierres, les pots à fleurs (d'où l'appellation générique), les feuilles mortes, dans la mousse. Quelques-unes cependant sont aquatiques, soit des eaux douces, soit des eaux marines.

On trouverait même la trace de ce genre dans les faunes éteintes. M. Menge a cité l'*Enchytræus sepultus* de l'Ambre.

Il n'est pas très aisé de se reconnaître au milieu de ces nombreuses espèces, et l'on a vu plus haut les efforts tentés par M. Eisen pour les répartir d'une façon naturelle en se basant sur la forme du ganglion cérébroïde. Malgré la difficulté d'apprécier toujours ce caractère d'une manière sûre, difficulté qui n'est pas d'ailleurs spéciale à ce genre d'appareils, je crois, en l'absence de recherches personnelles assez étendues, devoir l'adopter à l'exemple de M. Vejdovsky. On pourrait ensuite, d'après le type de l'organe segmental, la constitution des poches copulatrices ou spermathèques, la forme du bord antérieur du ganglion cérébroïde, arriver à les grouper comme l'indique le tableau suivant.

Enumération des espèces du genre Enchytræus.

A. Ganglion cérébroïde convexe en arrière.   (Neoenchytræus).
   a. Organe segmental à disposition polaire.
      α. Spermathèques offrant des poches accessoires plus ou moins nombreuses, à l'union du tube vecteur avec la portion terminale.

    * Ganglion cérébroïde concave en avant.

       1. *E. galba*, Hoffm.   Europe.
       2. » *Leydigii*, Vejd.   Bohême.

    ** Ganglion cérébroïde convexe en avant.

       3. *E. Perrieri*, Vejd.   Europe centrale.
       4. » *hegemon*, Vejd.   Bohême.

6. Spermathèques sans poches accessoires à l'union du tube vecteur avec la portion terminale.

    * Ganglion cérébroïde concave en avant.

       5. *E. Vejdovskyi*, Eis.   Nouvelle-Zemble.
       6. » *Stuxbergi*, Eis.   Nouvelle-Zemble.

    ** Ganglion cérébroïde convexe en avant.

       7. *E. Buchholzii*, Vejd.   Europe centrale.
       8. » *adriaticus*, Vejd. (1)   Trieste.

b. Organe segmental en siphon.

    α. Une seule paire de spermathèques.

    * Spermathèques offrant des poches ou lobes accessoires à l'union du tube vecteur avec la portion terminale.

       9. *E. Ratzelii*, Eis.   Norwège.
      10. » *durus*, Eis.   Iles Loffoden.

    ** Spermathèques sans poches ou lobes accessoires à l'union du tube vecteur avec la portion terminale.

      11. *E. hyalinus*, Eis.   Nouvelle-Zemble.
      12. » *callosus*, Eis.   Nouvelle-Zemble, Sibérie.
      13. » *leptodera*, Vejd.   Bohême.
      14. » *fenestratus*, Eis.   Sibérie.

    6. Deux paires de spermathèques.

      15. *E. puteanus*, Vejd.   Moravie.

B. Ganglion cérébroïde rectiligne en arrière.   (MESENCHYTRÆUS).

    a. Spermathèques offrant des poches ou lobes accessoires à l'union du tube vecteur avec la portion terminale.

      16. *E. bisetosus*, Lev.   Danemarck.
      17. » *mirabilis*, Eis.   Sibérie.
      18. » *primævus*, Eis.   Nouvelle-Zemble, Sibérie.

    b. Spermathèques sans poches accessoires, mais avec des glandes sur le trajet du tube vecteur ou près de l'orifice efférent.

      19. *E. sordidus*, Lev.   Danemarck.
      20. » *fucorum*, Lev.   Danemarck.
      21. » *striatus*, Lev.   Danemarck.

---

(1) La forme du bord antérieur du ganglion cérébroïde n'étant pas indiquée dans la description ni sur les figures, cette espèce appartient peut-être au groupe précédent.

c. Spermathèques sans poches ou lobes accessoires à l'union du tube
vecteur avec la partie terminale, ni glandes sur le trajet de celui-là.

    22. *E. appendiculatus*, Buch.   Europe centrale.
    23. » *falciformis*, Eis.   Nouvelle-Zemble.

C. Ganglion cérébroïde concave en arrière.   (ARCHIENCHYTRÆUS).

  a. Organe segmental à disposition polaire.

    α. Ganglion cérébroïde visiblement concave en avant.

      24. *E. ochraceus*, Eis.   Nouvelle-Zemble.
      25. » *nasutus*, Eis.   Sibérie.
      26. » *affinis*, Eis.   Sibérie.

    6. Ganglion cérébroïde légèrement convexe en avant.

      27. *E. vermicularis*, Müll.   Europe centrale.
      28. » *danicus*, Vaill. (1)   Danemarck.

  b. Organe segmental en siphon.

    α. Spermathèques avec poches ou lobes accessoires à la base ou sur
    le trajet de la partie terminale.

      29. *E. lobifer*, Vejd.   Europe centrale.
      30. » *Moebii*, Michael.   Mer Baltique.

    6. Spermathèques sans poches ou lobes accessoires à la base ou sur
    le trajet de la partie terminale.

      31. *E. albidus*, Henle.   Toute l'Europe.
      32. » *Levinsenii*, Eis.   Sibérie.
      33. » *tenellus*, Eis.   Sibérie.
      34. » *lampas*, Eis.   Sibérie.
      35. » *Dicksonii*, Eis.   Nouvelle-Zemble.
      36. » *gemmatus*, Eis.   Nouvelle-Zemble.

  c. Organe segmental ?

      37. *E. nervosus*, Eis.   Nouvelle-Zemble.

Incertæ sedis.

ANCIEN CONTINENT.

    38. *E. spiculus*, Fr. et L.   Helgoland.
    39. » *lacteus*, Clap.   Hébrides, Danemarck.
    40. » *moniliformis*, Udek.   Ostende.
    41. » *minutus*, Taub.   Œresund.
    42. » *juliformis*, Kessl.   Lac Onega.
    43. » *jaltensis*, Tsch.   Mingrélie.
    44. » *Carteri*, Vaill.   Bombay.

(1) La forme du bord antérieur du ganglion cérébroïde n'étant pas
connue, la place de cette espèce reste douteuse, elle pourrait bien appartenir au groupe α.

AMÉRIQUE.

45. *E. socialis*, Leidy.   Pensylvanie.
46. » *littoralis*, Verr.   Massachussets.
47. » *glacialis*, Leidy.   New-Jersey.

ESPÈCE FOSSILE.

48. *E. sepultus*, Menge.   Ambre.

1. ENCHYTRÆUS (NEOENCHYTRÆUS) GALBA.

Enchytræus galba, HOFFMEISTER, 1843, p. 194.
    Id.   *id.*   GRUBE, 1851, p. 103 et 146.
    Id.   *id.*   UDEKEM, 1854, p. 863; fig. 3.
    Id.   *id.*   UDEKEM, 1855, p. 547.
    Id.   *id.*   UDEKEM, 1859, p. 15.
    Id.   *id.*   BUCHHOLZ, 1862, p. 97; fig. 6 A et B, 21.
    Id.   *id.*   LEYDIG, 1862, p. 94 (note).
    Id.   *id.*   LEYDIG, 1864, pl. IV, fig. 3, 4.
Enchytræus vermicularis, (pars) RATZEL, 1868, pl. VI, fig. 2; VII, fig. 6 à 9.
Enchytræus galba, RATZEL, 1868, p. 588; pl. XLII, fig. 8, 12, 17, 20c, 22.
    Id.   *id.*   VEJDOVSKY, 1877.
    Id.   *id.*   TAUBER, 1879, p. 72.
    Id.   *id.*   VEJDOVSKY, 1879, p. 59; pl. VII, fig. 1 à 8.
    Id.   *id.*   VEJDOVSKY, 1883, p. 11 (tirage à part).
    Id.   *id.*   LEVINSEN, 1884, p. 236.
    Id.   *id.*   VEJDOVSKY, 1884, p. 41.

Vers relativement de grande taille, peau épaisse, annélations bien marquées; lobe céphalique de même longueur que le segment buccal, à peu près aussi large que lui.

Soies droites, obtuses aux deux extrémités, 4 à 6 par faisceau, les mitoyennes ordinairement plus courtes.

Tube digestif sans dilatation rétro-œsophagienne. Glandes salivaires étendues jusqu'au 5º anneau, dichotomiquement ramifiées.

Corpuscules cavitaires en fuseau, très réfringents.

Organe segmental à disposition polaire, cependant la portion terminale tubuleuse n'a pas son origine tout à fait à l'extrémité du lobe glandulaire, mais un peu en avant et de côté, la portion interne est ovoïde, gonflée et ne se distingue guère de la portion glandulaire, celle-ci allongée, cylindrique.

Ganglion cérébroïde sensiblement plus long que large, à bords parallèles, échancré en avant, arrondi en arrière.

Cellules hypocuticulaires de la ceinture irrégulièrement polygonales, disposées sans ordre et remplies d'une substance homogène transparente, sans noyaux.

Entonnoir vibratile du canal déférent, allongé en cylindre, environ quatre fois aussi long que large : canal vecteur long, contourné ; une prostate formée de glandes unicellulaires longues, radialement disposées. Poches copulatrices composées d'un tube vecteur cylindrique, développé, se terminant par un renflement cylindro-conique ; à la base de celui-ci se trouvent de 3 à 5 diverticulums sphériques, pédonculés, dans lesquels s'accumulent les spermatozoïdes. Outre l'orifice normal, situé au XII⁰ intersegment pour l'issue des œufs, des orifices supplémentaires analogues se voient aux intersegments suivants XIII⁰, XIV⁰ et XV⁰.

Couleur grisâtre, devenant plus transparente en arrière, d'un aspect cireux.

Longueur 20^{mm} à 30^{mm} ; 40 à 50 segments.

Hab. — Paraît répandu dans toute l'Europe, sous les feuilles, dans l'humus.

Cette espèce est l'une des plus communes et des plus remarquables par sa taille. Hoffmeister dans la description primitive, porte le nombre des anneaux à 90.

M. Ratzel le premier, a figuré la disposition remarquable de la poche copulatrice, mais en n'y voyant d'abord qu'un développement ultime de cet organe chez l'animal, qu'il désignait sous le nom d'*Enchytræus vermicularis*. Dans un second travail, ce savant rapporte bien cette disposition à l'espèce à laquelle elle appartient réellement.

2. Enchytræus (Neoenchytræus) Leydigii.

Enchytræus Leydigii, Vejdovsky, 1877.
  Id.   id.   Vejdovsky, 1879, p. 59 ; pl. IX, fig. 9 à 15.
  Id.   id.   Vejdovsky, 1883, p. 11 (tirage à part).
  Id.   id.   Vejdovsky, 1884, p. 41.

Sur le segment céphalique et les 4 suivants, de nombreuses glandes cutanées, irrégulières, avec un contenu granuleux réfringent ; elles sont disposées en séries transversales, formant quatre cercles sur chaque segment.

Soies obtuses et légèrement courbées à l'extrémité adhérente, se renflant au milieu, appointies à l'extrémité libre, au nombre de 2 à 4 par faisceau.

Glandes salivaires en tube festonné, étendues jusqu'au 4e segment, où elles offrent quelques divisions dichotomiques.

Organe segmental à disposition polaire, formant en quelque sorte un tout continu, sans distinction bien nette, sauf l'étranglement dissépimental entre la portion interne presque sphérique et la portion glanduleuse.

Ganglion cérébroïde allongé, à bords parallèles, concave en avant, convexe en arrière.

Canal déférent avec un entonnoir cylindro-conique à peu près trois fois aussi long que large, tube efférent étroit, contourné. Poches copulatrices composées d'un tube cylindrique, renflé en sphère au point où il se continue avec la portion terminale, moitié moins longue et conique ; à la base de celle-ci se trouvent deux réservoirs piriformes symétriquement placés où s'accumule le liquide séminal.

Ceinture à cellules sous-cuticulaires en carrés presque parfaits et régulièrement disposées en séries transversales ; de ces cellules, les unes sont absolument transparentes, les autres remplies d'un contenu granuleux, réfringent, avec un noyau nucléolé distinct, l'alternance de ces deux sortes de cellules donne à l'ensemble l'aspect d'un damier.

Longueur 10^{mm} à 12^{mm} ; 40 à 45 segments.

Hab. — Environs de Prague, dans les terres fortes.

C'est en juillet que cette espèce se montre pourvue de ses organes reproducteurs.

M. Vejdovsky signale autour du tube vecteur du canal déférent des cellules glandulaires, qui ne se retrouvent pas sur les figures. Les glandes cutanées céphaliques rappellent la disposition analogue signalée plus haut chez le 18 *Pachydrilus glandulosus*, Lev.

3. ENCHYTRÆUS (NEOENCHYTRÆUS) PERRIERI.

Enchytræus Perrieri, VEJDOVSKY, 1877.
  Id.   *id.*   VEJDOVSKY, 1879, p. 58 ; pl. VIII, fig. 1 à 12.
  Id.   *id.*   VEJDOVSKY, 1883, p. 11 (tirage à part).
  Id.   *id.*   LEVINSEN, 1884, p. 236.
  Id.   *id.*   VEJDOVSKY, 1884, p. 41.

Corps allongé, dur, résistant. Pore céphalique dans un enfoncement naviculaire, longitudinal.

Soies droites ou courbées, parfois avec un prolongement latéral à l'extrémité adhérente, obtuses, 4 à 6 par faisceau, ordinairement plus nombreuses au faisceau ventral, les médianes plus courtes.

Glandes salivaires formées d'un long tube, dans lequel débouchent, aux 3e et 4e anneaux, des cœcums disposés en verticille.

Corpuscules cavitaires petits, en ovale allongé.

Organe segmental à disposition polaire ; le tube efférent plus court que le lobe glandulaire, ne naît pas toutefois directement de l'extrémité postérieure, mais à une petite distance plus en avant, portion interne et lobe glandulaire en continuité directe formant un corps claviforme allongé.

Cerveau en ovoïde presque régulier, convexe en avant et en arrière ; sur ce dernier point l'enveloppe névrilemmatique forme deux petites éminences rapprochées de la ligne médiane. Chaîne ventrale avec des renflements intercalaires entre les ganglions normaux.

Cellules sous-cuticulaires de la ceinture irrégulièrement polygonales, disposées sans ordre déterminé. Entonnoir vibratile du canal déférent en cône allongé, environ trois fois aussi long que large à l'orifice, tube efférent médiocrement développé, replié, pas de glande prostatique visible. Poches copulatrices formées d'un tube vecteur cylindrique, s'élargissant pour se continuer en une masse pyriforme à peu près d'égale longueur, rétrécie en son milieu, à la base se voient deux diverticulums sphériques, pédonculés, dans lesquels s'accumulent les spermatozoïdes.

Couleur bleu vitreux.

Longueur 15^{mm} ; 50 à 58 segments.

Hab. — Toute l'Allemagne, fort commun.

On trouve quatre paires de glandes septales très développées, la postérieure double, et occupant les 3e, 4e, 5o et 6e anneaux.

4. Enchytræus (Neoenchytræus) hegemon.

Enchytræus hegemon, Vejdovsky, 1877.
    Id.   *id.*   Vejdovsky, 1879, p. 60 ; pl. XII, fig. 1-5.
    Id.   *id.*   Vejdovsky, 1883, p. 11 (tirage à part).
    Id.   *id.*   Vejdovsky, 1884, p. 41.

Vers relativement de grande taille, tégument glanduleux, peu transparent.

Soies obtuses et légèrement courbées à l'extrémité interne, d'ordinaire au nombre de 4 par faisceau, les moyennes plus courtes.

Glandes salivaires avec de nombreuses ramifications dendritiques.

Organe segmental à disposition polaire, toutefois la portion externe, en tube simple, à peine aussi longue que le lobe glandulaire, se détache latéralement un peu avant le fond de celui-ci, qui dans son ensemble est claviforme, élargi en son milieu.

Ganglion cérébroïde presque sphérique, cependant plus long que large, conique en avant, à courbure peu accentuée en arrière.

Poches copulatrices avec un tube vecteur cylindrique présentant deux corps glandulaires de chaque côté de l'orifice, portion profonde plus courte que le tube, renflée, conique ; autour de la base se trouvent les réservoirs séminaux sous forme de petites masses sphériques, pédonculées, disposées sur deux rangs et n'étant pas en nombre moindre que 15 à 20.

Couleur gris jaunâtre.

Atteint jusqu'à 30^{mm} de longueur.

HAB. — Environs de Prague et différents points de la Bohême, sous les feuilles tombées et la mousse.

Cette espèce n'est pas moins remarquable par sa taille que par le nombre énorme des réservoirs séminaux.

5. ENCHYTRÆUS (NEOENCHYTRÆUS) VEJDOVSKYI.

Neoenchytræus Vejdovskyi, EISEN, 1879, p. 75.
Enchytræus (Neoenchytræus) Vejdovskyi, EISEN, 1877-1879, p. 25 ; pl. X, fig. 19a à 19k ; XIV, f. 36 ; XVI, fig. 63.
     Id.   *id.*   *id.*   VEJDOVSKY, 1884, p. 41.

Corps cylindrique, assez longuement atténué aux deux extrémités, annélations peu distinctes. Lobe céphalique et segment buccal pris ensemble, plus longs que le premier anneau ; les 5 ou 6 derniers anneaux graduellement rétrécis.

Soies renflées à leur extrémité adhérente, en pointe à l'extrémité opposée, au nombre de 3 dans les faisceaux supérieurs, de 4 dans les faisceaux ventraux.

Corpuscules cavitaires rares, de petite dimension, arrondis, transparents, avec des granulations et un noyau brillants.

Organe segmentaire à disposition polaire, lobe développé, subsphérique, portion externe grosse, aussi longue que lui, portion interne très courte.

Ganglion cérébroïde près de deux fois aussi long que large, à bords sensiblement parallèles, échancré en avant, convexe en arrière.

Ceinture bien visible. Entonnoir vibratile du canal déférent en forme de fourneau de pipe; tube efférent étroit, long, très singulièrement contourné, il forme deux séries, l'une descendante, l'autre ascendante, de courbures en U, chaque série placée dans un même plan; ce tube aboutit à une prostate fort petite, si on la compare à l'entonnoir vibratile. Poches copulatrices avec un tube vecteur court et conique, entouré sur toute sa hauteur de glandes nombreuses, il débouche dans un sac ample, allongé, contourné en hélice.

Couleur blanchâtre, opaque.

Longueur 20^{mm}, largeur 1^{mm}; 56 segments environ.

Hab. — Auk-Mountain près Berimenaja (Nouvelle-Zemble).

6. Enchytræus (Neoenchytræus) Stuxbergi.

Neoenchytræus Stuxbergi, Eisen, 1879, p. 75.
Enchytræus (Neoenchytræus) Stuxbergi, Eisen, 1877-1879, p. 26; IX, fig. 18^a
à 18^k; XIV, f. 37; XVI, f. 57, 58.
Id.   *id.*   *id.*   Vejdovsky, 1884, p. 41.

Corps cylindrique à annélations bien distinctes, plus longuement atténué en avant qu'en arrière; lobe céphalique arrondi, assez allongé.

Soies légèrement fusiformes au milieu, obtuses à l'extrémité libre, 5 à 6 par faisceau, égales ou les moyennes un peu plus longues.

Liquide des vaisseaux clos rouge.

Corpuscules cavitaires inconnus.

Organe segmental à disposition polaire, lobe développé subsphérique, portion externe grosse, un peu plus longue que lui, portion interne très courte.

Ganglion cérébroïde un peu plus long que large, renflé en arrière, échancré en avant. Chaîne ventrale avec des renflements interganglionnaires supplémentaires.

Entonnoir vibratile du canal déférent en forme de gros sac cylindrique, à orifice interne rétréci; tube efférent étroit, re-

plié en une sorte de glomérule, prostate petite comparée à l'entonnoir. Poches copulatrices à tube vecteur cylindrique, médiocrement étendu, muni sur toute sa longueur de glandules
allongées; réservoir sphérique, son diamètre est de très peu
supérieur à la dimension longitudinale du tube.

Couleur blanchâtre, opaque.

Longueur environ 20^{mm}, largeur 1^{mm} ; 56 segments.

HAB. — Nouvelle-Zemble, sur divers points, toujours sous des
plantes marines, sur les plages.

La disposition de la chaîne ventrale avec des ganglions supplémentaires rappelle la disposition signalée chez le 3 *Enchytræus Perrieri*,
Vejd.

La couleur du sang et l'habitat rapprochent cette espèce des *Pachydrilus*, de nouvelles études seraient nécessaires pour fixer sa véritable
place.

7. ENCHYTRÆUS (NEOENCHYTRÆUS) BUCHHOLZII.

? *Enchytræus albidus*, RATZEL (nec HENLE), 1868, p. 589.
Enchytræus Buchholzii, VEJDOVSKY, 1879, p. 56; pl. III, fig. 1 à 15; IV,
      fig. 1.
 Id.   *id.* VEJDOVSKY, 1882, p. 51.
 Id.   *id.* VEJDOVSKY, 1883, p. 10 (tirage à part).
 Id.   *id.* VEJDOVSKY, 1884, p. 41.
 Id.   *id.* LEVINSEN, 1884, p. 234.

Lobe céphalique petit, légèrement appointi.

Soies fort différentes suivant les points du corps, droites ou
légèrement crochues à leur point d'insertion, plus courtes sur
les parties antérieures que sur les postérieures ; au nombre
de 2 à 4 par faisceau.

Tube digestif avec des glandes salivaires formant deux tubes
très allongés, pas de renflement spécial sensible à la terminaison de l'œsophage.

Tronc dorsal réuni aux branches latérales antérieures par
deux rameaux dorso-ventraux. Corpuscules cavitaires très allongés et plus appointis à l'une de leurs extrémités qu'à l'autre.

Organe segmental à disposition polaire ayant une portion antérieure tubuleuse; en arrière du dissépiment il se renfle en
une masse glanduleuse cylindrique, étendue jusque vers l'orifice
externe, en sorte que la troisième portion manque en réalité.

Ganglion cérébroïde très renflé en arrière, à bord postérieur
largement, mais peu profondément échancré, convexe en avant.

Cellules hypodermiques de la ceinture, vues de face quadrilatères, disposées en séries régulièrement transversales. Entonnoir du canal déférent à peu près olivaire, le canal lui-même très allongé et replié, entouré à sa terminaison de glandules unicellulaires sur plusieurs rangs, constituant une prostate; les cellules hypodermiques forment en outre une rosette autour de l'orifice externe. Poches copulatrices d'une forme très simple, en ampoule allongée, avec un canal court, dont l'orifice est lui-même entouré d'une rosette de cellules hypodermiques.

Longueur 5ᵐᵐ à 8ᵐᵐ, épaisseur 0ᵐᵐ,2; environ 28 segments.

Hab. — Allemagne, Bohême, sous les pots à fleurs, sous la mousse, dans les eaux stagnantes, même dans l'eau des puits (Prague).

Cette espèce est l'une des plus répandues dans ces contrées. M. Ratzel, qui paraît l'avoir vue mais l'a décrite sous un autre nom, dit que le fluide des vaisseaux clos est d'un rouge brique, ce qui n'est pas confirmé par M. Vejdovsky.

8. Enchytræus (Neoenchytræus) adriaticus.

Enchytræus adriaticus, Vejdovsky, 1877.
    Id.   *id.*   Vejdovsky, 1879, p. 58; pl. XII, fig. 13 à 17.
    Id.   *id. (forma jaltensis)*, Czerniavsky, 1880, p. 322; pl. III (2), fig. 19 et 20.
    Id.   *id.*   Vejdovsky, 1884, p. 41.

Ver de petite taille, transparent, avec quelques glandes cutanées à la partie antérieure du corps; lobe céphalique obtus, entre lui et le segment buccal, pore apparent.

Soies droites, généralement au nombre de 3 par faisceau, égales.

Organe segmental à disposition polaire, la portion interne glanduleuse comme le lobe et se confondant avec lui pour former une sorte de masse allongée, portion externe excessivement courte.

Ganglion cérébroïde arrondi en arrière.

Entonnoir vibratile du canal déférent ovoïde, environ deux fois aussi long que large, tube efférent peu prolongé ne faisant que quelques tours en hélice. Poches copulatrices à réservoir simple, sphérique, tube vecteur court, avec de petites glandules l'entourant sur toute sa hauteur.

Longueur 8ᵐᵐ à 10ᵐᵐ; 25 segments.

Hab. — Trieste, plage, sous les pierres, dans la vase sablonneuse.

Cet *Enchytræus*, remarquable par son habitat, le petit nombre de ses segments et celui des soies dans chaque faisceau, a, suivant M. Vejdovsky, les glandules chloragéniques péri-intestinaux très nettement pédonculés.

9. Enchytræus (Neoenchytræus) Ratzelii.

Enchytræus Ratzelii, Eisen, 1872-1873, p. 123; pl. II, fig. 8 à 15.
Neoenchytræus Ratzelii, Eisen, 1879, p. 77.
Enchytræus (Neoenchytræus) Ratzelii, Eisen, 1877-1879, p. 29; pl. XII, fig. 22ª à 22ᶜ; XIV, f. 40.

Id.	id.	id.	Vejodvsky, 1884, p. 41.
Id.	id.	id.	Levinsen, 1884, p. 237.

Corps allongé, cylindrique, atténué aux deux extrémités, opaque; lobe céphalique semi-circulaire; segment pygidien plus long et plus large que le précédent.

Soies robustes, à peu près droites, obtuses à l'extrémité adhérente, appointies à l'extrémité libre, 4 à 8 par faisceau, de taille décroissante de l'extérieur à l'intérieur du faisceau.

Bouche remarquablement étendue, occupant toute la largeur du segment céphalique.

Corpuscules cavitaires arrondis, à noyau petit, nucléolaire.

Organe segmental en siphon, la portion interne légèrement épaissie et un peu plus longue que le lobe glandulaire, portion externe de dimension presque double.

Ganglion cérébroïde allongé, à bords parallèles, convexe en avant et en arrière.

Poches copulatrices à tube vecteur régulièrement cylindrique, allongé, muni d'un renflement terminal piriforme moitié plus court, dont la grosse extrémité, qui en est la base, communique avec quatre ou cinq lobes foliacés, lesquels sont les véritables réservoirs de la semence.

Longueur 22ᵐᵐ à 30ᵐᵐ, largeur 1ᵐᵐ; 70 à 80 segments.

Couleur jaunâtre, corps peu transparent.

Hab. — Tromsö, Flöjfjellet (Norwège).

M. Eisen, dans la description originale, indique la ceinture comme composée de trois segments, du 11ᵉ au 13ᵉ, ce caractère exceptionnel n'est pas mentionné de nouveau dans le second travail de cet auteur.

Cet *Enchytræus* est très voisin du 29 *Enchytræus lobifer*, Vejd. placé, d'après la forme du bord postérieur du ganglion cérébroïde, dans une autre section du genre, je renvoie à l'étude de celui-ci l'exposé des considérations, qui rendent très vraisemblable qu'ils ne sont pas distinctes.

10. ENCHYTRÆUS (NEOENCHYTRÆUS) DURUS.

Neoenchytræus durus, EISEN, 1879, p. 77.
Enchytræus (Neoenchytræus) durus, EISEN, 1877-1879, p. 28; pl. XII, fig.
23ª à 23ª; XIV, f. 41; XVI, fig. 61, 62.

| *Id.* | *id.* | *id.* | VEJDOVSKY, 1884, p. 41. |
| *Id.* | *id.* | *id.* | LEVINSEN, 1884, p. 237. |

Corps plutôt un peu renflé dans sa partie postérieure, distinctement annelé, à téguments durs. Segment céphalique plus long que les deux premiers anneaux réunis; segment pygidien très petit.

Soies droites, sauf l'extrémité interne, qui est un peu courbée, 5 à 6 par faisceau, les médianes de beaucoup les plus courtes.

Corpuscules cavitaires, les uns arrondis granuleux, les autres irréguliers transparents, ainsi que leur noyau, ces derniers rappelant assez bien par leur forme des cellules épithéliales pavimenteuses épidermiques.

Organe segmentaire en siphon, portion interne presqu'aussi forte et aussi longue que le lobe, portion externe plus étroite de longueur à peu près triple.

Ganglion cérébroïde triangulaire, à sommet tronqué, arrondi, partie postérieure légèrement convexe.

Entonnoir vibratile du canal déférent urcéolé, tube efférent allongé, replié, prostate presqu'aussi volumineuse que l'entonnoir lui-même. Poches copulatrices avec un tube vecteur grossissant d'une manière graduelle de l'orifice externe au réservoir, celui-ci peu élargi, mais présentant à sa base un certain nombre de diverticulums en lobes aplatis, foliacés, où s'accumule le sperme.

Longueur du corps 16ᵐᵐ, largeur 1ᵐᵐ; 45 segments environ.

HAB. — Carlsö (Iles Loffoden).

M. Eisen, figure vers la base du réservoir de la poche copulatrice, trois sortes de spicules à pointes convergentes, mais ne donne aucune explication à ce sujet.

11. Enchytræus (Neoenchtryæus) hyalinus.

Neoenchytræus hyalinus, Eisen, 1879, p. 76.
Enchytræus (Neoenchytræus) hyalinus, Eisen, 1877-1879, p. 26 ; pl. X, fig.
20ᵃ à 20ᵐ ; XIV, f. 38 ; XVI, f. 59
et 60.
    Id.   *id.*   *id.*   Vejdovsky, 1884, p. 41.

Corps atténué graduellement à partir de la ceinture, plus sensiblement à la partie postérieure. Segment céphalique très peu plus long que le premier anneau ; anneau pygidien légèrement plus large que le précédent.

Soies courbées et renflées à leur extrémité adhérente, droites dans le reste de leur étendue, par 3 dans chaque faisceau, égales.

Corpuscules cavitaires nuls.

Organe segmentaire en siphon, les trois parties à peu près de même longueur.

Ganglion cérébroïde deux fois aussi long que large, légèrement renflé dans sa moitié postérieure.

Ceinture très saillante. Entonnoir du canal déférent volumineux, courbé en U, la branche en relation avec l'orifice interne, plus grosse que l'autre, tube efférent étroit, allongé, contourné. Poches copulatrices formées d'une portion externe conique, dont le sommet, qui correspond à l'orifice, est entouré de glandes, sur la base s'insère le réservoir proprement dit, en sac allongé, plus ou moins courbé sur lui-même, trois ou quatre fois plus long que la première portion, laquelle doit être considérée comme tube vecteur.

Corps blanchâtre, très transparent en avant de la ceinture.
Longueur 8ᵐᵐ, largeur 0ᵐᵐ,5 ; 43 segments.

Hab. — Matotschkin (Nouvelle-Zemble).

Le type, auquel se rapporte l'organe segmental, n'est pas, d'après la figure donnée par M. Eisen, absolument net et pourrait à la rigueur être tout aussi bien regardé comme polaire, cependant les deux tubes interne et externe sont plutôt rapprochés à leurs points d'insertions sur la portion glandulaire.

12. Enchytræus (Neoenchytræus) callosus.

Neoenchytræus callosus, Eisen, 1879, p. 76.
Enchytræus (Neoenchytræus) callosus, Eisen, 1877–1879, p. 27 ; pl. XI, fig.
21ᵃ à 21ᵘ ; XIV, f. 39 ; XVI, f. 64, 65.
    Id.   *id.*   *id.*   Vejdovsky, 1884, p. 41.

Corps cylindrique, atténué aux extrémités, téguments épais.

Lobe céphalique peu large, plus court que l'anneau buccal ; les trois derniers anneaux plus étroits, mais plus longs, que les précédents.

Soies un peu courbées suivant la longueur, obtuses aux extrémités, surtout l'interne, qui est légèrement renflée, 3 ou 4 par faisceau, les moyennes plus courtes. Les 3 derniers anneaux inermes.

Corpuscules cavitaires unis pour former sur toutes les parties internes une couche continue.

Organe segmental en siphon à tube interne plus long que le lobe glandulaire, la portion externe, au contraire, très courte.

Ganglion cérébroïde d'un quart plus long que large, dilaté en arrière, convexe aux deux extrémités.

Entonnoir vibratile du canal déférent urcéolé, développé ; tube efférent étroit, long, replié, prostate petite. Poches copulatrices composées d'un tube vecteur cylindrique, allongé, la poche, moitié moins longue, en forme de gourde à ventre aplati, cette portion renflée est quadrangulaire, à angles saillants, arrondis.

On peut reconnaître deux variétés, l'une effilée est translucide, aussi distingue-t-on les organes au travers des téguments, la variété large a au contraire la cuticule opaque et d'une couleur blanc de lait.

Longueur 10^{mm} à 20^{mm}, largeur $0^{mm},5$ ou 1^{mm} suivant la variété à laquelle appartient l'individu ; 64 segments environ.

Hab. — Nouvelle-Zemble et toute la vallée du Iénisséi, jusqu'au 60ᵉ degré de lat. N.

La couche pariétale formée par les corpuscules cavitaires mérite d'être notée, est-ce là une disposition normale ?

13. ENCHYTRÆUS (NEOENCHYTRÆUS) LEPTODERA.

Enchytræus leptodera, VEJDOVSKY, 1879, p. 55 ; pl. X, fig. 1 à 12 ; XI,
           fig. 2 à 8 ; XIII, fig. 15 à 17.
    Id.   *id.*   VEJDOVSKY, 1883, p. 10 (tirage à part).
    Id.   *id.*   VEJDOVSKY, 1884, p. 41.
    Id.   *id.*   LEVINSEN, 1884, p. 233.

Lobe céphalique plus long que la portion buccale, égalant le premier anneau, chargé de petites papilles glandulaires ; le pore céphalique en forme de fente transversale.

Soies droites, simples, 4 à 6 par faisceau, ordinairement égales, rarement les médianes plus courtes.

Glandes salivaires très allongées, étendues du 3ᵉ au 5ᵉ anneau, en tube simplement tortueux, avec des amas latéraux, débris des organes segmentaires préexistants. Portion gastro-intestinale n'ayant de glandules chloragéniques qu'à la face ventrale et en petit nombre. Une paire d'amas hépatiques (?) dans le 6ᵉ anneau, un de chaque côté, à la terminaison de l'œsophage, ils sont globuleux, munis d'un canal postérieur qui traverse le VIIᵉ dissépiment pour déboucher dans le gastro-intestin.

Le tronc dorsal ayant deux renflements contractiles, l'un dans le 6ᵉ, l'autre dans le 5ᵉ anneau. Corpuscules cavitaires arrondis.

Organe segmentaire en siphon avec l'entonnoir préseptal peu développé, la portion postseptale offre un lobe glanduleux long, bosselé, d'où se dégage antérieurement la portion terminale du tube vecteur, un peu plus longue que le lobe lui-même.

Ganglion cérébroïde médiocrement allongé, convexe en avant, avec une échancrure étroite et profonde en arrière.

Canal déférent muni d'un entonnoir vibratile piriforme, très allongé ; tube vecteur très long, replié, une rosette de cellules hypodermiques autour de l'orifice externe. Poches copulatrices en forme de sac simple, claviforme, à petite extrémité tournée vers la partie profonde ; tube vecteur étroit, de même longueur à peu près que la partie renflée.

Couleur gris brillant.

Longueur 15ᵐᵐ à 20ᵐᵐ ; 50 à 52 segments.

HAB. — Bohême, très commun sous les pots à fleurs, parfois sous les Mousses et les Marchantia.

Cette espèce est l'une de celles qui ont particulièrement servi aux études histologiques de M. Vejdovsky sur ce groupe.

14. ENCHYTRÆUS (NEOENCHYTRÆUS) FENESTRATUS.

Neoenchytræus fenestratus, EISEN, 1879, p. 74.
Enchytræus (Neoenchytræus) fenestratus, EISEN, 1877-1879, p. 24; pl. IX, fig. 17ª à 17ᵇ; XIV, fig. 35 ; XVI, fig. 55-56.

    Id.   *id.*   *id.*   VEJDOVSKY, 1884, p. 41.

Corps cylindrique sur toute sa longueur, atténué aux deux extrémités.

Soies obtuses aux deux bouts, légèrement courbées en S sur la longueur, 5 à 7 par faisceau, égales ou les médianes plutôt un peu plus grandes.

Corpuscules cavitaires volumineux, circulaires ou irrégulièrement ovoïdes, noyau bien distinct.

Organe segmental en siphon ; la portion interne conique, notablement plus courte que le lobe glandulaire, portion externe un peu plus allongée que celui-ci.

Ganglion cérébroïde un peu plus long que large, légèrement dilaté en arrière, où il est presque carrément coupé, concave en avant.

Poches copulatrices en tube simple, environ vingt fois aussi long que large.

Longueur 15^{mm} à 20^{mm}, largeur 1^{mm} ; 60 segments.

Hab. — Presqu'île de Jalmal (Sibérie).

15. Enchytræus (Neoenchytræus) puteanus.

Enchytræus puteanus, Vejdovsky, 1877.
    Id.   *id.*   Vejdovsky, 1879, p. 54 ; pl. XII, fig. 6 à 12.
    Id.   *id.*   Vejdovsky, 1884, p. 41.

Lobe céphalique petit, conique.

Soies droites, obtuses, d'égale longueur (1), nombreuses, 5 à 7 aux faisceaux supérieurs, 8 à 10 aux inférieurs.

Tube digestif sans dilatation à la partie postérieure de l'œsophage.

Tronc vasculaire dorsal avec des dilatations olivaires, contractiles dans les 7e, 6e et 5e anneaux.

Organe segmentaire en siphon, avec la portion préseptale entourée de glandules brunâtres, la portion postseptale formée d'un lobe ovoïde d'où se dégage antérieurement le canal vecteur libre, contourné et plus long que le lobe.

Ganglion cérébroïde allongé, échancré en avant et en arrière, faiblement en ce dernier point, avec un sillon longitudinal, peu profond, occupant à peu près moitié de la partie postérieure de la face supérieure.

Poches copulatrices en tube simple ; les deux paires en sont

____

(1) D'après le texte, car la figure 7 donnée par M. Vejdovsky les représente inégales, disposées en flûte de Pan.

placées dans les 3e et 4e anneaux s'ouvrant aux IIIe et IVe intersegments.

Longueur 15mm ; 19 à 20 segments.

Hab. — Moravie, dans l'eau d'un puits.

16. Enchytræus (Mesenchytræus) bisetosus.

Enchytræus bisetosus, Levinsen, 1884, p. 233.

Ver de petite taille.

Soies droites, par paire dans chaque faisceau sur toute la longueur du corps.

Corpuscules cavitaires de deux sortes, les uns grands, elliptiques, les autres en bâtonnet, très petits.

Organe segmental à disposition polaire, portion antérieure très développée, de même longueur que la portion glandulaire, de l'extrémité de celle-ci part un tube efférent long et étroit.

Ganglion cérébroïde allongé, presque carrément coupé en arrière.

Poches copulatrices formées d'une petite portion profonde glandulaire arrondie, se continuant en un étroit canal simple, qui reçoit deux diverticulums sphériques.

Longueur 5mm à 10mm.

Hab.—Régions scandinaves, sous la mousse et dans les pots à fleurs.

Cette espèce pourrait bien être identique au 41 *Enchytræus minutus*, Taub.

17. Enchytræus (Mesenchytræus) mirabilis.

Mesenchytræus mirabilis, Eisen, 1879, p. 68.
Enchytræus (Mesenchytræus) mirabilis, Eisen, 1877-1879, p. 13 ; pl. II, fig. 3ᵃ à 3ᵗ ; III, fig. 3ᵘ ; XIII, fig. 25 ; XV, fig. 43 à 45.
        Id.   id.   id.   Vejdovsky, 1884, p. 41.

Corps cylindrique atténué aux deux extrémités (à l'état de contraction).

Soies égales, faiblement courbées, 5 à 7 par faisceau.

Corpuscules cavitaires de grande taille, mais très diversifiés soit par leur aspect, soit par le noyau, leur forme est tantôt circulaire, tantôt très allongée, le noyau peut manquer, être ou central, ou périphérique.

Organe segmental en siphon, avec deux lobes distincts, la portion antérieure aussi longue que l'un d'eux, l'externe plus courte.

Cerveau élargi, profondément échancré en avant, carrément coupé en arrière où il est plus étroit.

Canal déférent 6 à 8 fois plus long que la vésicule, son extrémité au pore efférent paraissant former un organe copulateur. Poches copulatrices à canal vecteur très court ; partie profonde conique, entourée à sa base de quatre à cinq vésicules rondes, dans lesquelles s'accumule le sperme. Ovaires placés autour de l'extrémité terminale du canal déférent.

Longueur 10^{mm} à 15^{mm}, largeur 1^{mm},5 à 2^{mm} ; 64 segments. Couleur blanc de lait, brillant.

Hab. — Rives de Iénisséi (Sibérie).

M. Eisen fait remarquer que sur les trois individus qu'il a disséqués, s'observaient des différences anatomiques considérables. Il signale en particulier la forme des poches copulatrices, la longueur du canal déférent, le nombre des testicules qui varie de une à cinq paires, si le fait se confirme, il rendrait douteuse la légitimité d'un grand nombre d'espèces du genre.

18. ENCHYTRÆUS (MESENCHYTRÆUS) PRIMÆVUS.

Mesenchytræus primævus, Eisen, 1879, p. 68.
Enchytræus (Mesenchytræus) primævus, Eisen, 1877-1879, p. 12 ; pl. I, fig. 1ᵃ à 1ᴸ ; XIII, fig. 24 ; XV, fig. 42.
Id.   id.   id.   Vejdovsky, 1884, p. 41.

Corps fusiforme, plus atténué en arrière qu'en avant, épais comparativement à la longueur (à l'état de contraction).

Soies égales, cylindriques, obtuses aux deux extrémités, légèrement courbées en S ; 5 à 7 par faisceau (1).

Corpuscules cavitaires de formes assez différentes, les uns allongés, réniformes, d'autres orbiculaires, assez volumineux.

Organe segmental en siphon, composé d'un long tube accompagné de trois lobes volumineux dans chacun desquels celui-ci fait une circonvolution, la portion efférente qui sort du dernier de ces lobes, est courte.

Ganglion cérébroïde plus large que long, quadrilatéral, profondément échancré en avant, peu ou pas en arrière.

____

(1) La figure 1ᵈ de la planche I en montre même 8.

Canal efférent en forme de ballon de chimie, la portion tubulaire étant à peine plus longue que la portion sphérique. Poche copulatrice excessivement petite, réservoir en renflement trilobé.

Couleur blanc de lait brillant.

Longueur 10^{mm}, largeur 1^{mm},5 ; 52 segments environ.

Hab. — Nouvelle-Zemble, rives du Iénisséi (Sibérie).

19. Enchytræus (Mesenchytræus) sordidus.

Enchytræus vermicularis, Tauber (pars) 1879, p. 72.
Enchytræus sordidus, Levinsen, 1884, p. 235.

Ver de taille médiocre, tégument remarquablement peu développé.

Soies droites, allongées, 2 à 4, rarement 5 par faisceau.

Tube digestif simple ; glandes salivaires assez grandes, peu contournées ; cellules chloragéniques gris jaunâtre.

Sang incolore. Corpuscules cavitaires assez grands, avec un très petit noyau.

Organe segmental à disposition polaire, la seconde et la troisième portion à peu près de même longueur.

Ganglion cérébroïde présentant au côté dorsal, quatre (plus rarement deux ou trois) taches blanches, disposées en quadrilatère.

Poches copulatrices avec une rosette glandulaire ostiale et un canal vecteur également garni de glandules.

Longueur 10^{mm} à 20^{mm}.

Hab. — Danemarck, dans les égoûts et le fumier.

20. Enchytræus (Mesenchytræus) fucorum.

? *Pachydrilus lacteus*, Claparède.
    Id.   id.   Tauber, 1879, p. 71.
Enchytræus fucorum, Levinsen, 1884, p. 235.

Identique au 19 *Enchytræus sordidus*, Lev., sauf l'épaisseur de la peau, qui est plus grande, et la présence de quatre noyaux distincts dans chaque corpuscule cavitaire.

Hab. — Danemarck, sous des tas de fucus sur le rivage.

Cette espèce, suivant M. Levinsen, est identique au *Pachydrilus lacteus* de M. Tauber, qui ne devrait pas être confondu avec l'espèce du même nom décrite par Claparède (1). En tous cas, le premier de ces auteurs ne fait pas mention des papilles qui recouvrent la peau dans l'espèce des Hébrides.

21. ENCHYTRÆUS (MESENCHYTRÆUS) STRIATUS.

Enchytræus striatus, LEVINSEN, 1884, p. 236.

Ver de forme massive et lourde.

Soies au nombre de 6 à 8, parfois 9, par faisceau à la partie antérieure du corps, les médianes, dans chaque groupe, plus courtes.

Glandes salivaires en tubes déliés, presque filiformes, ramifiées dendritiquement en arrière; pas de renflement gastériforme dans le 7ᵉ anneau, ni de masse glandulaire isolée spéciale dans le 6ᵉ.

Corpuscules cavitaires de deux sortes, les uns grands, de forme ovale, les autres très petits, en bâtonnets courts.

Ganglion cérébroïde sans échancrure postérieure.

Organe segmental (?)

Poches copulatrices en réservoir simple, avec un long canal, n'ayant que deux grosses glandes arrondies, plates près de son orifice.

Couleur d'un gris-vert, résultant de la présence de zones formées de corpuscules chlorophyllins.

Longueur (?)

HAB. — Différentes localités du Danemarck, sous les feuilles humides.

M. Levinsen n'indique pas la disposition de l'appareil segmental, ce qui n'a pas permis d'avoir égard à ce caractère dans le système adopté pour grouper les espèces.

22. ENCHYTRÆUS (MESENCHYTRÆUS) APPENDICULATUS.

Enchytræus appendiculatus, BÜCHHOLZ, 1862, p. 96; pl. IV, fig. 1 à 5;
               V, fig. 8 à 15; VI, fig. 19 et 23.
   Id.   *id.*   LEYDIG, 1865, p. 277.
Enchytræus pellucidus, VEJDOVSKY, 1877.
Enchytræus appendiculatus, VEJDOVSKY, 1879, p. 54; pl. II, fig. 5 à 10.
   Id.   *id.*   VEJDOVSKY, 1883, p. 10 (tirage à part).
   Id.   *id.*   VEJDOVSKY, 1884, p. 41.
   Id.   *id.*   LEVINSEN, 1884, p. 233.

____

(1) Voir 39 *Enchytræus lacteus*, Clap.

Corps allongé, filiforme; lobe céphalique en triangle équilatéral.

Soies d'égale longueur, faiblement mais sensiblement courbées en S, sans crochet à la base ; au nombre de 3 à 4 par faisceau.

Glandes salivaires lobées, courtes.

Appareil des vaisseaux clos présentant à son origine, au point où l'œsophage se jette dans le gastro-intestin, un lacis de nombreux petits ramuscules englobés dans une masse glandulaire volumineuse (diverticulum gastrique de Buchholz). Corpuscules cavitaires ovalaires, allongés, de deux dimensions très différentes, le diamètre longitudinal des uns pouvant être triple de celui des autres.

Organe segmental à disposition polaire, divisé par le dissépiment en deux corps ovoïdes, dont le postérieur (portion glanduleuse) n'est que très peu plus long que l'antérieur.

Ganglion cérébroïde plus long que large, quadrilatère, à bord postérieur très légèrement convexe, fortement échancré en avant.

Ceinture au 7ᵉ anneau. Orifice sexuel au 6ᵉ. Spermathèques à leur place habituelle dans le 4ᵉ anneau, ayant la forme d'un tube étroit, renflé en son milieu.

Longueur ne dépassant pas un 10ᵐᵐ, diamètre 0ᵐᵐ,2 à 0ᵐᵐ,3 ; 30 à 35 segments.

Hab. — Allemagne, Bohême, dans la terre humide et sous la mousse.

Cette espèce, l'une des premières bien caractérisée du genre, est remarquable par la présence de cette sorte de masse vasculo-glandulaire, placée à l'origine du vaisseau dorsal, et la position du clitellum que Buchholz a pu reconnaître ; M. Vejdovsky n'a pas eu l'occasion d'observer d'individus à l'état de maturité sexuelle.

La forme du ganglion cérébroïde devrait à la rigueur faire placer cette espèce dans la section des *Neoenchytræus*.

23. Enchytræus (Mesenchytræus) falciformis.

Mesenchytræus falciformis, Eisen, 1879, p. 68.
Enchytræus (Mesenchytræus) falciformis, Eisen, 1877-1879, p. 14 ; pl. I, fig. 2ᵃ à 2ᵇ ; XIII, fig. 26 ; XVI, fig. 46.

    Id.   *id.*   *id.*   Vejdovsky, 1884, p. 41.

De petite taille, cylindrique sur presque toute sa longueur; lobe céphalique arrondi.

Soies égales, courbées, au nombre de 5 à 6 par faisceau.

Corpuscules cavitaires très petits, opaques, ovales ou circulaires.

Organe segmental en siphon avec un seul lobe, les extrémités libres interne et externe courtes, à peu près d'égales longueurs.

Cerveau presque en carré parfait, faiblement échancré en avant.

Une seule paire de testicules dans le 10e anneau, remontant dans le 9e. Canal déférent six fois plus long que la portion renflée profonde, avec un organe hélicoïde particulier à l'union de ces deux parties. Poche copulatrice en tube étroit, simple. Six paires d'ovaires du 11e au 16e anneau.

Couleur blanc de lait, brillant.

Longueur 4^{mm} à 5^{mm}, largeur 0^{mm},3 ; 50 segments.

Hab. — Nouvelle-Zemble.

Ce nombre des ovaires, tout à fait remarquable, n'est signalé dans aucune autre espèce du genre.

24. Enchytræus (Archienchytræus) ochraceus.

Archienchytræus ochraceus, Eisen, 1879, p. 71.
Enchytræus (Archienchytræus) ochraceus, Eisen, 1877-1879, p. 20; pl. V,
fig. 9ª à 9ʰ ; XIII, f. 32 ; XV,
f. 51.

   Id.   *id.*   *id.*   Vejdovsky, 1884, p. 41.

Corps à anneaux bien distincts.

Lobe céphalique à peu près de même longueur que le premier anneau ; segment pygidien très étroit, mesurant les deux tiers à peine de l'avant-dernier anneau, celui-ci plus petit lui-même que les précédents.

Soies locomotrices un peu courbes, au nombre de 5 à 6 par faisceau, les médianes légèrement plus courtes.

Corpuscules cavitaires volumineux, arrondis, vus de côté lancéolés, noyau petit, nucléolaire.

Organe segmental à disposition polaire, sa portion interne plus courte et un peu plus large que l'externe, non appliquée sur le lobe glandulaire, qui est ovoïde, de même longueur à peu près que cette dernière.

<table><tr><td>*Annelés.* Tome III.</td><td style="text-align:right">18</td></tr></table>

Ganglion cérébroïde de forme carrée, sensiblement échancré en avant et en arrière.

Entonnoir vibratile du canal déférent volumineux, replié un peu en hélice; tube vecteur très fin, formant de nombreuses circonvolutions; prostate médiocre, sphérique. Poche copulatrice formée d'un tube et d'un réservoir allongé, d'un diamètre au moins triple de celui-là à son origine, s'atténuant vers le fond, sa longueur est supérieure à celle du tube vecteur, il est recourbé, plus ou moins fortement repliée sur soi-même.

Longueur 15^{mm}, largeur 1^{mm}; 52 segments.

Hab. — Cap Grebenij (Nouvelle-Zemble) et île Waigatsch.

25. Enchytræus (Archienchytræus) nasutus.

Archienchytræus nasutus, Eisen, 1879, p. 72.
Enchytræus (Archienchytræus) nasutus, Eisen, 1877–1879, p. 20; pl. VI, fig. 10ª à 10ʰ; XIV, f. 41; XVI, fig. 66.
Id.   id.   id.   Vejdovsky, 1884, p. 41.

Ver de grande taille pour le groupe, à anneaux très distincts; corps cylindrique, appointi en avant, plus brusquement atténué en arrière; lobe céphalique conique relativement allongé, étroit.

Soies obtuses et légèrement courbées à l'extrémité interne, 5 à 7 par faisceau, les mitoyennes dans chacun d'eux plus courtes.

Corpuscules cavitaires non libres, mais formant une couche pariétale, épaisse, surtout à la partie antérieure.

Organe segmental à disposition polaire, la portion interne élargie, égale au lobe, sur lequel elle est appliquée, portion externe plus étroite, d'une longueur notablement plus grande.

Ganglion cérébroïde élargi, plutôt rétréci en arrière, où il est arrondi, très faiblement échancré, il l'est davantage antérieurement.

Canal déférent avec un entonnoir vibratile volumineux, contourné en cornemuse, muni, dans la portion dilatée, d'un appareil vibratile supplémentaire formant un anneau presque complet autour de celle-ci; tube efférent très long à circonvolutions nombreuses; prostate arrondie, beaucoup plus petite que l'entonnoir. Poche copulatrice formée d'un tube vecteur, médiocrement long à canal étroit, auquel fait suite une poche composée d'une portion élargie et d'une portion plus étroite, terminée en cul-de-sac, les trois parties étant d'égales longueurs.

Longueur 25^{mm}, largeur 2^{mm}; 56 segments.

HAB. — Vallée du Iénisséi, depuis le 72e jusqu'au 60e degré de latitude.

M. Eisen avait d'abord regardé comme de nature glandulaire des appendices allongés, qui se voyaient à l'extrémité terminale des poches copulatrices, mais il pense, dans son dernier travail, que ce sont plutôt des vaisseaux brisés ayant pris un aspect spécial sous l'influence de l'acide osmique ou du chlorure d'or. C'est un exemple de la difficulté de semblables études sur des animaux conservés et altérés par l'action des réactifs. Sur cet *E. nasutus* l'absence de corpuscules cavitaires, remplacés par une couche pariétale, ne peut-elle être attribuée à la même cause comme chez le 12 *E. callosus*, Eis. ?

26. ENCHYTRÆUS (ARCHIENCHYTRÆUS) AFFINIS.

Archienchytræus affinis, EISEN, 1879, p. 72.
Enchytræus (Archienchytræus) affinis, EISEN, 1877-1879, p. 21 ; pl. VI, fig.
11ᵃ à 11ᵍ; XV, fig. 52.
    Id.   id.   id. VEJDOVSKY, 1884, p. 41.

Ver d'assez forte taille, à anneaux nettement accusés.
Soies plutôt étroites, 4 à 5 par faisceau, sensiblement égales.
Pas de corpuscules cavitaires.
Organes segmentaires identiques à ceux du 25 *Enchytræus nasutus*, Eis.
Ganglion cérébroïde plus long que large, concave en avant, dilaté en arrière, où il est très faiblement échancré.
Entonnoir vibratile du canal déférent contourné en tire-bouchon, ce canal et la prostate comme dans l'espèce déjà citée. Poche copulatrice composée d'un tube et d'un réservoir tantôt cylindrique, tantôt conique, tous deux de même longueur.
Longueur 15^{mm}, largeur 1^{mm}; 54 segments.

HAB. — Baie Dikson à l'embouchure du Iénisséi et un peu plus haut à Schaitanskoj sur le cours de ce même fleuve.

Sauf par la forme du cerveau, cette espèce ne se distingue guère du 25 *E. nasutus* suivant la remarque de M. Eisen lui-même.

27. ENCHYTRÆUS (ARCHIENCHYTRÆUS) VERMICULARIS.

(Pl. XXII, fig. 10 et 11.)

Lumbricus vermicularis, MULLER, 1773-1774, p. 26.
    Id.   *id.*   FABRICIUS, 1780, p. 277.
    Id.   *id.*   SAVIGNY, 1820, p. 104.
? *Tubifex pallidus*, DUGÈS, 1837, p. 32.
Enchytræus vermicularis, HOFFMEISTER, 1842, p. 17; pl. I, fig. 22 et 29.
    Id.   *id.*   HOFFMEISTER, 1843, p. 193.
    Id.   *id.*   GRUBE, 1851, p. 103 et 146.
    Id.   *id.*   UDEKEM, 1854, p. 856, fig. 2.
    Id.   *id.*   UDEKEM, 1855, p. 547.
    Id.   *id.*   UDEKEM, 1859, p. 15.
    Id.   *id.*   BUCHHOLZ, 1862, p. 96; pl. V, fig. 7, 17 et 18;
                        VI, fig. 20 et 22.
    Id.   *id.*   JOHNSTON, 1865, p. 63.
    Id.   *id.*   RATZEL, 1868, p. 99; pl. VI, fig. 1ᵃ et 1b; VII,
                        fig. 1 à 4.
    Id.   *id.*   VEJDOVSKY, 1875.
Enchytræus humicultor, VEJDOVSKY, 1879, p. 57; pl. V, fig. 1 à 11.
Enchytræus vermicularis, TAUBER, 1879, p. 72.
    Id.   *id.*   CZERNIAVSKY, 1880, p. 323.
Enchytræus humicultor, VEJDOVSKY, 1882, p. 51.
    Id.   *id.*   VEJDOVSKY, 1883, p. 11 (tirage à part).
    Id.   *id.*   VEJDOVSKY, 1884, p. 41.

Corps légèrement transparent; lobe céphalique un peu plus long que la portion buccale de l'anneau.

Soies courtes, droites, sauf à l'extrémité interne où elles sont légèrement recourbées; le plus souvent au nombre de 4 dans chaque faisceau, toutes égales, ce nombre peut varier d'une en plus ou en moins.

Glandes salivaires non ramifiées, constituées par un tube sinueux avec une épaisse paroi glandulaire.

Dans les 15ᵉ, 14ᵉ et 13ᵉ segments, le système des vaisseaux clos présente des dilatations ampullaires, contractiles. Corpuscules cavitaires, de grosseurs variables mais petits, allongés en massue, un peu appointis à l'une des extrémités.

Organe segmental à disposition polaire, avec un entonnoir vibratile très petit, se continuant en un tube étroit, replié plusieurs fois et englobé dans la masse glandulaire, volumineuse, piriforme, à laquelle fait suite un tube vecteur court, gros.

Ganglion cérébroïde un peu plus long que large, faiblement dilaté et échancré en arrière, un peu convexe en avant.

Cellules hypodermiques disposées en lignes parallèles autour du corps.

Ceinture fortement papilleuse sur les individus à l'état de maturité. Le canal déférent est pourvu d'un entonnoir vibratile cylindrique, remarquablement allongé. Poche copulatrice en forme de sac simple, plus long que large, le canal vecteur, à parois épaisses, débouche à l'extérieur par un orifice entouré de glandes formant rosette. Orifice femelle, largement fendu.

Couleur grisâtre.

Longueur 15^{mm} à 20^{mm}; 57 à 60 segments.

Hab. — Bohême, Allemagne, eaux des fumiers, puits.

Cette espèce, bien que n'ayant été convenablement caractérisée que dans ces derniers temps, est celle qui, suivant les règles de la nomenclature doit, je crois, porter le nom primitif imposé par Müller. Il est certain que cet auteur et les suivants, y compris Johnston, l'ont très incomplètement déterminée. Udekem, il est vrai, a donné quelques caractères plus positifs, tels que la disposition des soies, mais ces distinctions extérieures insuffisantes pour distinguer les espèces telles qu'on les définit aujourd'hui, peuvent faire regarder comme probable, qu'il en réunissait plusieurs sous cette dénomination. Aussi l'énumération faite de tous ces auteurs dans la synonymie donnée plus haut doit-elle être considérée comme destinée à faire connaître l'historique de la question et non comme s'appliquant d'une manière positive à l'espèce même.

M. Ratzel est réellement le premier qui, sous la dénomination Mullérienne, ait exposé scientifiquement, d'après les données actuelles, les caractères de cet *Enchytræus*, mais lui-même confond plusieurs types parmi lesquels il est facile de reconnaître les 29 *Enchytræus lobifer*, Vejd., et 1 *Enchytræus galba*, Hoffm., surtout d'après les figures données des poches copulatrices, dont il considère les différentes formes comme les degrés de développement du même organe dans cette espèce, tandis que M. Vejdovsky les regarde comme caractéristiques d'espèces différentes. Le reste de la description, surtout la disposition du cerveau, celle de la poche copulatrice (abstraction faite de deux formes spéciales se rapportant aux espèces ci-dessus citées) conviennent bien à l'espèce décrite par M. Vejdovsky sous le nom d'*Enchytræus humicultor* et étudiée par lui avec grands détails, on devrait donc regarder ce dernier comme représentant le véritable *Enchytræus vermicularis*, Müller.

D'après ce qui vient d'être exposé, cette dénomination, en effet, s'applique à l'une des trois espèces ci-dessus énoncées, *Enchytræus lobifer*, Vejd., *E. humicultor*, Vejd., *Enchytræus galba*, Hoffm. Ce dernier doit être mis hors de cause pour cette double raison, qu'il avait dès 1854 été convenablement déterminé par Ukedem, et en second lieu que les points les plus importants de la description de M. Ratzel ne peuvent lui convenir, ainsi la forme du ganglion cérébroïde, le 1 *Enchytræus galba* Hoffm. appartenant, on l'a vu, au groupe des *Neo-enchytræus*.

On peut hésiter entre les deux autres, car si d'une part, sur la planche VII du travail précité les figures 1 à 4 doivent être regardées comme représentant l'aspect de la poche copulatrice de l'*Enchytræus humicultor*, Vejd., la fig. 5 par contre donne d'une manière non moins claire la forme de ce même organe sur le 29 *Enchytræus lobifer*, Vejd. et, de plus, c'est à celui-ci que conviennent seulement les fig. 10 et 11 représentant les glandes salivaires. Aussi, est-ce à cette dernière espèce qu'on aurait pu attribuer le nom en litige, si le texte ne se rapportait pas évidemment davantage à l'*Enchytræus humicultor* puisqu'il n'est question de la fig. 5, point le plus essentiel, que dans l'explication des planches.

En résumé, il y a peut-être doute sur le choix à faire entre ces deux espèces, mais, dans un cas semblable, une décision même arbitraire est préférable à l'incertitude laissée par une nouvelle dénomination. Au reste cette opinion est celle qu'adopte implicitement M. Vejdovsky, car c'est à l'*Enchytræus humicultor* qu'il laisse, sans restriction, la synonymie d'*Enchytræus vermicularis*, Ratzel.

28. ENCHYTRÆUS (ARCHIENCHYTRÆUS) DANICUS.

Enchytræus albidus (pars) HENLE.
Enchytræus affinis, LEVINSEN, 1884, p. 234.

Corps médiocrement long ; tégument avec de nombreux corpuscules chlorophyllins.

Soies au nombre de 2 à 4, parfois 5, par faisceau, droites, allongées.

Glandes salivaires constituées par deux longs canaux simples, sinueux. Intestin étroit, les corpuscules chloragéniques d'un vert-jaune, faiblement granuleux. Pas de renflement gastériforme dans le 7e anneau, ni de masse glandulaire isolée, spéciale dans le 6e.

Sang jaune. Corpuscules cavitaires d'une seule sorte.

Organe segmental à disposition polaire, les portions glandulaire et externe à peu près de même longueur.

Ganglion cérébroïde plus ou moins fortement échancré en arrière.

Longueur 6^{mm} à 8^{mm}.

HAB. — Danemarck, dans le fumier.

Ce ver ne peut pas être confondu avec le 26 *Enchytræus affinis*, Eis. qui, par droit de priorité, conserve l'épithète spécifique. Régulièrement il devrait porter le nom d'*Enchytryæus Levinseni*, mais déjà ce nom a été appliqué à une autre espèce (1).

29. ENCHYTRÆUS (ARCHIENCHYTRÆUS) LOBIFER.

Enchytræus vermicularis (pars) RATZEL, 1868, pl. VII, fig. 5, 10 et 11.
Enchytræus lobifer, VEJDOVSKY, 1879, p. 57; pl. IX, fig. 1 à 8.
    Id.   *id.*   VEJDOVSKY, 1883, p. 11 (tirage à part).
    Id.   *id.*   VEJDOVSKY, 1884, p. 41.

Corps cylindrique, transparent, brillant; lobe céphalique court, pointu, le pore céphalique est particulièrement bien distinct, placé dans un petit enfoncement naviculaire.

Soies droites, sauf à l'extrémité interne, qui est un peu crochue, au nombre de 4 au faisceau dorsal et 6 au faisceau ventral, les intérieures plus courtes dans chaque groupe ; à la partie postérieure du corps, on ne trouve souvent que 2 soies par faisceau.

Glandes salivaires ramifiées, dendriformes, volumineuses, s'étendant jusqu'au 5e anneau.

Corpuscules cavitaires?

Organe segmentaire en siphon avec la portion antéseptale courte, continuée dans un lobe ovoïde, allongé, de la partie antérieure duquel part le tube terminal, un peu plus long que le lobe lui-même.

Ganglion céphalique allongé, faiblement concave en arrière, l'extrémité antérieure en angle saillant.

Cellules hypodermiques de la ceinture, vues de face, irrégulièrement polyédriques, disposées sans ordre apparent.

(1) Voir 32 *Enchytræus Levinsenii,* Eis.

Poche copulatrice à sa partie profonde formant un cône, dont la base est entourée de cinq à six lobes aplatis, festonnés à leur bord libre, de là, sort le tube vecteur, long, à parois épaisses. Les spermatozoïdes s'accumulent à la base du cône, sans pénétrer ni dans celui-ci, ni dans les lobes.

Couleur blanchâtre.

Longueur 15^{mm} à 20^{mm}, largeur 0^{mm},5 à 0^{mm},7 ; 55 à 60 segments.

Hab. — Allemagne, Bohême, dans les terrains sablonneux.

Cette espèce est certainement l'une de celles qu'a étudiées M. Ratzel sous le nom d'*Enchytræus vermicularis*, Müll.; il figure très nettement la poche copulatrice, mais il n'en est pas question dans le texte, aussi ne peut-on la choisir pour représenter le type Mullérien, comme cela a déjà été dit (voir p. 278).

Plus haut j'ai fait remarquer que cette espèce était très voisine du 9 *Enchytræus Ratzelii*, Eis. on peut en juger en comparant les descriptions ; la différence dans la forme du ganglion cérébroïde est le seul caractère qu'on puisse invoquer, encore est-il douteux. En effet, d'après la figure donnée par M. Vejdovsky, si la masse nerveuse cérébroïde est bien en effet un peu concave en arrière, son enveloppe donne à l'ensemble une forme convexe. Sur les individus étudiés non à l'état frais, mais après immersion dans les liquides conservateurs, l'erreur serait facile, d'autant que la concavité est faible suivant M. Vejdovsky et la convexité peu accusée d'après M. Eisen.

Je crois qu'il conviendra de réunir ces deux espèces sous le nom d'*Enchytræus Ratzelii*, Eis. qui a l'antériorité.

30. Enchytræus (Archienchytræus) Moebii.

Archenchytræus Möbii, Michaelsen, 1885, p. 237.

Soies presque droites, légèrement courbées à l'extrémité, au nombre de 3 à 5 par faisceau.

Corpuscules cavitaires ovales ou piriformes, aplatis.

Organe segmentaire en siphon, portion interne petite en cornet, lobe glandulaire massif, aplati, ovale, large, à grosse extrémité antérieure ; la portion efférente est formée d'un tube de moyenne longueur.

Ganglion cérébroïde plus large que long, faiblement échancré en arrière.

Entonnoir vibratile du canal déférent cylindrique, quatre fois aussi long que large; tube vecteur pelotonné. Poches copulatrices brusquement dilatées en leur milieu, se rétrécissant de nouveau vers leur extrémité; elles présentent en leur partie moyenne deux faibles diverticulums.

Couleur blanc laiteux.

Longueur 20^{mm} à 35^{mm}; 61 segments environ.

Hab. — Baie de Kiel, sous des herbes marines déposées sur la plage.

Dans la note préliminaire à laquelle est empruntée cette description, M. Michaelsen signale chez ce ver un véritable oviducte consistant en deux enfoncements infundibuliformes du XIIe dissépiment, lesquels débouchent au dehors à la face ventrale du 12e anneau. Un fait encore plus anomal et qui demande confirmation serait, au moment de la maturité sexuelle, la communication directe des poches copulatrices avec l'appareil digestif et la présence de spermatozoïdes dans le canal intestinal.

31. Enchytræus (Archienchytræus) albidus.

Enchytræus albidus, Henle, 1837, p. 74, pl. VI.
Enchytræus ventriculosus, Udekem, 1854, p. 853; fig. 1, 4 à 9.
    Id.   *id.*   Udekem, 1855, p. 547.
    Id.   *id.*   Udekem, 1859, p. 16.
    Id.   *id.*   Leydig, 1862, p. 94.
    Id.   *id.*   Buchholz, 1862, p. 97.
Enchytræus latus, Leydig, 1864, p. 174; pl. IV, fig. 2.
Enchytræus vermicularis (pars), Ratzel, 1868, p. 99.
Enchytræus latus, Ratzel, 1868, p. 588.
Enchytræus ventriculosus, Vejdovsky, 1877.
    Id.   *id.*   Vejdovsky, 1879, p. 55; pl. VI, fig. 1 à 13.
    Id.   *id.*   Tauber, 1879, p. 72.
? *Enchytræus albidus*, Tauber, 1879, p. 72.
?   *Id.*   *id.*   Czerniavsky, 1880, p. 323.
Enchytræus ventriculosus, Vejdovsky, 1883, p. 10 (tirage à part).
    Id.   *id.*   Vejdovsky, 1884, p. 41.
    Id.   *id.*   Levinsen, 1884, p. 234.

Corps plus ou moins transparent, suivant l'habitat aquatique ou terrestre des individus. Lobe céphalique arrondi, obtus; anneaux allongés.

Soies droites ou légèrement courbées, égales, au nombre de 5 à 9 dans chaque faisceau.

Tube digestif présentant un renflement sensible, sphérique avant le gastro-intestin. Ce n'est pas à proprement parler une dilatation, car le renflement est dû à l'épaississement des parois renforcées de glandes, différant par l'aspect de celles qui couvrent les parois intestinales, et le calibre n'est pas sensiblement augmenté.

A son origine, au point d'émergence du sinus péri-intestinal, le vaisseau dorsal présente trois dilatations contractiles, placées respectivement dans les 8°, 7° et 6° anneau; tout à fait en avant trois anastomoses dorso-ventrales se rendent du tronc dorsal aux deux branches latérales, qui par leur union forment le tronc ventral. Corpuscules cavitaires égaux, ovoïdes, allongés.

Organe segmentaire en siphon avec un lobe glanduleux dans lequel se replie le tube efférent, les portions libres interne et externe à peu près de même longueur, peu développées.

Ganglion cérébroïde allongé, renflé en arrière, nettement échancré au bord postérieur, et en avant.

Cellules hypodermiques de la ceinture, irrégulièrement polyédriques, disposées sans ordre apparent. Canal déférent étroit, très long, faisant suite à un entonnoir vibratile large, au point d'émergence se voit un amas prostatique, composé d'une multitude de glandes unicellulaires. Poche copulatrice simple, en sorte de vase à long col, le réservoir, conique, est très peu plus long que le tube vecteur.

Couleur jaunâtre.

Longueur 15^{mm}; 37 à 47 segments.

Hab. — Presque toute l'Europe, sous la mousse, dans la terre ou le sable humides, dans l'eau.

32. Enchytræus (Archienchytræus) Levinsenii.

Archienchytræus Levinsenii, Eisen, 1879, p. 69.
Enchytræus (Archienchytræus) Levinsenii, Eisen, 1877-1879, p. 16; pl. III,
                               fig. 4ª à 4ʰ; XIII, fig. 27;
                               XV, fig. 47.
     Id.   *id.*   *id.*   Vejdovsky, 1884, p. 41.

Corps cylindrique peu atténué aux deux extrémités; lobe céphalique plutôt allongé, dépassant, comme longueur, le premier anneau; segment pygidien plus large que long.

Soies très légèrement courbées sur la longueur, au nombre de 6 à 7 par faisceau, disposées en éventail, les médianes peut-être un peu plus courtes.

Organe segmentaire en siphon, avec un seul lobe, la portion interne, qui y aboutit, est beaucoup plus courte que lui, la portion efférente est au moins aussi longue.

Ganglion cérébroïde élargi postérieurement, échancré en avant et plus fortement en arrière.

Testicules petits, transversaux. Entonnoir vibratile du canal déférent renflé, un peu allongé; tube vecteur étroit formant de nombreuses circonvolutions, une prostate (pénis, Eisen) volumineuse sphérique. Poche copulatrice en forme de tube simple, quatorze fois plus long que large.

Couleur blanc pâle ou laiteux.

Longueur 8^{mm}, largeur 0^{mm},5; environ 50 segments.

Hab. — Dans le sud de la Sibérie, haut Iénisséi.

M. Eisen n'a pas trouvé de corpuscules cavitaires et pense qu'ils sont suppléés par une couche spéciale, vitreuse, aréolaire, qui revêt la face interne de la paroi somatique (voir p. 275 : 25 *E. nasutus*).

33. Enchytræus (Archienchytræus) tenellus.

Archienchytræus tenellus, Eisen, 1879, p. 70.
Enchytræus (Archienchytræus) tenellus, Eisen, 1877-1879, p. 17; pl. III,
        fig. 5ª à 5ᵏ; XIII, fig. 28; XV,
        fig. 48.
 Id.   id.   id. var. *elongatus*, Eisen, 1877-1879;
        pl. IV, fig. 5ᵐ et 5º.
 Id.   id.   id. Vejdovsky, 1884, p. 41.

Corps arrondi, plus atténué en arrière qu'en avant, à anneaux mal limités. Lobe céphalique plus long que le 1er anneau; segment pygidien élargi en arrière, où son diamètre dépasse celui de l'anneau précédent.

Soies locomotrices droites, un peu renflées à l'extrémité adhérente, au nombre de 4 ou 5 par faisceau, les intérieures très peu plus courtes.

Corpuscules cavitaires énormes, arrondis ou ovoïdes, et, vus de côté, en croissant, avec un noyau volumineux. Organe segmentaire en siphon, sa portion interne notablement plus courte que le lobe, portion externe de la longueur de celui-ci.

Ganglion cérébroïde élargi en arrière, nettement échancré aux deux extrémités antérieure et postérieure.

Ceinture bien distincte. Testicules développés étendus du 8e au 10e anneau, entonnoir vibratile du canal déférent volumineux, courbé en cornemuse; celui-ci allongé, étroit, formant de nombreuses circonvolutions, avec une grosse glande prostatique autour de la portion terminale. Poche copulatrice en tube simple, environ huit fois plus long que large, atténué à l'extrémité.

Couleur d'un beau jaune en avant de la ceinture, vert sombre en arrière.

Longueur 8^{mm} à 10^{mm}, largeur 0^{mm},5; 50 segments.

Hab. — Vallée du Iénisséi, Sibérie.

M. Eisen a rencontré en Norwège, à Tromsö, des *Enchytræus* un peu plus allongés que ceux-ci, il les considère comme une simple variété. Les poches copulatrices sont plus allongées et repliées, le ganglion cérébroïde est proportionnellement plus étroit en avant.

Ce zoologiste n'a pas observé dans cette espèce la couche vitreuse signalée chez le 32 *Enchytræus Levinsenii* Eis. Il signale de petits corps glandulaires près de l'orifice externe des poches copulatrices.

34. Enchytræus (Archienchytræus) lampas.

Archienchytræus lampas, Eisen, 1879, p. 70.
Enchytræus (Archienchytræus) lampas, Eisen, 1877-1879, p. 18; pl. IV,
fig. 6a à 6e; XIII, fig. 29; XV,
fig. 49 et 50.
Id.   *id.*   *id.*   Vejdovsky, 1884, p. 41.

Corps arrondi, à peu près d'égal diamètre sur toute sa longueur, anneaux mal limités.

Soies au nombre de 2 à 4 par faisceau, les internes dans chacun d'eux un peu plus courtes que les externes.

Corpuscules cavitaires volumineux, arrondis ou ovalaires, et, vus de côté, fusiformes, noyau petit.

Organe segmentaire en siphon, la portion interne remarquablement grosse, un peu plus courte que le lobe, lequel est de même dimension que la portion externe.

Ganglion cérébroïde allongé, peu élargi en arrière, les échancrures antérieure et postérieure peu profondes.

Testicule occupant les 9ᵉ et 10ᵉ anneaux. Entonnoir vibratile du canal déférent et glande prostatique volumineux, à peu près de même grosseur, tube vecteur étroit, contourné. Poche copulatrice composée d'un tube étroit, médiocrement allongé, à son extrémité se trouve un sac plus large, à parois minces, sans trace de cellules glandulaires, il se replie sur le tube, c'est dans son intérieur que s'accumulent les spermatozoïdes.

Longueur 8ᵐᵐ, largeur 0ᵐᵐ,5 ; 46 segments.

Hab. — Vallée du Iénisséi (Sibérie).

35. Enchytræus (Archienchytræus) Dicksonii.

Archienchytræus Dicksonii, Eisen, 1879, p. 70.
Enchytræus (Archienchytræus) Dicksonii, Eisen, 1877-1879, p. 18 ; pl. IV,
                                    fig. 7ᵃ à 7ʰ ; XIII, fig. 30 ; XV,
                                    fig. 53.
   Id.   *id.*   *id.*   Vejdovsky, 1884, p. 41.

Corps relativement épais, cylindrique, atténué brusquement à ses deux extrémités, annélations bien distinctes ; lobe céphalique élargi, arrondi, joint au segment buccal ces deux parties sont plus longues que les 1ᵉʳ et 2ᵉ anneaux réunis.

Soies légèrement courbées en S ; 5 à 6 par faisceau, sensiblement égales.

Corpuscules cavitaires, à leur entier développement en forme de cercles ; de grosseur médiocre, avec un noyau nucléolé.

Organe segmentaire en siphon, sa portion profonde plus courte que le lobe glandulaire, portion externe double de celui-ci.

Ganglion cérébroïde allongé, d'un tiers plus long que large, peu dilaté en arrière, fortement échancré en avant et à peine au bord postérieur.

Canal déférent à entonnoir vibratile allongé, trois fois aussi long que large ; tube vecteur étroit, très long, contourné en écheveau ; une prostate sphérique volumineuse. Poche copulatrice formée d'un tube, terminé par un réservoir moitié moins long, dilaté, piriforme ; l'ensemble est plus ou moins replié, contourné.

Couleur jaune sombre aux parties antérieures, les postérieures étant plus laiteuses.

Longueur 15^{mm}, épaisseur 1^{mm} ; 52 segments.

HAB. — Nouvelle-Zemble.

36. ENCHYTRÆUS (ARCHIENCHYTRÆUS) GEMMATUS.

Archienchytræus gemmatus, EISEN, 1879, p. 71.
Enchytræus (Archienchytræus) gemmatus, EISEN, 1877-1879, p. 19 ; pl. V,
fig. 8^a à 8^k ; XIII, fig. 31.
Id.   *id.*   *id*   VEJDOVSKY, 1884, p. 41.

Corps cylindrique brusquement atténué aux deux extrémités, anneaux bien distincts.

Soies droites faiblement renflées à l'extrémité adhérente, 5 à 6 par faisceau, les moyennes dans chacun de ceux-ci très peu plus courtes.

Corpuscules cavitaires arrondis et, vus de côté, fusiformes ; noyau nucléolé, médiocre.

Organe segmentaire en siphon, sa portion interne remarquablement grosse, plus de moitié plus large que le lobe glandulaire, un peu moins longue que celui-ci, portion externe de dimension ordinaire comme diamètre, plus longue que le lobe.

Ganglion cérébroïde à peu près carré, très légèrement concave en avant et en arrière.

Canal déférent avec un entonnoir vibratile volumineux, contourné en hélice ; une prostate sphérique également assez développée.

Poche copulatrice formée d'un tube efférent et d'un réservoir terminal ovoïde, d'à peu près même longueur.

Longueur 16^{mm}, largeur 1^{mm} ; 52 segments.

HAB. — Jugor Scharr (Nouvelle-Zemble).

37. ENCHYTRÆUS (ARCHIENCHYTRÆUS) NERVOSUS.

Archienchytræus nervosus, EISEN, 1879, p. 73.
Enchytræus (Archienchytræus) nervosus, EISEN, 1877-1879, p. 23 ; pl. VIII,
fig. 16^a à 16^g.
Id.   *id.*   *id.*   VEJDOVSKY, 1884, p. 41.

Lobe céphalique conique.

Soies courbes, 4 à 6 dans chaque faisceau, égales.

Ganglion cérébroïde très grand, médiocrement allongé, dilaté en arrière, fortement échancré aux deux extrémités.

Entonnoir vibratile du canal déférent allongé, tube vecteur étroit, prostate petite avec un prolongement unciforme (? pénis). Poche copulatrice formée d'un tube et d'un réservoir amples, le premier remarquablement court, un tiers environ de la longueur du réservoir.

Couleur blanc opaque.

Longueur 15^{mm}, largeur 1^{mm}.

Hab. — Au nord du cap Gusinnoj (Nouvelle-Zemble).

M. Eisen donne encore comme caractère à cette espèce, imparfaitement étudiée par suite de la perte des exemplaires, de présenter, sur le trajet de la chaîne nerveuse ventrale, des renflements ganglionnaires énormes, très disproportionnés avec ce qu'on connaît dans tous les autres *Enchytræus*. Ces renflements, représentés dans les figures 16^c et 16^d du mémoire de cet auteur sont remarquablement irréguliers et l'on pourrait, peut-être, croire qu'il s'agit là d'une altération due à l'action des réactifs, qui auraient agglutiné les corpuscules cavitaires en ces points. Un nouvel examen sur des individus en bon état serait nécessaire pour juger définitivement cette question.

38. ENCHYTRÆUS ? SPICULUS.

Enchytræus spiculus, FREY et LEUCKART, 1847, p. 150.
    Id.   *id.*   GRUBE, 1851, p. 103 et 146.
    Id.   *id.*   UDEKEM, 1854, p. 854.
    Id.   *id.*   UDEKEM, 1855, p. 548.
    Id.   *id.*   UDEKEM, 1859, p. 16.
? *Enchytræus Pagenstecheri*, EISEN, 1872–1873, p. 122.
Enchytræus spiculus, TAUBER, 1879, p. 73.
    Id.   *id.*   VEJDOVSKY, 1879, p. 6.
    Id.   *id.*   VEJDOVSKY, 1884, p. 41.

Lobe céphalique arrondi, égal à l'anneau buccal ou très peu plus long que lui.

Soies au nombre de 5 par faisceau en avant, de 3 en arrière.

Couleur d'un blanc sale.

Longueur 11^{mm} ; 30 anneaux environ.

Hab. — Helgoland, sur la plage sous des plantes marines en décomposition.

M. Eisen, dans un de ses travaux, a rapporté cette espèce à l'*Enchytræus Pagenstecheri* Ratzel (= 6 *Pachydrilus Pagenstecheri*). On peut faire observer contre cette assimilation que chez ce dernier ver le nombre des soies est habituellement beaucoup plus considérable par faisceau, et que le type a été trouvé dans les eaux douces.

39. ENCHYTRÆUS ? LACTEUS.

Pachydrilus lacteus, CLAPARÈDE, 1861, p. 85.
    Id.   *id.*   VEJDOVSKY, 1879, p. 8.
Enchytræus lacteus, VEJDOVSKY, 1884, p. 40 (note) et 41.

Soies rectilignes, à l'exception de l'extrémité interne, qui est recourbée de manière à former un petit crochet.

Sang incolore.

Organes segmentaires très librement suspendus dans la cavité périviscérale.

Peau recouverte de petites papilles aplaties, légèrement opaques, disposées en rangées transversales et munies chacune d'un noyau diaphane.

D'un blanc de lait.

Longueur 25^{mm} à 27^{mm} ; 67 segments environ.

Hab. — Hébrides, dans des fentes de rocher, zones littorales assez profondes.

L'auteur ajoute que les glandes salivaires sont peu développées, ne dépassant pas le 4e anneau, et que la teinte blanche de l'animal vient surtout de la faible coloration des cellules hépatiques. La présence des papilles tégumentaires rapproche cette espèce du 3 *Pachydrilus verrucosus*, mais ces organes sont plus visibles chez ce dernier.

M. Vejdovsky place ce ver parmi les *Enchytræus*. Bien que la description soit trop incomplète pour permettre de décider absolument cette question, surtout en ce qui est des pores dorsaux, la forme des soies, et l'apparence du fluide des vaisseaux clos, donnent un certain poids à cette manière de voir, que je crois devoir adopter jusqu'à plus complète étude.

Claparède fait observer que l'habitat semble indiquer chez ce ver des habitudes plus marines que pour les autres espèces. Aucun des individus (observés en Octobre) n'avait atteint la maturité sexuelle.

40. ENCHYTRÆUS ? MOLINIFORMIS.

Enchytræus moniliformis, UDEKEM, 1859, p. 16.
    Id.   *id.*   VEJDOVSKY, 1879, p. 7.

Corps cylindrique, à annélations très distinctes, devenant moniliforme quand il se contracte; téguments très minces.

Soies longues de 0^{mm},043, 6 à 9 par faisceau, égales, disposées en éventail.

Liquide des vaisseaux clos rose, plus foncé que chez la plupart des *Enchytræus*. Corpuscules cavitaires nombreux, ovales, grand diamètre mesurant 0^{mm},017.

Blanchâtre à l'extrémité antérieure, rougeâtre à l'extrémité postérieure.

Longueur 10^{mm}.

HAB. — Ostende, parmi les fucus.

Les notes manuscrites d'Udekem m'ont fourni quelques renseignements complémentaires sur la couleur du sang, la dimension des soies ($^{13}/_{300}$), celle des corpuscules cavitaires ($^{5}/_{300}$), mais bien des caractères manquent encore pour distinguer cette espèce parmi les autres *Enchytræus* marins, aujourd'hui assez nombreux.

41. ENCHYTRÆUS ? MINUTUS.

Enchytræus minutus, TAUBER, 1879, p. 72.
    Id.   *id.*   VEJDOVSKY, 1884, p. 42.

« *Setis binis in quoque fasciculo primo excepto modo unica. Semen vivum in segmento quarto. Ova in quinto sextoque. Albidus, œsophago luteo.*
Longueur 0^{mm},1. »

HAB. — Œresund.

Il faut attendre des renseignements plus complets sur cette minuscule espèce pour juger de sa valeur. Diffère-t-elle du 16 *E. bisetosus?*

42. ENCHYTRÆUS ? JULIFORMIS.

Enchytræus juliformis, KESSLER, 1868.
    Id.   *id.*   GRUBE, 1873, p. 67.
    Id.   *id.*   VEJDOVSKY, 1879, p. 10.
    Id.   *id.*   VEJDOVSKY, 1884, p. 42.

HAB. — Lac Onega.

Annelés. Tome III.   19

43. ENCHYTRÆUS ? JALTENSIS.

Enchytræus jaltensis, TSCHERNIAVSKY, 1869 (Cff. 8. *E. adriaticus*).
    Id.   *id.*   VEJDOVSKY, 1879, p. 10.

HAB. — Lac Palàeostom (Mingrélie).

Cette espèce et la précédente ne me sont connues que par les citations de M. Leuckart (Arch. f. Naturgesch. 1869, 2ᵉ Part., p. 274 et 275), et je n'ai pu consulter les textes originaux.

44. ENCHYTRÆUS ? CARTERI.

Nais albida, CARTER, 1858, p. 22 ; pl. IV, fig. 31, 34, 39 à 44 ; III, fig. 47 à 49.
    Id.   *id* VEJDOVSKY, 1884, p. 23.

Ver filiforme indistinctement segmenté ; extrémité antérieure obtusément pointue, extrémité postérieure simple.

Soies au nombre de 2 aux faisceaux supérieurs, de 3 aux faisceaux inférieurs, toutes semblables petites, courtes, droites.

Tube digestif composé d'un œsophage allongé, entouré de masses glandulaires dans sa portion antérieure, et d'un intestin couvert de glandes hépatiques.

Sang incolore. Des cellules libres, incolores, ovales, fusiformes dans la cavité péritonéale.

Organes segmentaires dans tous les segments, sauf ceux composant le clitellum.

Yeux nuls.

Clitellum assez loin de la tête commençant vers le 10ᵉ anneau et (autant que le dernier permet d'en juger) en comprenant quatre. Testicules immédiatement en avant de la ceinture. Ovaire composé de quatre masses d'ovules, à la file l'une de l'autre, dans chaque masse un ovule est plus développé que les autres, et ces gros ovules augmentent eux-mêmes de volume, du premier au quatrième. Entonnoir vibratile du canal déférent (1) dans la cloison, qui limite antérieurement la ceinture, le conduit efférent vient aboutir à l'extérieur vers le milieu de celle-ci.

---

(1) Carter désigne cet appareil comme étant l'oviducte.

Incolore ou blanc.

Longueur du corps desséché, un peu plus de 6^{mm}.

HAB. — Bombay, dans les amas de Nostocs (*Glæocapsa*), qui poussent dans les gouttières et sur les vieux murs pendant la mousson pluvieuse, époque de sa reproduction.

Les figures données par M. Carter ne sont pas assez détaillées pour permettre de compléter sur certains points essentiels la description; ainsi les poches copulatrices ne sont nulle part mentionnées.

La présence des amas glandulaires péri-œsophagiens, qui paraissent analogues aux glandes septales décrites par M. Vejdovsky, la forme des soies, peuvent cependant faire penser que cet animal appartient au genre *Enchytræus*, mais ce n'est là qu'une présomption.

M. Carter a suivi avec soin le développement de cette espèce. Chaque capsule renferme deux ovules ou deux œufs, qui donnent naissance à autant d'embryons.

45. ENCHYTRÆUS ? SOCIALIS.

Enchytræus socialis, LEIDY, 1850-1854, p. 48; pl. II, fig. 13-15.
    Id.   id.   UDEKEM, 1859, p. 17.
    Id.   id.   VEJDOVSKY, 1879, p. 7.

Corps atténué en avant de la ceinture, cylindrique en arrière; lobe céphalique triangulaire; segment pygidien conique, tronqué. Tégument transparent.

Soies avec un court manubrium à l'extrémité interne, 5 à 7 par faisceau, longues de 0^{mm},076, les médianes plus courtes.

Tube digestif présentant d'ordinaire un renflement (? gésier) au 8e anneau.

Corpuscules cavitaires arrondis ou ovoïdes, granuleux, nucléolés.

Couleur blanche, opalescente.

Longueur 10^{mm} à 13^{mm}, largeur 0^{mm},5; pas plus de 52 segments.

HAB. — Pensylvanie Est, dans les forêts, sous l'écorce détachée par l'humidité ou près du sol.

Cette espèce très commune, d'après M. Leidy, pourrait sans doute être reconnue d'après ses caractères extérieurs par des observateurs la cherchant dans ces mêmes localités, mais l'absence de renseignements sur la disposition du ganglion cérébroïde, de l'organe segmentaire, de la poche copulatrice, etc., ne permet pas de déterminer ses affinités réelles.

46. ENCHYTRÆUS ? LITTORALIS.

Halodrilus littoralis, VERRILL, 1873, p. 324 et 623.
　　Id.　　　id.　　VEJDOVSKY, 1884, p. 45.

Corps arrondi, plus épais en avant, graduellement atténué en arrière ; lobe céphalique conique, médiocrement aigu ; segment pygidien, à extrémité obtuse ou faiblement émarginée.

Soies aiguës, petites, faiblement courbées, 4 à 6 par faisceau disposées en éventail, les médianes plus longues.

Tube digestif composé d'un pharynx piriforme suivi d'une portion dans laquelle débouchent, de chaque côté, 5 à 7 cæcums arrondis ou piriformes de tailles différentes.

Couleur blanc laiteux.

Longueur 25^{mm} à 40^{mm}, largeur 0^{mm},5 à 1^{mm}.

HAB. — New-Haven, Wood's Hole, baie Casco (Etats-Unis), très commun à la limite des hautes eaux, sous les plantes marines échouées.

Cette espèce littorale est regardée par M. Verrill comme le type d'un genre distinct. Le caractère particulier est tiré, semble-t-il, de la présence en arrière du pharynx des cæcums œsophagiens, signalés dans la description précédente, empruntée aux travaux de cet auteur, mais ne sont-ce pas là les glandes septales d'un certain nombre d'*Enchytræus* ?

Le sang contiendrait de petits corpuscules oblongs, s'agit-il du liquide des vaisseaux clos ou du fluide cavitaire ?

47 ENCHYTRÆUS ? GLACIALIS.

Lumbricus glacialis, LEIDY, 1885, p. 408.

Corps cylindrique transparent, aigu en avant, s'atténuant davantage en arrière et obtus. Lobe céphalique obtus, conique, inerme, pas d'yeux.

Quatre faisceaux par anneau, chacun de 3 soies ; celles-ci longues de 0^{mm},30 à 0^{mm},37, pointues à l'extrémité libre, crochues à l'extrémité adhérente, presque droites ou faiblement sigmoïdes.

Couleur blanche.

Longueur 12^{mm}, épaisseur 0^{mm},15 à 0^{mm},25 ; de 35 à 50 segments.

Hab. — Environs de Moorestown (New-Jersey).

Les organes génitaux s'étendent du 3⁰ au 7⁰ anneau.

Le nombre des soies par faisceau et leur forme paraissent indiquer qu'il s'agit là d'un *Enchytræus*, mais la chose est loin d'être certaine, en tous cas ce n'est pas un *Lumbricus*. Ces animaux avaient été apportés à Philadelphie dans des blocs de glace où ils s'étaient conservés vivants.

48. Enchytræus sepultus.

Enchytræus sepultus, Menge, 1866.

Espèce fossile trouvée dans l'Ambre.

III. Genre DISTICHOPUS.

(Δίστιχος, sur deux lignes ; ποῦς, pied.)

Distichopus, Leidy, Vejdovsky.

Semblable aux *Enchytræus* par l'aspect extérieur, mais avec deux rangées de soies seulement ; les rangées dorsales manquent.

Ce genre ne peut être regardé comme parfaitement connu, bien des détails anatomiques essentiels manquent encore, toutefois il est suffisamment caractérisé par la réduction à deux par anneau des faisceaux sétigères, fait d'autant plus intéressant qu'il semble conduire à l'absence complète de ces faisceaux présentée par le genre suivant *Anachæta*, Vejd. Il serait intéressant de constater si, comme chez ce dernier, les faisceaux absents du *Distichopus*, Leidy, sont remplacés par des glandes spéciales.

Distichopus silvestris.

Distichopus silvestris, Leidy, 1882, p. 146.
    Id.   id.   Vejdovsky, 1884, p. 42.

Corps cylindrique ; lobe céphalique, court, conique, obtus ; segment pygidien plus épais que l'avant-dernier, brunâtre et ponctué, anus quinquéradié. Ceinture très saillante.

Soies plus courtes et plus fortes que chez l'*Enchytræus vermicularis* (?), renflées en leur milieu, courbées à la base, droites vers la pointe, faisceaux préclitellins en contenant 3 à 4, postclitellins 2 à 3.

Couleur blanche plus prononcée sur la ceinture.

Longueur 20^{mm} à 30^{mm} ; 68 segments.

Hab. — Media (Delaware Co).

Cette singulière espèce, connue par cette brève description de
M. Leidy, demanderait de nouvelles études.

IV. Genre ANACHÆTA.

('Ανά, action de défaire; χαίτη, chevelure.)

Achæta, Vejdovsky.
Anachæta, Vejdovsky.

Pas de pores dorsaux médians, mais une série de glandes
correspondant aux intersegments et situées au milieu des anneaux sur la ligne dorsale.

Soies remplacées par des glandes unicellulaires, il en existe
quatre ou deux rangées.

Sang incolore.

Testicule en glande simple, sans forme déterminée.

Habitent la terre humide.

Ce genre, anormal, ne comprend jusqu'ici que deux espèces dont
la découverte est due à M. Vejdovsky.

1. Anachæta Eisenii.

Achæta Eisenii, Vejdovsky, 1877.
Anachæta Eisenii, Vejdovsky, 1879, p. 60 ; pl. I, fig. 1 à 14 ; II, fig. 1 à 4.
    Id.   *id.*   Vejdovsky, 1883, p. 11 (tirage à part).
    Id.   *id.*   Vejdovsky, 1884, p. 42.

Corps rigide, brillant et transparent; l'enveloppe tégumen-
taire présente sur la ligne dorsale une série de glandes correspondant les unes aux intersegments (glandes intersegmen-
tales), les autres, de couleur verte, à la partie médiane des anneaux (glandes à chlorophylle); toutes débouchent à l'extérieur.
Lobe céphalique court, conique, le pore s'ouvre à sa pointe.

Soies remplacées par de grosses glandes unicellulaires, piriformes, avec noyau et nucléole, une seule glande représentant chaque faisceau.

Glandes salivaires de forme simple, en massue, avec un tube
fin serpentant dans leur intérieur. Glandes septales contre les
V^e et VIe dissépiments, rubanées.

Vaisseau dorsal offrant deux dilatations pulsatiles à son origine dans les 6ᵉ et 5ᵉ anneaux. Corpuscules cavitaires de deux sortes, les uns volumineux, aplatis, à contour sinueux, rappelant assez bien des cellules d'épithelium pavimenteux ; les autres réguliers, allongés, ovoïdes, petits et moins nombreux.

Organe segmental à disposition polaire, la portion interne ovoïde, de même forme, et de même structure que la portion glandulaire, toutes deux à peu près d'égal volume ; portion externe en tube cylindrique, moins long que le lobe glandulaire.

Ganglion cérébroïde deux fois plus long que large, convexe en arrière, avec un prolongement obtus en avant.

Cellules sous-cuticulaires de la ceinture plus ou moins quadrilatérales, régulièrement disposées en rangées transverses.

Entonnoir vibratile du canal déférent cinq fois plus long que large, à peu près cylindrique ; tube efférent très long, régulièrement contourné en hélice à tours contigus, formant un cylindre à peu près de même diamètre que l'entonnoir, mais près du double en longueur de celui-ci ; de grosses cellules hypodermiques rayonnantes forment une rosette autour de l'orifice externe.

Poches copulatrices à réservoir ovoïde, avec un canal vecteur à peu près de même longueur, ayant autour de l'orifice externe un amas de cellules hypocuticulaires étirées ; le réservoir contient souvent, avec les spermatozoïdes, des bâtonnets allongés.

Longueur 10ᵐᵐ à 12ᵐᵐ ; 30 à 32 segments.

Couleur blanchâtre.

Hab. — Jardin du Muséum de Prague (Bohême), environs d'Arras (Pas-de-Calais) ; dans les racines de diverses plantes cultivées ou de l'herbe des prairies.

2. Anachæta bohemica.

Anachæta bohemica, Vejdovsky, 1879, p. 183.
   Id.   id.   Vejdovsky, 1883, p. 11 (tirage à part).
   Id.   id.   Vejdovsky, 1884, p. 42.

Cet *Anachæta* se distingue du précédent par l'absence des grosses glandes piriformes de la rangée ventrale, celles de la rangée dorsale seules subsistent.

Hab. — Prague, avec l'*Anachæta Eisenii.*

M. Vejdovsky n'insiste pas davantage sur les caractères spécifiques de cette espèce. Ce qu'il en dit suffit d'ailleurs parfaitement pour empêcher de la confondre avec la précédente. A l'inverse de ce qui a lieu chez les *Distichopus* (1) ce sont ici les organes de la série dorsale qui subsistent.

Les jeunes individus, par leur petitesse et leur transparence, permettent un examen microscopique facile, qui a servi à l'auteur précité pour reconnaître les canaux efférents des glandes septales (qu'il propose de nommer glandes muqueuses), pour bien examiner le jeu du pharynx musculaire comme organe du goût, enfin pour déterminer la véritable signification de la ligne latérale, indiquée par M. Semper, laquelle serait une dépendance du grand sympathique.

(1) Voir p. 293.

ERRATA.

P. 38, ligne 22ᵉ, au lieu de : *Lymnèa ;* lisez : *Lymnæa.*

P. 48, tableau, ligne 9ᵉ, au lieu de : *Amynthas ;* lisez : *Amyntas.*

P. 49, ligne 2ᵉ,　　　　　　—　　　　id.　　—　　　id.

P. 61, au lieu de : XIII. Typhoeus ; lisez : XIII. Typhæus.

P. 116, au lieu de : 93. » *Guildingi ;* lisez : 93. » *Guildingii.*

P. 158, ligne 29ᵉ, au lieu de : ... *black-keaded ;* lisez : *black-headed.*

P. 167, 94. Lumbricus lacustris = 2. Trichodrilus ? lacustris (p. 207).

P. 169, ligne 1ʳᵉ, au lieu de : CRIODILUS ; lisez : CRIODRILUS.

P. 184, ligne 9ᵉ, au lieu de : *Lumbricus microchæta ;* lisez : *Lumbricus microchætus.*

P. 201, ligne 31ᵉ, au lieu de : *Naïs ;* lisez : *Nais.*

P. 207, 2. Trichodrilus lacustris = 94. Lumbricus lacustris (p. 167).

Ordres, Familles, Genres.   Espèces.   Pages.

Ordres, Familles, Genres.	Espèces.	Pages.

U

V

TABLE ALPHABÉTIQUE

DES

AUTEURS CITÉS DANS LA PREMIÈRE PARTIE

DU TOME TROISIÈME (¹)

———

A

Audouin et Milne Edwards. 1832. Classification des Annélides et description de celles qui habitent les côtes de France. (*Ann. Sc. nat.* 1re série, t. XXVII, p. 337-447).

B

Baird (W.) 1869. Description of a new species of Earth worm (Megascolex diffringens) found in North Wales. (*Proc. Zool. Soc. London*, p. 40-43).

    1869. Additional remarks on Megascolex diffringens. (*Proc. Zool. Soc. London*, p. 387-389).

    1873. Description of new species of Annelides and Gephryea in the Collection of the British Museum. (*Journ. Lin. Soc. Zool.*, t. XI, p. 94-97. — 7 avril 1870).

Baudelot (E.) 1864 Observations sur le Système nerveux de la Clepsine. (*Comp. rend. Acad. Sc.*, t. LIX, p. 825-828. — *Ann. Sc. Nat.* 5e série, t. III. p. 127-136, pl. II).

Beddard (F.-E.) 1881-1882. On the Anatomy and Histology of Pleurochæta Moseleyi. (*Trans. Roy. Soc. Edinburg*, t. XXX. p. 481-509, pl. XXV à XXVII. — 17 avril 1882).

    1883. Note on some Earth worms from India. (*Ann. Nat. Hist. London*, 5e série, t. XII. p. 213-224, pl. VIII).

    1884. On the genus Megascolex of Templeton. (*Ann. Nat. Hist. London*, 5e série, t. XIII. p. 398-402).

(1) Les travaux dont la date est précédée d'un *point d'interrogation* n'ont pu être directement consultés, ils ne me sont connus que par des citations faites par les auteurs.

1885. Preliminary Note on the Nephridia of a New Species of Earth-worm. (*Proc. Roy. Soc.* t. XXXVIII. p. 459-464. — 19 mai 1885).

1885. On the specific Characters and Structure of certain New-Zealand Earth worms. (*Proc. Zool. Soc. London*, p. 810-832. pl. LII-LIII).

1885. Note on the Nephridia of a Species of Acanthodrilus. (*Zool. Anzeig*, t. VIII. p. 289-290).

1885. Sur les organes segmentaires de quelques Vers de Terre. (*Ann. Sc. Nat.* 6ᵉ sér., t. XIX. art. nº 6, 19 pag. pl. I).

1886. On the Anatomy and Systematic Position of a Gigantic Earth worms (Microchæta Rappi) from the Cape Colony. (*Trans. Zool. Soc. London*, t. XII. Pars 3. p. 63-76. pl. XIV et XV).

1886. Descriptions of some new or little known Earth worms, toge-ther with an Account of the variations in Structure exhibited by *Perionyx excavatus*. (*Proc. Zool. Soc. London*, p. 298-314. (6 fig. dans le texte).

BLAINVILLE (Ducrotay de). 1822. De l'Organisation des Animaux ou Prin-cipes d'Anatomie comparée. (t. I. *Paris*).

1828. Article : Vers. (*Dictionnaire des Sc. Nat.* t. LVII. p. 365-625).

BLANCHARD (Emile). 1847-1849. Recherches sur l'organisation des Vers. (*Ann. Sc. Nat.* 3ᵉ sér., 1847, t. VII. p. 87-128.— 1847, t. VIII. p. 119-149 et 271-341. pl. VIII à XIV.— 1848, t. X. p. 321-364. pl. XI et XII. — 1849, t. XI. p. 106-202. pl. VI à VIII. — 1849, t. XII. p. 5-68). 1849. Voir GAY.

BONNET (Charles). 1745. Traité d'Insectologie ou observations sur quel-ques espèces de Vers d'eau douce, qui, coupés par morceaux, de-viennent autant d'animaux complets. (*Seconde partie* in-8º 232 pages, 4 pl. *Paris*).

BRONSVICK. 1875. Les vers de terre nuisibles à l'horticulture. (*Ass. Sci. France Bull. hebd.* mai 1875. p. 59.— Extr. *Société académique d'a-griculture de Poitiers*).

BUCHHOLZ. 1862. Beiträge zur Anatomie der Gattung Enchytræus, nebst Angabe der um Königsberg vorkommenden Formen derselben. (*Schrift. d. König phys.-œkonom. Gesellsch. zu Konigsberg.* 3ᵉ Année, p. 93-132. pl. IV à VI. 24 fig.).

C

CARTER (H.-J.) 1858. On the Spermatology of a new species of Naïs. (*Ann. and Mag. Nat. History.* 3ᵉ sér, t. II ; p. 20-33 et 90-104. pl. II, III et IV).

CLAPARÈDE (Ed.) 1861. Recherches anatomiques sur les Annélides, Turbel-lariés, Opalines et Grégarines, observés dans les Hébrides. (*Mem. Soo. Phys. et Hist. nat. Genève*, t. XVI. 1ʳᵉ partie. p. 71-164. 7 pl.).

1862. Recherches anatomiques sur les Oligochètes. — Lu à la Société de Physique et d'Hist. nat. de Genève dans ses séances de juin et d'octobre 1861. (*Mém. Soc. Phys. et Hist. nat. Genève*, t. XVI. p. 217-291. pl. I-IV).

1863. Beobachtungen über Anatomie und Entwicklungsgeschichte wirbelloser Thiere an der Küste von Normandie angestellt. (*Leipzig*, in-4°. 120 pages. 18 pl.).

1869. Histologische Untersuchungen über den Regenwurm (Lumbricus terrestris, Linn.). (*Zeitsch f. wiss. Zool.*, t. XIX. p. 563-624. pl. XLIII-XLVIII).

Coy (Frederick Mc.) 1878. Prodromus of the Zoology of Victoria or figures and descriptions of the living species of all Classes of the Victorian indigenous Animals. (*Decade I*. 38 pages. pl. I à X. *Melbourne*).

Cuvier (Georges). 1817. Le règne animal distribué d'après son organisation pour servir de base à l'Histoire naturelle des animaux et d'introduction à l'Anatomie comparée. 4 vol. Paris, 1817. (*Les Annélides* se trouvent dans le t. II. p. 510 à 532, les *Intestinaux cavilaires et parenchymateux*, t. IV. p. 26 à 48).

1849. Le Règne Animal distribué d'après son organisation pour servir de base à l'Histoire naturelle des animaux et d'introduction à l'Anatomie comparée.— Edition accompagnée de Planches gravées représentant les types de tous les genres, les caractères distinctifs des divers groupes et les modifications de structure sur lesquelles repose cette classification, par une réunion de disciples de Cuvier, MM. Audouin, Blanchard, Deshayes, Alcide d'Orbigny, Doyère, Dugès, Duvernoy, Laurillard, Milne Edwards, Roulin et Valenciennes. (Sans date). Ouvrage ordinairement désigné sous le nom de *Règne animal illustré*. Les *Annélides* et les *Rayonnés* ont paru en 1849).

Czerniavsky ? 1869. (*Protocolle der Moskauer Naturf. Versamml.* — Note connue seulement d'après l'indication bibliographique donnée par Leuckart : *Arch. f. Naturgesch.* 2ᶜ partie. p. 275. 1869).

1880. Materialia ad Zoographiam Ponticam comparatam. III Vermes. (*Bull. Soc. I. Nat. Moscou*, t. LV. 2ᶜ part. p. 213-363. pl. III à V).

D

Dalyell (Sir John Graham). 1851-1858. The powers of the creator displayed in the creation ; or, observations on life amidst the various forms of the humbler tribes of animated nature ; with practical comments and illustrations. (3 vol. *London*. 1851, t. I ; 1853, t. II ; 1858, t. III).

Darwin (C.). 1881. The Formation of Vegetable Mould through the action of Worms with observations on their habits. (*London*, in-8°. 326 p.).

1882. Rôle des vers de terre dans la formation de la terre végétale. (*Trad. par M. Levéque. Préface de M. Ed. Perrier, Paris*).

Dufour (Léon). 1825. Notice sur les cocons ou les œufs du Lumbricus terrestris. (*Ann. Sc. Nat.* 1re série, t. V. p. 17-21).

Dugès (Ant.). 1837. Nouvelles observations sur la Zoologie et l'Anatomie des Annélides abranches setigères. (*Ann. Sc. Nat.* 2e sér., t. VIII. p. 15-35. pl. I. fig. 1 à 30).

1828. Recherches sur la circulation, la Respiration et la Reproduction des Annélides abranches. (*Ann. Sc. Nat.* 1re série, t. XV. p. 284-337. pl. VII à IX).

E

Ehrenberg (C.-G.) et Hemprich. 1831. Symbolæ physicæ. Animalia evertebrata exclusis insectis percensuit Dr C. G. Ehrenberg). (*Series prima cum tabularum decade prima. Berlin*).

Eisen (G.) 1871. Bidrag till Skandinaviens Oligochætfauna. (*Œfversigt af K. Vet. Akad. Forhand.* t. XXVII. p. 953-971. pl. XI à XVII. (1870). *Stockholm*).

1872-1873. Om nagra arktiska Oligochæter. (*Œfversigt. af K. Vet. Akad. Forhand.* t. XXIX. no 1 ; p. 119-124. pl. II).

1874. Om Skandinaviens Lumbricider. (*Œfversigt af K. Vet.-Akad. Forhand.* t. XXX, no 8; p. 43-55. pl. XII, 1873. *Stockholm*).

1875. Bidrag til Kännedomen om New-Englands och Canadas Lumbricider. (*Œfversigt af K. Vet. Akad. Forhand.* no 2 ; p. 41-49. pl. II. 1874. — 11 février 1874).

1879. On the Anatomy of Ocnerodrilus. (*N. Act. Ups.* 3e sér., t. X. 2e fasc. art. IV. 12 pag. 2 pl. 1878).

1879. Redogörelse för Oligochæter, samlade under de Svenska expeditionerna til Arktiska trakter. (*Œfversigt af K. Vet. Akad. Forhand.* no 3 ; p. 63-79. — 13 mars 1878.

1877-1879. On the Oligochæta Collected during the swedish Expeditions to the artic regions in the years 1870, 1875 and 1876. (*Kongl. Svenska vetenskaps. — Akademiens Handlingar.* t. XV. no 7 ; 49 pag. 16 pl.).

1878-1880. Preliminary report on Genera and species of Tubificidæ. (*Œfv. Ak. Forh., Bihang.* t. V. no 16 ; 26 pag. 1 pl.— Communiqué 12 mars 1879).

1883. Eclipidrillidæ and their Anatomy ; A new Family of the Limicolide Oligochæta. *N. Act. Ups.* 3e sér., t. XI. 4e mem. 10 p., 2. pl. 1881).

Emerton (J.-H.) 1873. Worms of the genus Nais. (*Bull. Essex Inst.* t. V. p. 12-13. — 3 février 1873).

F

FABRICIUS (Othon). 1780. Fauna groenlandica, systematice sistens Animalia Groenlandiæ occidentalis hactenus indagata, quad nomen specificum, triviale, vernaculumque ; synonyma auctorum plurium, descriptionem, locum, victum, generationem, mores, usum, capturamque singuli, prout detegendi occasio fuit, maximaque parte secundum proprias observationes. (*Hafnia (Copenhague) et Lepsia.* 452 pag. 1 pl.).

FITZINGER. 1833. Beobachtungen über die Lumbrici. (*Isis.* p. 549-553).

FLETCHER (J.-J.) 1884. Gigantic Earth-Worm from Burrawang N. S. W. (*Proc. Lin. Soc. N. S. W.* t. VIII. p. 218. — 25 avril 1883).

FOREL (F.-A.) 1878. Faunistiche Studien in den Süsswasseen der Schweiz. (*Zeitsch. f. wiss. Zool.* t. XXX. suppl. p. 383-391).

FREY (Henry) et LEUCKART (Rud.). 1847. Beiträge zur Kenntniss wirbelloser Thiere, mit besonderer Berüchsichtigung der Fauna des norddeutschen Meeres. — (*Braunschweig*, 1847. 170 pages, 2 pl.). — Verzeichniss der zu Fauna Helgoland's gehörenden wirbellosen Seethiere. p. 136-168.

G

GAY (Claude). 1849. Historia fisica y politica de Chile segun documentos adquiridos en esta republica durante doce anos de residencia en ella y publicada bajo los auspicios del supremo Gobierno. (*Annélides*, par E. BLANCHARD. t. III. p. 40-72).

GERSTFELD (G.). 1859. Ueber einige zum Theil neue Arten Platoden, Anneliden, Myriapoden und Crustaceen Sibirien's, namentlich seines östlichen Theiles und des Amurgebietes. (*Mem. prés. Acad. Saint-Pétersbourg*, t. VIII. p. 259-296. — 6 novembre 1857).

GMELIN (voir LINNÉ).

GRUBE (Adolph-Eduard). 1840. Actinien, Echinodermen und Würmer des Adriatischen und Mittelmeers, nach eigenen Sammlungen beschrieben. (*Konigsberg*, in-4°. 92 pag. 1 pl.).

1844. Ueber den Lumbricus variegatus Müller's und ihm verwandte Anneliden. (*Arch. f. Naturgesch.* X° ann. 1re part. p. 198-217. pl. VII).

1851. Die Familien der Anneliden, mit Angabe ihrer gattungen und Arten. (*Berlin*, in-8°. 164 pag. — *Oligochæta* et *Discophora.* p. 97 à 116 et 144 à 150).

1851. Middendorf. Sibirische Reise. (t. II ; pars. 1. *Wirbellose Thiere. Annulaten*, p. 1 à 24. pl. I-II).

1855. Beschreibungen neuer oder wenig bekannter Anneliden (Vierte Beitrag). (*Arch. f. Naturgesch.* 1re part. p. 81-136. pl. III-V).

1855. Bemerkungen über einige Helminthen und Meerwürmer. (*Arch. f. Naturgesch.* 1ʳᵉ part. p. 137-158. pl. VI-VII).

1858. Annulata Orstediana. Enumeratio Annulatorum, quæ in itinere per Indiam occidentalem et Americam centralem annis 1845-1848 suscepto legit cl. A. S. Örsted, adjectis speciebus nonnullis a cl. H. Kröyero in itinere ad Americam meridionalem collectis. (*Vidensk. Medd. Naturhist. Foren.*— *Copenhague.* 1856. 1ʳᵉ part., p. 44-62.— 1857. 2ᵉ part., p. 158-186. — 1858. 3ᵉ part., p. 105-120).

1859. Sur quelques Annélides. (*Amtl. Bericht* 33ᵉ *Versamm deutsch. Naturf. u. Aerzt. zu Bonn.* 1857. p. 156-158. — *Bonn*).

1860. Beschreibung neuer oder wenig bekannter Anneliden. (Funfter Beitrag). (*Arch. f. Naturgesch.* 1ʳᵉ partie, p. 71-118. pl. III à V).

1861. Ein Ausflug nach Triest und Quarnero. (*Berlin*, 1861. in-8°. 175 pag. 5 pl.).

1866. Ueber Landblutegel. (*Jahr. Ber. Schlesich. Gesellch. f. vaterland. Cultur. im Jahre.* 1865. p. 59-61.— *Breslau.*).

1866. Beschreibungen neuer von den Novara-Expedition mitgebrachten Anneliden und einer neuen Landplanarie. (*Verh. K. K. Zool. Bot. Gesells. Wien*, t. XVI. p. 173-184).

1868. Reise der österreichischen Fregate Novara um die Erde in den Jahren 1857, 1858, 1859 unter den befehlen des Commodore B. von Wüllerstorf.-Urbair. (*Zoologischer Theile, zweiter Band, III Abth.*— — 2. Anneliden. 46 pag. 4 planches).

1871. Beschreibungen einiger Egel Arten. (*Arch. f. Naturgesch.* 1ʳᵉ part., p. 87-121. pl. III-IV).

1873. Ueber einige bisher noch unbekannte Bewohner des Baikalsee. (*Jahr. Ber. Schlesis. Gesellsch. f. vaterl. Cultur. im Jahre* 1872. p. 66-68.— *Breslau*).

1877. Anneliden Ausbeute S. M. S. Gazelle. (*Monatsber Ak. Berlin* p. 509-554).

1878. Annulata Semperiana. Beiträge zur kenntniss der Anneliden fauna de Philippinen, nach den von Herrn Prof. Semper mitgebrachten Sammlungen. (*Mem. Acad. Saint-Petersbourg.* 7ᵉ série, t. XXV. n° 3. 15 pl.).

1879. An Account of the Petrological, Botanical, and Zoological collections made in Kerguelen's land and Rodriguez during the transit of Venus expeditions, carried out by order of her Majesty's government in the years 1874-1875.— The Collections from Rodriguez. — Zoology, Annelida. (*Phil. Trans. R. S. London*, t. CLXVIII. p. 554-556).

1879. Untersuchungen über die physikalische Beschaffenheit und die Flora und Fauna der Schweizer Seen. (53ᵉ *Jahr. Ber. Schlesich.-Gesellsh. f. vaterland. Cultur.* 1878. *Breslau.* p. 115).

1880. Neue Ermittelungen über die Organisation des Bythonomus Lemani. (57ᵉ *Jahr. Ber. Schlesisch-Gesellsh. f. vaterland. Cultur.* 1879. *Breslau. p.* 228).

H

HATSCHEK (Berthold). 1878. Studien zur Entwicklungsgeschichte der Anne-
liden. Ein Beitrag zur Morphologie der Bilaterien. (*Arbeit. Zool.
Instit. Wien.* t. I. pars. III. p. 1-128 ; pl. 1 à VIII. — A. Ueber
Entwicklungsgeschichte von Criodrilus. p. 2 à 22. pl. I à III).

HENLE. 1837. Ueber Enchytræus, eine neue Anneliden Gattung. (*Archiv.
f. Anat. Phys. u. wiss. Med.* p. 74-90. pl. VI).

HENSEN (V.) 1877. Dei Thätigkeit des Regenwurms ₍Lumbricus terrestris
L.) für die Fruchtbarkeit des Erdbodens. (*Zeitsch. f. wiss. Zool.*
t. XXVIII. p. 354-364).

HERING (Ewald). 1857. Zur Anatomie und Physiologie der Generations-
organe der Regenwurms. (*Zeitsch. f. wiss. Zool.* t. VIII. p. 400-424.
pl. XVIII).

HOFFMEISTER (Werner). 1842. De vermibus quibusdam ad genus Lumbri-
corum pertinentibus. — (Dissertationis anatomico-zoologicæ pars
prima quam consensu et auctoritate gratiosi medicorum ordinis in
Universitate literaria Friderica Guilelma ut summi in medicina et
chirurgia honores rite sibi concedantur Die XXIII. M. Septembris
A. MDCCCXLII. h. l. q. s. publice defendet auctor. (*Berlin*, 28 pag.
pl. I-II).

1843. Beitrag zur Kenntniss deutscher Landanneliden. (*Arch. f. Naturgesch.* IXᵉ ann. 1ʳᵉ partie. p. 183-198. pl. IX. fig. I-VIII).

1845. Die bis jetzt bekannten Arten aus der Familie der Regenwür-
mer. Als Grundlage zu einer Monographie dieser Familie. — Mit
Zeichnungen nach dem Leben von A. Hoffmeister. (*Braunschweig*,
in-4º. 43 pag. 1 pl.).

HORST (R.). 1877-1878. Ueber eine Perichæta von Java. (*Niederl. Arch. f.
Zool. IV.* p. 103-111 ; pl. VIII).

1883. New species of the genus Megascolex, Templeton, (Perichæta,
Schmarda) in collections of the Leyden Museum. (*Notes Leyd. Mus.*
t. V. p. 182-196. (July).

1884. On two new species of the genus Acanthodrilus, Perr., from
Liberia. (*Notes Leyd. Mus.* t. VI. p. 103-107).

? 1885. Midden Sumatra. Pars. XII Vermes. (13 pag. 1 pl.).

HUTTON (F.-W.) 1877. On the New-Zealand Earth Worms in the Otago Museum (*Trans. New-Zealand Inst.* t. IX. p. 350-353. pl. XV. 1876.
— 6 juin 1876).

1879. Catalogue of the hitherto described Worms of New-Zealand.
(*Trans. New-Zealand Inst.* t. XI. p. 314-327).

J

Johnston (George). 1865. A Catalogue of the British non parasitical Worms in the collection of the British Museum. (*London*. 1 vol. in–8°. 365 p. 20 pl.).

Joseph (G.) 1880. Ueber Enchytræus cavicola sp. n. (*Zool. Anzeig.* t. III. p. 358-359).

K

Kessler. ? 1868. (Travail publié en langue russe, connu seulement d'après l'indication donnée par Leuckart ; *Arch. f. Naturgesch.* 2° partie. p. 274. 1869).

Kinberg (J.-G.-H.) 1867. Annulata nova. (*Œfversigt. af K. Vet. Akad. Forhand.* 1866. p. 97–103 et 356-357. — *Stockholm*).

Kowalevski (A.) 1870-1871. Embryologische Studien an Wurmern and Arthropoden. (*Mem. Acad. Saint-Pétersbourg*. t. XVI. n° 12 ; 70 p. 12 pl.).

L

Lankester (E. Ray). 1870. A contribution to the knowledge of the Lower Annelids. (*Trans. Lin. Soc. London*. t. XXVI. p. 631-646. pl. XLVIII et XLIX. — Lu : 5 décembre 1867).

1878. The red vascular fluid of the Earth-Worm a corpusculated fluid. (*Quat. Journ. Micr. Sc. London*, t. XVIII. p. 68-73 ; pl. X. f. 1-6).

Leidy (Joseph). 1850-1854. Descriptions of some American Annelida abranchia. (*Journ. Acad. Nat. Sc. Philadelphia*, 2° sér. t. II. p. 43-50. pl. II).

1852. Contributions to Helmintology. (*Proc. Acad. Nat. Sc. Philadelphia*, t. V. (1850-1851). I, p. 96-97 ; II, p. 205-209 ; III, p. 224-227 ; IV, p. 239-244 ; V, p. 284-290; VI, p. 349-351).

1852. Description of new genera of Vermes. (*Proc. Acad. Nat. Sc. Philadelphia*, t. V. (1850-1851). p. 124-126).

1855-1858. Contribution towards a Knowledge of the Marine Invertebrate Fauna of the coasts of Rhode Island and New Jersey. (*Journ. Acad. Nat. Sc. Philadelphia*, 2° sér. t. III. p. 135 à 152 ; pl. X et XI).

1880. Notice of some aquatic Worms of the Family *Naiades*. (*Am. Nat.* t. XIV. p. 421-425. Fig. dans le texte).

1882. On Enchytræus, Distichopus and their parasites. (*Proc. Acad. Nat. Sc. Philadelphia*. p. 145-147).

1885. Worms in Ice. (*Proc. Acad. Nat. Sc. Philadelphia*. p. 408-409).

LEMOINE (V.) 1883. Recherches sur le développement et l'organisation de l'Enchytræus albidus (Henle), Enchytræus Buchholzii (Vejdovsky). (*Ass. Fr. 12e Session, Rouen*, p. 531-559, pl. VIII à X).

LEUCKART (Rud). 1849. Zur Kentniss der Fauna von Island. Erster Beitrag. Wurmer. (*Arch. f. Naturgesch.* 1re partie. p. 159-208).
Voir FREY.

LEVINSEN (G.-M.-R.) 1881. Smaa Bidrag til den-gronlandske Fauna. (*Vid. Medd. nat. Foren. Copenhague*, p. 127-136. pl. II. fig. 1-6).

1884. Systematisk geografisk Oversigt over de Nordiske Annulata. Gephyrea, Chætognathi, og Balanoglossi. (*II. Vid. Medd. nat. Foren. Copenhague*. (1883). p. 92-350. pl. II et III).

LEYDIG (Franz.) 1848. Zur Anatomie von *Piscicola geometrica* mit theilweiser Vergleichung anderer einheimischer Hirudineen. (*Zeitsch. f. wiss. Zool.* t. I. p. 103-134. pl. VIII à X).

1857. Lehrbuch der Histologie des Menschen und der Thiere. (551 pages. 271 fig. *Hamm*).

1862. Ueber das Nervensystem der Anneliden. (*Arch. f. Anat. Phys. u. wiss. Med.* p. 90-124).

1864. Vom Bau des thierischen Körpers. Handbuch der vergleichenden Anatomie. (t. I; 1re part. 278 pages. Atlas. pl. I à X, sous le titre de : *Tafeln zur vergleichenden Anatomie. Tübinge*).

1865. Ueber Phreoryctes menkeanus, Hoffm. nebst Bemerkungen über den Bau anderer Anneliden. (*Arch. f. mikr. Anat.* t. I. p. 249-294. pl. XVI à XVIII).

1866. Traité d'Histologie de l'Homme et des Animaux. — Voir plus haut 1862. (*Traduit de l'Allemand par* R. LAHILLONNE. — *Paris*, 629 pag. 276 fig. dans le texte).

LINNÉ (C.) 1766-1768. Systema naturæ per Regna tria naturæ, secundum classes, ordines, genera, species, cum characteribus, differentiis, synonymis, locis. (*Editio duodecima reformata. Holmiæ*).

LINNÉ (Caroli à) Cura GMELIN (Jo. Frid.) 1789. Systema naturæ, etc. (*Lugduni*).

M

MENGE (A.) 1845. Zur Rothwürmer-Gattung Euaxes. (*Arch. f. Naturgesch.* XIe ann. 1re part. p. 24-33. pl. III).

? 1866. Ueber ein Rhipidopteron und einige andere im Bernstein eingeschlossene Thiere. (*Schriften der naturf. Gesellsch. in Danzig.* Nouv. sér. t. I).

MICHAELSEN (W.) 1885. Vorläufige Mittheilungen über Archenchytræus Möbii, n. sp. (*Zool. Anzeig.* t. VIII. p. 237-239).

MILNE EDWARDS (H.) voir AUDOUIN.

MOJSISOVICS (V.) 1879. Zur Lumbriciden hypodermis. (*Zool. Anzeig.* t. II; p. 89-91).

MONTÈGRE. 1815. Observations sur les Lombrics ou Vers de Terre, présentées à la première classe de l'Institut de France le 30 août 1813. (*Mémoires du Muséum*, t. I ; p. 242-252. pl. XII).

MORREN (Carolus-F.-A.) 1829. De Lumbrici terrestris historia-naturali nec non anatomia tractatus. (*Bruxelles*, in-4°. 280 pag. 32 pl.).

MULLER (Fr.) 1857. Lumbricus corethurus, Bürstenschwanz. (*Arch. f. Naturgesch.* 1857. 1ro part. p. 113-116.— *in* MAX SCHULTZE ; p. 26-27 (note) Beiträge zur Kenntniss der Landplanarien nach Mittheilungen des Dr Fritz Müller in Brasilien und nach eigenen Untersuchungen.— *Abhandl. d. naturf. Gesellsch. z. Halle*, t. IV. p. 21-38. 1858).

MULLER (Otto Fridrich). 1771. Von Wurmern des sussen und salzigen Wassers, mit Kupfern. (*Copenhague*, in-4°. 200 pag. ; 16 pl.).

1773-1774. Vermium terrestrium et fluviatilium seu Animalium Infusoriorum, Helminthicorum et Testaceorum non marinorum succincta Historia. (*Copenhague et Leipsik*, t. I. pars 1. 1773, 135 pages ; t. I. pars 2. 1774, 72 pages et Index ; t. II. 1774, 214 pages et Index. — Le tome II est consacré à l'élude des *Mollusques*).

1776. Zoologiæ danicæ prodromus seu Animalium Daniæ et Norvegiæ indigenarum characteres, nomina et synonyma imprimis popularium. (*Copenhague, Havnia*).

1788-1806. Zoologia Danica seu Animalium Daniæ et Norvegiæ rariorum ac minus notorum descriptiones et historia. (*Havniæ, Copenhague*).

N

NOLL (F.-C.) 1874. Ueber einen neuen Ringelwurm des Rheins (*Arch. f. Naturgesch.* 1874. 1re partie, p. 260-270. pl. VII).

O

ÖRLEY (L.) 1881. Beiträge zur Lumbricinen-Fauna der Balearen. (*Zool. Anzeig.* t. IV. p. 284-287).

? 1885. A Palæartikus Övben élö terrikoläknak Revisioja és Elterjedése (Revisio et distributio specierum terricolarum regionis palæarcticæ). (*Ert. term. Kor. Magyar Akad.* (*Pesth*), 34 pag.).

P

PERRIER (Edm.) 1871. Sur un genre nouveau de Lombricins (Eudrilus) des Antilles. (*Comp. rend. Acad. Sc.* t. LXXIII. p. 1175. — 13 nov. 1871).

1872. Résumé des recherches anatomiques sur les Lombriciens terrestres (Vers de terre). (*Comp. rend. Acad. Sc.* t. LXXIV. p. 754-757. — 11 mars 1872).

1872. Recherches pous servir à l'histoire des Lombricins terrestres. (*Nouv. Arch. Muséum.* t. VIII. p. 5-198. pl. I-IV).

1873. Etude sur un genre nouveau de Lombriciens (genre Plutellus, E. P.). (*Arch. Zool. exper.* t. II. p. 245-268. fig. dans le texte. p. 252).

1874. Sur un nouveau genre indigène de Lombriciens terrestres (Pontodrilus Marionis). (*Comp. rend. Acad. Sc.* t. LXXVIII. p. 1582-1586. — 1er juin 1874).

1874. Etudes sur l'organisation des Lombriciens terrestres. (*Arch. Zool. exper.* t. III. p. 331-530. pl. XII-XVII).

1875. Note sur l'accouplement des Lombrics. (*Arch. Zool. exper.* t. IV; p. XIII-XV).

1875. Sur les Vers de terre des îles Philippines et de la Cochinchine. (*Comp. rend. Acad. Sc.* t. LXXXI. p. 1043-1046.— 29 novembre 1875).

1877. Les Vers de terre du Brésil. (*Bull. Soc. Zool. Fr.* t. II. p. 241-247).

1881. Etudes sur l'organisation des Lombriciens terrestres. — IV. Organisation des Pontodrilus. (*Arch. Zool. exper.* t. IX. p. 175-248. pl. XIII à XVIII).

Q

QUATREFAGES (A. de). 1849. Sur la Classification des Annelés. (*Soc. Philom. de Paris.* p. 77-78. — 11 août 1849).

1852. Etudes sur les types inférieurs de l'Embranchement des Annelés. — Mémoire sur le système nerveux, les affinités et les analogies des Lombrics et des Sangsues. (Extrait). (*Ann. Sc. Nat.* 3e série. t. XVIII. p. 167-179).

R

RAPP. 1848. Ueber einen neuen Regenwurm von Cap. Lumbricus microchætus. (*Würtemb. naturwiss. Jahresh.* t. IV. 2, p. 142-143; pl. III).

RATZEL (Fritz). 1868. Beiträge zur Anatomie von Enchytræus vermicularis, Henle. (*Zeitsch. f. wiss. Zool.* t. XVIII. p. 99-108 ; pl. VI-VII).

1868. Beiträge zur anatomischen und systematischen Kenntniss der Oligochæten. (*Zeitsch. f. wiss. Zool.* t. XVIII. p. 563-591. pl. XLII).

Id. et WARSCHAWSKY (M.) 1868. Zur Entwickelungsgeschichte des Regenwurms (Lumbricus agricola, Hoffm.) (*Zeitsch. f. wiss. Zool.* t. XVIII. p. 547-562. pl. XLI).

RISSO (A.) 1826. Histoire naturelle des principales productions de l'Europe méridionale et particulièrement de celles des environs de Nice et des Alpes-Maritimes. (*Les Lumbricini et les Hirudinea son décrits* dans le t. IV. p. 426 à 432).

Robert (E.) 1873. Sur les moyens employés par les Lombrics pour défendre l'entrée de leurs galeries souterraines. (*Comp. rend. Acad. Sc.* t. LXXVI. p. 785.— 24 mars 1873; t. LXXVI. p. 1033.— 21 avril 1873.

Rohde (Emil.) 1885. Die Musculatur der Chætopoden. (*Zool. Anzeig.* t. VIII. p. 135-138. — *Oligochætes.* p. 135-137).

Rosa. ? 1884. I Lumbricoidi dei Piemonte. (*Torino*).

S

Saint-Loup (Remy) 1885. Sur l'organisation du Pachydrilus enchytræoides. (*Comp. rend. Acad. Sc.* t. CI. p. 482-485. — 17 août 1885).

Savigny (Jules-César). 1820. Système des Annélides, principalement de celles des côtes de l'Egypte et de la Syrie offrant les caractères tant distinctifs que naturels des Ordres, Familles et Genres, avec la description des Espèces. (Présenté à l'*Institut* en juin 1817. — *Paris*, in-fol. 128 pag.).
    1826. Analyse des travaux de l'Académie royale des Sciences pendant l'année 1821. Partie physique, (*Mém. de l'Acad. roy. des Sc. de l'Institut de France.* t. V. Années 1821 et 1822. p. 176-184).

Schlotthauber. 1860. Beiträge zur Helminthologie. (*Amt. Ber. über die ein und dreissigste Versammlung deutscher Naturforscher und Aerzte zu Gottingen im september* 1854. p. 121-133. — *Gottingen*).

Schmarda (Ludwig, K.) 1861. Neue wirbellose Thiere beobachtet und gesammelt auf einer Reise um die Erde 1853 bis 1857. (*Erster Band. Turbellarien, Rotatorien und Anneliden,* t. 1. 1859, 66 pag. pl. I à XV; t. II. 1861, 164 pag. pl. XVI à XXXVII; *Leipzig.* — *Oligochæta,* t. II. p. 7 à 14).

Semper (C.) 1877-1878. Beiträge zur Biologie der Oligochæten. (*Arbeit. Instit. Würzburg.* t. IV. p. 65-112; pl. III et IV).

Smith (Sidney J.) 1874. Sketch of the invertebrate Fauna of Lake Superior. (*U. S. Com. Fish and Fischeries,* 1872-73. p. 690-707).

T

Tauber (P.) 1879. Annulata Danica.— I. En Kritisk Revision af de i Danmark fundne Annulata Chætognatha, Gephyræa, Balanoglossi, Discophoreæ, Oligochæta Gymncocopa og Polychæta. (*Kjobenhaven,* in-8°. 144 pag.).

Templeton (Robert). 1836. A catalogue of the species of Annulose Animals, and of Rayed Ones, found in Ireland, as selected from the Papers of the late J. Templeton, Esq., of Cranmore, with localities, Description and Illustration. (*Mag. Nat. Hist. London,* t. IX. p. 233-240).

1844. Megascolex cæruleus. (*Proc. Zool. Soc. London*, t. XII. p. 89-91.
— 28 mai 1844). — *Ann. and Mag. of Nat. Hist.* t. XV. p. 59-61.
1845).

Thouin (Jean). 1810. De l'emploi du Machefer dans le jardinage. (*Ann. Muséum d'Hist. Nat.* t. XVI. p. 35-45).

Tscherniavsky. ? 1869. (Voir Czerniavsky. ? 1869*)*.

U

Ude (H.) 1886. Ueber die Rückensporen der terricolen Oligochæten, nebst beiträgen zur Histologie des Leibbesschlauches und zur Systematik der Lumbriciden. (*Zeitsch. f. wiss. Zool.* t. XLIII, p. 87-143. pl. IV).

Udekem (Jules d'). 1854. Description d'une nouvelle espèce d'Enchytreus. (*Bull. Acad. roy. Belgique.* t. XXI. 2e part. p. 853-864. 1 planche).

1855. Nouvelle classification des Annélides sétigères abranches. (*Bull. Acad. roy. de Belgique.* t. XXII. p. 533-555. une pl. Figures dans le texte).

1856. Développement du Lombric terrestre. (*Acad. roy. de Belgique. Mem. cour. et Mem. des Savants étrangers.* t. XXVII ; 75 pag. pl. I à III. (Couronné le 15 décembre 1853). *Bruxelles*, 1855-1856).

1859. Nouvelle classification des Annélides sétigères abranches. (*Mem. Acad. roy. de Belgique.* t. XXXI. 28 pages. — Présenté le 6 mars 1858).

1861. Notice sur les organes génitaux des Æolosoma et des Chæto-gaster. (*Bull. Acad. roy. de Belgique.* 2e sér. t. XII. p. 243-250, une pl.).

1865. Mémoire sur les Lombricins. (*Acad. roy. de Belgique. Mém.* t. XXXV. 44 pag. pl. I à IV. — Présenté le 10 janvier 1863).

V

Vaillant (Léon). 1867. Sur le Perichæta cingulata, Schmarda. (*Bull. Soc. Philom. de Paris*, 6e série, 1867, p. 234.— Séance du 2 novembre).

1868. Note sur l'anatomie de deux espèces du genre Perichæta et essai de classification des Annélides Lombricines. (*Ann. Sc. nat.* 5e sér. t. X. p. 225-256. pl. X. 1868. — *Mém. Acad. Sc. Lett. Montpellier.* t. VII. p. 143-173, 1867-1871. pl. VI).

1870. Sur l'Acclimatation d'une Annélide Lombricine dans le midi de la France. (*Bull. Soc. Philom. de Paris*, p. 25. — Séance du 12 février 1870).

Vejdowsky (F.) ? 1875. Beiträge zur Oligochæten fauna Böhmens. (*Sitzb. des Königl. böhm. Gesel. des Wissensch. Prag.* p. 191-201).

1876. Ueber Psammoryctes umbellifer (Tubifex umbellifer, E. R. Lank.) und ihre verwandte Gattungen. (*Zeitsch. f. wiss. Zool.* t. XXVII. p. 137-154. pl. VIII).

1876. Anatomische Studien an Rhynchelmis Limosella, Hoffm. (Euaxes filirostris, Grube). (*Zeitsch. f. wiss. Zool.* t. XXVII. p. 332-361. pl. XXI à XXIV).

1876. Ueber Phreatotrix, eine neue Gattung der Limicolen (Ein Beitrag zur Brunnenfauna von Prag). (*Zeitsch. f. wiss. Zool.* t. XXVII. p. 541-554. pl. XXXIX).

? 1877. Zur Anatomie und Systematik der Enchytræiden. (*Sitzb. d. Königl. böhm Gesellsch. der Wissensch. Prag.* p. 294-304).

1879. Beiträge zur vergleichenden Morphologie des Anneliden. Monographie der Enchytræiden. (In-4°. 62 pag. 14 pl. *Prag*).

1879. Vorläufige Mittheilungen über die fortgesetzten Oligochæten-studien. (*Zool. Anzeig.* t. II. p. 183-185).

1882. Thierische organismen der Brunnenwässer von Prag. (*Prag.* in-4°. 70 p. 8 pl.).

1883. Revisio Oligochætorum Bohemiæ. (Tirage à part, 16 pages).

1884. System und Morphologie der Oligochæten. (In-4°. 166 pages. 16 planches. *Prag.*)

VERRILL (A.-E.) 1871. Notice of the Invertebrata dredged in Lake Superior in 1871, by the U. S. Lake Survey, under the direction of Gen. C. B. Comstock, S. I. Smith, naturalist ; by S. I. Smith et A. E. Verrill. (*Amer. Journ. Sc. and Arts.* 3ᵉ sér. t. II ; p. 448-452).

1873. XVIII. Report upon the invertebrate animals of Vineyard sound and the adjacent waters with an account of the physical characters of the Region. (*Report on the condition of the Sea Fisheries of the south Coast of New-England in 1871 and 1872.* p. 295-778. *Washington*).

VIALLANES (H.) 1885. Sur l'Endothélium de la cavité générale de l'Arenicole et du Lombric. (*Ann. Sc. Nat.* 6ᵉ série, t. XX. art. n° 3. 10 pages. 1 pl.

W

WARSCHAWSKY (M.). 1868. Voir RATZEL (F.).

WEYENBERGH (H.) ? 1879. Descripciones de nuevos gusanos. (*Period. Zool. Argent* t. III. et *Bol. Ac. Arg.* t. III).

? 1879. Algunes nuevas sanguijuelas o chaucacas de la familia Gnathobdellia y Revista de esta familia. (*Period. Zool. Argent* t. III. et *Bol. Ac. Arg.* t. III).

WILLIAMS (Thomas). 1858. Researches on the Structure and Homology of the Reproductive Organs of the Annelids. (*Phil. Trans. R. S. London.* t. CXLVIII ; p. 93-144. pl. VI, VII et VIII).

TABLE

DE LA PREMIÈRE PARTIE DU TOME TROISIÈME.

Annelés. Tome III.   22

Incertæ sedis.

Espèce fossile.

Imprimerie D. BARDIN, à Saint-Germain.